U0518798

ZHANLUEXING XINXING CHANYE

ZHUANLI SHUJUKU DE GOUJIAN SHIJIAN JI YINGYONG

战略性新兴产业
专利数据库
的构建实践及应用

中国专利技术开发公司 组织编写

知识产权出版社

全国百佳图书出版单位

—北京—

图书在版编目（CIP）数据

战略性新兴产业专利数据库的构建实践及应用 / 中国专利技术开发公司组织编写.
—北京： 知识产权出版社，2020.11

ISBN 978-7-5130-7136-9

Ⅰ.①战…　Ⅱ.①中…　Ⅲ.①新兴产业—专利技术—数据库—研究—中国　Ⅳ.①G306.72

中国版本图书馆 CIP 数据核字（2020）第 161202 号

内容提要

本书从国家产业政策和专利数据库的角度出发，以我国战略性新兴产业的专利统计数据为基础，对产业专利数据库的构建进行研究，详细介绍了战略性新兴产业政策解读、战略性新兴产业专利数据库构建的意义，分析了产业专利数据库的构建方法、专利数据的检索与处理过程、中国专利深加工数据的特色，并从战略性新兴产业专利申请量和变化趋势、专利申请国内外分布、专利申请技术领域分布及地域分布等方面对数据库的应用进行了阐述。本书可作为专利管理人员、专利工程师、专利运营师、专利分析师等从事专利相关工作人员的参考用书。

责任编辑：许　波　　　　　　　　　　责任印制：孙婷婷

战略性新兴产业专利数据库的构建实践及应用
中国专利技术开发公司　组织编写

出版发行	知识产权出版社有限责任公司	网　　址：	http://www.ipph.cn
电　话：	010-82004826		http://www.laichushu.com
社　址：	北京市海淀区气象路 50 号院	邮　编：	100081
责编电话：	010-82000860 转 8380	责编邮箱：	xubo@cnipr.com
发行电话：	010-82000860 转 8101	发行传真：	010-82000893/82005070/82000270
印　刷：	北京九州迅驰传媒文化有限公司	经　销：	各大网上书店、新华书店及相关专业书店
开　本：	720mm × 1000mm　1/16	印　张：	21.25
版　次：	2020 年 11 月第 1 版	印　次：	2020 年 11 月第 1 次印刷
字　数：	335 千字	定　价：	88.00 元

ISBN 978-7-5130-7136-9

本书编委会

主　编：张东亮　王　淼

副主编：袁　欣　于家伶

编　委：李　浩　孟繁敏

前　　言

　　战略性新兴产业是以重大技术突破和重大发展需求为基础，对经济社会全局和长远发展具有重大引领带动作用，知识技术密集、物质资源消耗少、成长潜力大、综合效益好的产业，是推动我国经济持续健康发展的主导力量，是培育发展新动能、推进供给侧结构性改革、构建现代产业体系的重要推动力量。大力发展战略性新兴产业的关键之一就是强化科技创新，加强知识产权的创造、运用、保护和管理，提升产业核心竞争力。因此，充分利用知识产权特别是专利技术有效支撑战略性新兴产业的发展具有重要意义。

　　专利数据具有与新技术联系紧密、产业领域覆盖范围广、内容信息丰富、数据翔实准确、数据获取方便等优势。从专利数据中挖掘出的专利信息，既记载了技术创新的最新成果，也反映了各技术领域进步的发展历程；既记载了重大技术基础，也反映了技术成熟度和技术经济活动情况。在国家大力发展战略性新兴产业的政策背景下，为了满足国家战略性新兴产业发展规划中对加强战略性新兴产业专利分析及动向监测的要求，便于通过专利数据统计全面深入探索和研究战略性新兴产业的创新状况与政策支持机制，构建战略性新兴产业专利数据库就成为一项必要的基础工作。

　　战略性新兴产业的第一次提出是在 2010 年发布的《国务院关于加快培育和发展战略性新兴产业的决定》中，在 2012 年发布的《"十二五"国家战略性新兴产业发展规划》中确定了战略性新兴产业包括新一代信息技术、高端装备制造、新材料、生物、新能源汽车、新能源、节能环保七大产业，而在 2018 年又增加了数字创意产业、相关服务业两个产业，将战略性新兴产业调整为九大领域。考虑到研究的严谨性与统计的准确性，本书选择

"十二五"这一五年规划周期为研究范围，以"十二五"时期确定的七大战略性新兴产业为研究对象，致力于研究产业专利数据库的构建方法。本书的具体研究是从国家产业政策解读出发，研究战略性新兴产业的技术分组、产业分类与专利分类的对照方法、专利数据的检索与处理过程，并对专利数据进行深加工，从而构建高质量的战略性新兴产业专利数据库；最后从"十二五"期间战略性新兴产业的专利申请量和变化趋势、专利申请国内外分布、专利申请技术领域分布及地域分布等方面对数据库的应用进行阐述。

战略性新兴产业专利数据库对实现战略性新兴产业创新发展状况的监测具有重要意义，是实现战略性新兴产业专利数据检索、分析和可视化的基础。它既为有关部门和人员了解我国战略性新兴产业专利技术创新现状、把握产业发展方向、支持政府进行产业规划与决策等提供参考，又为战略性新兴产业专利统计研究人员了解产业与专利对照的方法、产业专利数据的检索与处理技巧、检索系统的建立等提供帮助。特别是本书借助国际专利分类构建战略性新兴产业专利数据库的方法，对于构建其他产业专利数据库具有非常好的借鉴意义。

参与各章节的人员情况如下：

本书编者中，由张东亮、王淼负责总体策划，由袁欣、于家伶主要承担统稿、审稿及修订工作；其中王淼主要执笔第一章、第五章，并撰写前言，共5万余字；袁欣主要执笔第二章、第四章，共6万余字；孟繁敏主要执笔第三章，共6万余字；李浩主要执笔第六章、第七章第一节，共6万余字；于家伶主要执笔第七章第二节至第四节，共7万余字。

本书适用于专利管理人员、专利工程师、专利运营师、专利分析师、相关企业研发人员、相关政府机构工作人员和相关专业大学生阅读。

由于时间仓促、水平有限，本书中的内容难免有不足之处，敬请广大读者批评指正。

目　　录

第一章 概 述

当前，新一轮科技革命和产业变革正在世界范围内兴起，呈现多领域、跨学科、群体性突破的发展态势。战略性新兴产业代表了新一轮科技革命和产业变革的方向，是培育发展新动能、获取未来竞争新优势的关键领域。战略性新兴产业以重大技术突破和重大发展需求为基础，对经济社会全局和长远发展具有重大引领带动作用❶❷。战略性新兴产业包括新一代信息技术产业、高端装备制造产业、新材料产业、生物产业、新能源汽车产业、新能源产业、节能环保产业七大领域，2018 年国家统计局增加数字创意产业、相关服务业两个产业，将战略性新兴产业调整为九大领域。

第一节 战略性新兴产业的概念

2010 年 10 月 10 日，国务院下发公布《国务院关于加快培育和发展战略性新兴产业的决定》（以下简称《决定》），明确了战略性新兴产业是以重大技术突破和重大发展需求为基础，对经济社会全局和长远发展具有重大引领带动作用，知识技术密集、物质资源消耗少、成长潜力大、综合效益好的产业。2012 年 7 月 9 日，《"十二五"国家战略性新兴产业发展规划》发布，其中指出，到 2020 年，力争使战略性新兴产业成为国民经济和社会发展的重要推动力量，增加值占国内生产总值比重达到 15%，部分产业和关键技术跻身国际先进水平，新一代信息技术、高端装备制造、生物、节能环保产业成为国民经济支柱产业，新材料、新能源汽车、新能源产业成

---

❶ 李金华等.中国战略性新兴产业论［M］.北京：中国社会科学出版社，2017.
❷ 中国工程科技发展战略研究院.中国战略性新兴产业发展报告 2018［M］.北京：科学出版社，2018.

为国民经济先导产业。2016 年 12 月 19 日发布的《"十三五"国家战略性新兴产业发展规划》中指出，紧紧把握全球新一轮科技革命和产业变革的重大机遇，培育发展新动能，推进供给侧结构性改革，构建现代产业体系，进一步发展壮大高端装备、新材料、生物、新能源汽车、新能源、节能环保、数字创意等战略性新兴产业，到 2030 年，战略性新兴产业发展成为推动我国经济持续健康发展的主导力量。习近平总书记指出，要以培育具有核心竞争力的主导产业为主攻方向，围绕产业链部署创新链，发展科技含量高、市场竞争力强、带动作用大、经济效益好的战略性新兴产业，把科技创新真正落实到产业发展上来。

战略性新兴产业的特点：一方面，战略性新兴产业代表科技创新的方向和产业发展的方向，体现新兴科技和新兴产业的深度融合；另一方面，战略性新兴产业对经济社会发展具有较强的关联带动作用，是推动社会生产和生活方式发生深刻变革的重要力量。

战略性新兴产业的"战略性"，一方面体现在产业对国民经济运行的重要影响力，关系到国家的生死存亡，涉及国家的根本竞争力、国家安全、国家战略目标的实现；另一方面体现在该产业具有范围经济、规模经济、学习效应等特征，能产生巨大效益，也能为其他相关行业的发展提供相应的基础设施。战略性新兴产业的"新兴"，从时间角度来看与传统产业相对，为刚兴起的产业；从技术角度来看，新兴产业必然来源于技术创新，重大技术突破是新兴产业发展的重要基础。

一、新一代信息技术产业

从历史上来看，信息技术的发展分为五个阶段：一是语言的产生，发生在约 35000—50000 年前，是从猿进化到人的重要标志；二是文字的产生，大约在公元前 3500 年，这是信息第一次打破时间、空间的限制；三是印刷术的产生，大约在公元 1040 年；四是电磁波的发现与电报、电话、广播、电视的发明和普及应用，始于大约十九世纪中叶；五是电子计算机的普及应用及计算机与现代通信技术的有机结合，以及多媒体技术的产生，始于 20 世纪 60 年代。未来，信息技术的发展将进入第六个阶段，特征很可能是光电结合的发展以及人工智能的推广。

新一代信息技术是信息技术的继承和发展，其中涉及的很多技术都是现有信息技术的演进或整合应用，比如下一代移动通信网络是在现有移动通信网络基础上的技术演进，而物联网产业则是将智能传感器技术、传感器网络技术、无线通信技术、海量数据存储及处理技术、云计算技术、信息安全技术等技术的整合，并应用到智能电网、智能交通等各种场合中。

新一代信息技术产业可以为其他战略性新兴产业提供数据的处理、传输及软硬件服务，比如物联网可以作为新能源技术中智能电网产业的技术支撑；同时，其他战略性新兴产业的技术成果也可以为新一代信息技术产业提供发展动力，比如新材料在半导体技术中的应用可以大幅度提高半导体产品的性能。

政府深化规划与实施，促进了新一代信息技术产业健康发展。《"十二五"国家战略性新兴产业发展规划》中指出，加快建设宽带、融合、安全、泛在的下一代信息网络，突破超高速光纤与无线通信、物联网、云计算、数字虚拟、先进半导体和新型显示等新一代信息技术，推进信息技术创新、新兴应用拓展和网络建设的互动结合，创新产业组织模式，提高新型装备保障水平，培育新兴服务业态，增强国际竞争能力，带动我国信息产业实现由大到强的转变。

国务院印发的《"十三五"国家战略性新兴产业发展规划》中指出，要求实施网络强国战略，加快建设"数字中国"，推动物联网、云计算和人工智能等技术向各行业全面融合渗透，构建万物互联、融合创新、智能协同、安全可控的新一代信息技术产业体系；要求深入推进"宽带中国"战略，加快构建高速、移动、安全、泛在的新一代信息基础设施；促进新一代信息技术与经济社会各领域融合发展，培育"互联网+"生态体系；全面推进重点领域大数据高效采集、有效整合、公开共享和应用拓展；培育人工智能产业生态，全面推进三网融合；全面梳理和加快推动信息技术关键领域新技术研发与产业化，推动电子信息产业转型升级取得突破性进展。

2016年11月，工信部发布《工业和信息化部关于印发信息化和工业化融合发展规划（2016—2020年）的通知》。该通知指出，以物联网等为代表的新一代信息技术正加速向制造业渗透融合，成为制造业转型升级的新动力；2016年5月，国家发改委、工信部、财政部和国家税务总局联合发布《关于印发国家规划布局内重点软件和集成电路设计领域的通知》，细化集成电路发展目标；2017年7月，国务院发布《新一代人工智能发展规划》，提出面向 2030 年我国新一代人工智能发展的指导思想、战略目标、重点任务和保障措施。

二、高端装备制造产业

2012 年 5 月 7 日，中华人民共和国工业和信息化部（以下简称工信部）出台的《高端装备制造业"十二五"发展规划》中指出，高端装备制造业是以高新技术为引领，处于价值链高端和产业链核心环节，决定着整个产业链综合竞争力的战略性新兴产业。可见，作为国家战略性新兴产业之一的高端装备制造产业，其内涵包括三方面内容，即技术高端、处于价值链高端与位于产业链核心环节。技术高端，表现为知识、技术密集，体现多学科和多领域高、精、尖技术的集成；价值链高端，即具有高附加值特征；产业链的核心部位，即其发展水平决定产业链的整体竞争力。《决定》明确了高端装备制造产业要重点发展以干支线飞机和通用飞机为主的航空装备，做大做强航空产业；积极推进空间基础设施建设，促进卫星及其应用产业发展；依托客运专线和城市轨道交通等重点工程建设，大力发展轨道交通装备；面向海洋资源开发，大力发展海洋工程装备；强化基础配套能力，积极发展以数字化、柔性化及系统集成技术为核心的智能制造装备。文件中进一步指出，高端装备主要包括传统产业转型升级和战略性新兴产业发展所需的高技术高附加值装备，由此限定了高端装备制造概念的外延。

航空装备产业中，航空是指在地球周围稠密大气层内的航行活动，因此，航空装备指用于载人或不载人的飞行器在地球大气层中的航行活动的装备。航空装备产业指包括固定翼飞机、直升机、空气喷气式发动机、机载设备、航空设备、航空维修在内的相关产业的总称。

卫星及应用产业中的"卫星"指人造地球卫星，即用运载火箭发射到高空并使其沿着一定轨道环绕地球运行的宇宙飞行器。卫星及应用产业指包括航天运输系统、应用卫星系统、卫星地面系统、卫星应用系统在内的相关产业的总称。

轨道交通装备是铁路和城市轨道交通运输所需各类装备的总称，主要涵盖了机车车辆、工程及养路机械、通信信号、牵引供电、安全保障、运营管理等各种机电装备。为保证产业布局的合理性，轨道交通装备应包括动车组、重载及快捷货运列车、城市轨道交通装备、工程及养路机械装备、通信信号装备、综合监控与运营管理系统等几个重点方向。

海洋工程装备指用于海洋资源勘探、开采、加工、储运、管理和后勤服务等方面的大型工程装备和辅助装备，是应用海洋基础科学和有关技术学科开发利用海洋所形成的一门新兴的综合技术科学，也指开发利用海洋的各种建筑物或其他工程设施和技术措施。根据"十二五"规划，海洋工程装备产业指包括海洋油气资源开发装备、其他海洋矿产资源开发装备、海洋可再生能源开发装备、海洋化学资源开发装备、海洋空间资源利用装备在内的相关产业的总称。

智能制造装备是指具有感知、决策和执行功能的各类制造装备的统称。我国智能制造装备的发展深度和广度日益提升，以新型传感器、智能控制系统、工业机器人、自动化成套生产线为代表的智能制造装备产业体系初步形成，在"十二五"期间，国家还加快实施了"高档数控机床与基础制造装备"等科技重大专项。有关智能制造装备产业，"十二五"发展规划中指出，智能制造装备包括关键智能基础共性技术、核心智能测控装置与部件、重大智能制造成套装备、重点应用示范领域等几个重点发展方向。

《"十二五"国家战略性新兴产业发展规划》中指出，统筹经济建设和国防建设需要，大力发展现代航空装备、卫星及应用产业，提升先进轨道交通装备发展水平，加快发展海洋工程装备，做大做强智能化制造装备，把高端装备制造业培育成为国民经济的支柱产业，促进制造业智能化、精密化、绿色化发展。

《"十三五"国家战略性新兴产业发展规划》中指出，顺应制造业智能化、绿色化、服务化、国际化发展趋势，围绕"中国制造2025"战略实施，加快突破关键技术与核心部件，推进重大装备与系统的工程应用和产业化，促进产业链协调发展；发展智能制造系统，打造增材制造产业链；加快航空发动机自主发展，推进民用飞机产业化，完善产业配套体系建设；加快卫星及应用基础设施建设，提升卫星性能和技术水平，推进卫星全面应用；打造具有国际竞争力的轨道交通装备产业链，推进新型城市轨道交通装备研发及产业化，突破产业关键零部件及绿色智能化集成技术；重点发展主力海洋工程装备，加快新型海洋工程装备，加强关键配套系统和设备研发及产业化。

2016年5月，工信部将"中国制造2025"概括为"一二三四五五十"

的总体结构，其中第二个"五"代表的五大工程就包括了智能制造工程、绿色制造工程和高端装备创新工程，而"十"代表的十个重点领域中，高档数控机床和机器人、航空航天装备、海洋装备及高技术船舶、先进轨道交通装备，它们均与高端装备制造产业紧密相关，体现了该产业的战略地位。

三、新材料产业

材料既是人类赖以生存和发展的物质基础，也是人类社会发展的先导。《新材料产业"十二五"发展规划》中对新材料的定义：一般指新出现的具有优异性能和特殊功能的材料，或是传统材料改进后性能明显提高和产生新功能的材料，其范围随着经济发展、科技进步、产业升级不断发生变化。

作为我国七大战略性新兴产业和"中国制造 2025"重点发展的十大领域之一，新材料是世界上公认的六大高技术领域之一和 21 世纪最重要、最具发展潜力的领域，是重要的战略性新兴产业，是新能源、节能环保、新一代信息技术、生物、高端装备制造、新能源汽车等战略性新兴产业发展的基础。

新材料产业主要包括新材料产品本身形成的产业、与之配套的新材料加工制造与装备制造产业、传统材料技术提升的产业、质量保证与验证体系及其他服务产业等。与传统材料产业相比，新材料产业技术高度密集、更新换代快、研究与开发投入高、学科交叉性强、产品附加值高、生产与市场的国际性强、产品的质量与特定性能在市场中具有决定作用。

"十二五"期间，国家在鼓励各类新材料的研发生产和推广应用的基础上，重点围绕国民经济和社会发展重大需求，以加快材料工业升级换代为主攻方向，以提高新材料自主创新能力为核心，加快发展产业基础好、市场潜力大、保障程度低的关键新材料。对此，国家各级政策文件中不同程度给出了新材料产业的发展重点。

《中华人民共和国国民经济和社会发展第十二个五年规划纲要》中指出，新材料产业重点发展新型功能材料、先进结构材料、高性能纤维及其复合材料、共性基础材料；并进一步指出要推进航空航天、能源资源、交通运输、重大装备等领域急需的碳纤维、半导体材料、高温合金材料、超导材料、高性能稀土材料、纳米材料等的研发及产业化。

《国家"十二五"科学和技术发展规划》中指出，新材料产业要大力发展新型功能与智能材料、先进结构与复合材料、纳米材料、新型电子功能材料、高温合金材料等关键基础材料，实施高性能纤维及复合材料、先进稀土材料等科技产业化工程。

《新材料产业"十二五"发展规划》中指出，新材料产业主要包括特种金属功能材料、高端金属结构材料、先进高分子材料、新型无机非金属材料、高性能复合材料、前沿新材料六个领域。

《"十二五"国家战略性新兴产业发展规划》中指出，大力发展新型功能材料、先进结构材料和复合材料，开展纳米、超导、智能等共性基础材料研究和产业化，提高新材料工艺装备的保障能力；建设产学研结合紧密、具备较强自主创新能力和可持续发展能力的高性能、轻量化、绿色化的新材料产业创新体系和标准体系，建立新材料产业认定和统计体系，引导材料工业结构调整。文件还指出，顺应新材料高性能化、多功能化、绿色化发展趋势，推动特色资源新材料可持续发展，加强前沿材料布局，以战略性新兴产业和重大工程建设需求为导向，优化新材料产业化及应用环境，加强新材料标准体系建设，提高新材料应用水平，推进新材料融入高端制造供应链。到 2020 年，力争使若干新材料品种进入全球供应链，重大关键材料自给率达到 70% 以上，初步实现我国从材料大国向材料强国的战略性转变。

《中国制造 2025》中指出，新材料产业要以特种金属功能材料、高性能结构材料、功能性高分子材料、特种无机非金属材料和先进复合材料为发展重点，加快研发先进熔炼、凝固成型、气相沉积、型材加工、高效合成等新材料制备关键技和装备，加强基础研究和体系建设，突破产业化制备瓶颈。积极发展军民共用特种新材料，加快技术双向转移转化，促进新材料产业军民融合发展。高度关注颠覆性新材料对传统材料的影响，做好超导材料、纳米材料、石墨烯、生物基材料等战略前沿材料提前布局和研制，加快基础材料升级换代。

随着战略性新兴产业的快速发展，对新材料的需求急剧增加，新材料产业不断壮大。据不完全统计，2016 年新材料产业总产值已达到 2.65 万亿元人民币，其中稀土功能材料、储能材料、复合材料、光伏材料等产能居世界前列。

四、生物产业

生物产业是战略性新兴产业的重要组成部分，是战略性新兴产业的支柱性产业之一。生物产业又称生物技术产业，是以生物技术为发展动力的一类产业的总称。在生物技术研究与应用起步之初，生物产业就已开始形成，生物技术的进步促进生物产业的升级，生物产业的发展推动生物技术的进步，生物产业的发展伴随着生物技术进步的全过程。

1982 年，国际合作及发展组织对生物技术这一概念的含义进行了重新定义：生物技术是应用自然科学及工程学的原理，依靠微生物、动物、植物体作为反应器将物料进行加工以提供产品来为社会服务的技术。而 DNA 重组技术的诞生，无疑是生物技术发展史上再一次的颠覆性变革，基因工程可以直接"创造"生产药物和蛋白的"工厂"，催生了现代生物技术和产业的形成。20 世纪末期，随着信息技术、工程技术和材料技术的飞跃式发展，生物技术开始迅速与新兴科技领域交叉渗透，从生物工艺学到生物工程学，从发酵工程、生物医学工程、细胞工程、酶工程到基因工程，生物技术的革命还引发了生物信息学、生物材料学、系统生物工程学等一系列新学科的诞生，进而催生了一系列相应的新兴生物产业。

《生物产业"十一五"发展规划》对生物产业的定义：将科学与技术应用于生物体及其部分、产物和模型，为改变生物及非生物物质而创造新技术、产品及服务的同类生产经营活动单位的集合。战略性新兴产业中的生物产业，是以生命科学理论和生物技术为基础，结合信息学、系统科学、工程控制等理论和技术手段，通过对生物体及其细胞、亚细胞和分子的组分、结构、功能与作用机理开展研究并制造产品，或改造动物、植物、微生物等并使其具有所期望的品质特性，为社会提供商品和服务的行业的统称。其包括两大分支，一是科技产业化工程，如生物医药、生物医用材料、先进医疗设备、农业生物药物、先进生物制造等；二是推动传统产业制造过程的绿色化、低碳化，加快发展绿色农林牧业生物技术，促进优质高效农林牧业发展。

"十二五"期间，国家鼓励大力发展生物产业关键技术和装备，重点围绕国民经济和社会发展重大需求，以加速先进生物技术产业化，加快传统生物产业升级为核心，加快发展一批产业基础好、市场潜力大、关系到国计民生的重点生物产业。对此，国家各级政策文件中不同程度地给出了生物产业的发展重点。

《国家"十二五"科学和技术发展规划》中指出，要大力发展创新药物、医疗器械、生物农业、生物制造等关键技术和装备。实施生物医药、生物医用材料、先进医疗设备、生物种业、农业生物药物、先进生物制造等先进技术产业。推动传统产业制造过程的绿色化、低碳化，加快发展绿色农用生物产品，促进优质高效农业发展。

《"十二五"生物技术发展规划》中指出，生物技术已成为世界各国竞争的战略重点，生物技术引领的生物产业将成为21世纪经济发展的增长点，生物医药、生物农业日趋成熟，生物制造、生物能源、生物环保快速兴起。"十二五"期间，我国生物技术发展的目标：生物技术自主创新能力显著提升，生物技术整体水平进入世界先进行列，部分领域达到世界领先水平。生物医药、生物农业、生物制造、生物能源、生物环保等产业整体布局基本形成，推动生物产业成为国民经济支柱产业之一，使我国成为生物技术强国和生物产业大国。

《医学科技发展"十二五"规划》中的重点任务是，把握科技前沿领域的发展趋势，以生物、信息、材料、工程、纳米等前沿技术发展为先导，加强多学科的交叉融合，大力推进前沿技术向医学应用的转化，努力在国际医学科技前沿领域占据一席之地，引领医学科技发展。重点发展"组学"技术、系统生物学技术、纳米医学技术、干细胞与再生医学技术、医学工程技术。以重大新药、医疗器械、中药现代化为核心，发展生物医药战略性新兴产业。

《"十二五"国家战略性新兴产业发展规划》中指出，生物产业要面向人民健康、农业发展、资源环境保护等重大需求，强化生物资源利用、转基因、生物合成、抗体工程、生物反应器等共性关键技术和工艺装备开发；加强生物安全研究和管理，建设国家基因资源信息库。着力提升生物医药研发能力，开发医药新产品，加快发展生物医学工程技术和产品，大力发展生物育种，推进生物制造规模化发展，加速构建具有国际先进水平的现代生物产业体系，加快海洋生物技术及产品的研发和产业化。

《医药工业"十二五"发展规划》中明确指出，医药工业是关系国计民生的重要产业，是培育发展战略性新兴产业的重要领域，生物医药成为战略性新兴产业的发展重点，"十二五"期间的主要任务是增强新药创制能力，提升医疗器械的数字化、智能化、高精准化水平，重点发展领域是生物技术药物、化学药、现代中药、先进医疗器械和新型药用辅料、包装材料及制药设备。

《"十三五"国家战略性新兴产业发展规划》中指出，强化生物资源利用、转基因、生物合成、抗体工程、生物反应器等共性关键技术和工艺装备开发，加强生物安全研究和管理，建设国家基因资源信息库；着力提升生物医药研发能力，开发医药新产品，加快发展生物医学工程技术和产品，大力发展生物育种，推进生物制造规模化发展，加速构建具有国际先进水平的现代生物产业体系，加快海洋生物技术及产品的研发和产业化。"十三五"期间，产业规模年均增速达到 20% 以上。

《"十三五"国家战略性新兴产业发展规划》中还指出，把握生命科学纵深发展、生物新技术广泛应用和融合创新的新趋势，以基因技术快速发展为契机，推动医疗向精准医疗和个性化医疗发展，加快农业育种向高效精准育种升级转化，拓展海洋生物资源新领域、促进生物工艺和产品在更广泛领域替代应用，以新的发展模式助力生物能源大规模应用，培育高品质专业化生物服务新业态，将生物经济加速打造成为继信息经济后的重要新经济形态，为健康中国、美丽中国建设提供新支撑。

《中国制造 2025》明确把生物制药及高性能医疗器械作为重点发展的十大领域之一。

五、新能源汽车产业

新能源汽车产业作为我国七大战略性新兴产业之一，对经济社会全局和长远发展具有重大引领带动作用。根据国务院《节能与新能源汽车产业发展规划（2012—2020 年）》的规定，新能源汽车是指采用新型动力系统，完全或主要依靠新型能源驱动的汽车，主要包括纯电动汽车、插电式混合动力汽车及燃料电池汽车。节能汽车是指以内燃机为主要动力系统，综合工况燃料消耗量优于下一阶段目标值的汽车。发展节能与新能源汽车是降低汽车燃料消耗量，缓解燃油供求矛盾，减少尾气排放，改善大气环境，促进汽车产业技术进步和优化升级的重要举措。

我国早在"八五"期间就启动了电动汽车的研究和开发工作，在

"九五"期间又进而启动了"空气净化工程",到了"十五",科技部提出了我国发展新能源汽车的实施方案,电动汽车重大专项被国家科教工作领导小组批准为国家"十五"期间重点组织实施的 12 个重大科技专项之一。

《决定》将新能源汽车产业列为七个战略性新兴产业之一,制订了中长期的发展目标,提出"着力突破动力电池、驱动电机和电子控制领域的关键核心技术,推进插电式混合动力汽车、纯电动汽车推广应用和产业化",明确了发展新能源汽车产业作为国家战略的重要地位。

《节能与新能源汽车产业发展规划(2012—2020)》中指出,汽车产业是国民经济的重要支柱产业,在国民经济和社会发展中发挥着重要作用。加快培育和发展节能与新能源汽车产业,既是有效缓解能源和环境压力,推动汽车产业可持续发展的紧迫任务,也是加快汽车产业转型升级、培育新的增长点和国际竞争优势的战略举措。该规划的发展目标之一是产业化取得重大进展。

《电动汽车科技发展"十二五"专项规划》中指出,国家科技计划将加大力度,持续支持电动汽车科技创新,把科技创新引领与战略性新兴产业培育相结合,组织实施电动汽车科技发展专项规划。紧紧围绕电动汽车科技创新与产业发展的三大需求,继续坚持"三纵三横"的研发布局,突出"三横"共性关键技术,着力推进关键零部件技术、整车集成技术和公共平台技术的攻关与完善、深化与升级,形成"三横三纵三大平台"战略重点与任务布局。

《"十二五"国家战略性新兴产业发展规划》中指出,重点推进纯电动汽车和插电式混合动力汽车产业化,推进新能源汽车及零部件研究试验基地建设,研究开发新能源汽车专用平台,构建产业技术创新联盟,推进相关基础设施建设;重点突破高性能动力电池、电机、电控等关键零部件和材料核心技术,大幅度提高动力电池和电机安全性与可靠性,降低成本;加强电制动等电动功能部件的研发,提高车身结构和材料轻量化技术水平;推进燃料电池汽车的研究开发和示范应用。

《"十三五"国家战略性新兴产业发展规划》中指出,提升纯电动汽车和插电式混合动力汽车产业化水平,推进燃料电池汽车产业化,提升电动汽车整车品质与性能,建设具有全球竞争力的动力电池产业链,推进燃料电池汽车研发与产业化,加速构建规范便捷的基础设施体系。

国务院发布《中国制造 2025》专项规划,指出应继续支持电动汽车、燃料电池汽车发展，掌握汽车低碳化、信息化、智能化核心技术，提升动力电池、驱动电机、高效内燃机、先进变速器、轻量化材料、智能控制等核心技术的工程化和产业化能力，形成从关键零部件到整车的完整工业体系和创新体系，推动自主品牌节能与新能源汽车同国际先进水平接轨。

《"十三五"国家科技创新规划》指出，面向建设"安全交通、高效交通、绿色交通、和谐交通"的重大需求，大力发展新能源、高效能、高安全的系统技术与装备，完善我国现代交通运输核心技术体系，培育新能源汽车、高端轨道交通、民用航空等新兴产业。重点发展电动汽车智能化、网联化、轻量化技术及自动驾驶技术等，提升交通运输业可持续发展能力和"走出去"战略支撑能力。新能源汽车产业实施"纯电驱动"技术转型战略，根据"三纵三横"的研发体系，突破电池与电池管理、电机驱动与电力电子、电动汽车智能化技术、燃料电池动力系统、插电 / 增程式混合动力系统、纯电动力系统的基础前沿和核心关键技术，完善新能源汽车能耗与安全性相关标准体系，形成完善的电动汽车动力系统技术体系和产业链，实现各类电动汽车产业化。

六、新能源产业

新能源又称非常规能源，指除传统能源之外的各种能源形式，包括太阳能、风能、生物质能、核能、地热能、海洋能、页岩气、可燃冰等。太阳能是指太阳的辐射能，一般用作发电或者为热水器提供能源。风能是指空气流动的动能，可转换机械能直接使用，还可进一步将机械能转为电能使用，即风力发电。生物质能是以生物为载体通过光合作用将太阳能以化学能形式贮存的一种能量。核能是通过转化其质量从原子核释放的能量。地热能是由地壳抽取的天然热能，来自于地球内部的熔岩。海洋能指依附在海水中的可再生能源，海洋中的能量以潮汐、波浪、温度差、盐度梯度、海流等形式存在于海洋之中。页岩气是从页岩层中开采出来的非常规天然气资源。可燃冰是分布于深海沉积物或陆域的永久冻土中，由天然气与水在高压低温条件下形成的类冰状的结晶物质。

《决定》提到新能源产业时指出，要"积极研发新一代核能技术和先进反应堆，发展核能产业。加快太阳能热利用技术推广应用，开拓多元化的太阳能光伏光热发电市场。提高风电技术装备水平，有序推进风电规模化发展，加快适应新能源发展的智能电网及运行体系建设。因地制宜开发利用生物质能"。

《战略性新兴产业主要技术领域目录》中提到了四种能源形式：太阳能、风能、生物质能和核能。《国家"十二五"科学和技术发展规划》提到，要"积极发展风电、太阳能光伏、太阳能热利用、新一代生物质能源、海洋能、地热能、氢能、新一代核能、智能电网和储能系统等关键技术、装备及系统。实施风力发电、高效太阳能、生物质能源、智能电网等科技产业化工程。建立健全新能源技术创新体系，加强促进新能源应用的先进适用技术和模式的研发，有效衔接新能源的生产、运输与消费，促进产业持续、快速发展"。

《国务院关于印发"十二五"国家战略性新兴产业发展规划的通知》指出，加快发展技术成熟、市场竞争力强的核电、风电、太阳能光伏和热利用、页岩气、生物质发电、地热和地温能、沼气等新能源，积极推进技术基本成熟、开发潜力大的新型太阳能光伏和热发电、生物质气化、生物燃料、海洋能等可再生能源技术的产业化，实施新能源集成利用示范重大工程。

《"十二五"国家战略性新兴产业发展规划》中指出，加快发展技术成熟、市场竞争力强的核电、风电、太阳能光伏和热利用、页岩气、生物质发电、地热和地温能、沼气等新能源，积极推进技术基本成熟、开发潜力大的新型太阳能光伏和热发电、生物质气化、生物燃料、海洋能等可再生能源技术的产业化，实施新能源集成利用示范重大工程。

《"十三五"国家战略性新兴产业发展规划》中指出，加快发展先进核电、高效光电光热、大型风电、高效储能、分布式能源等，加速提升新能源产品经济性，加快构建适应新能源高比例发展的电力体制机制、新型电网和创新支撑体系，促进多能互补和协同优化。推动核电安全高效发展，促进风电优质高效开发利用，推动太阳能多元化规模化发展，积极推动多种形式的新能源综合利用，大力发展"互联网＋"智慧能源。

《页岩气发展规划（2016—2020年）》指出，"十三五"期间，我国经济发展新常态将推动能源结构不断优化调整，天然气等清洁能源需求持续加大，为页岩气大规模开发提供了宝贵的战略机遇。在核电产业发展规划方面，《"十三五"国家战略性新兴产业发展规划》《能源发展"十三五"规划》《能源发展战略行动计划（2014—2020 年）》《能源生产和消费革命战略》《电力发展"十三五"规划》明确了核能产业目标，发展布局和重点发展方向，强调安全高效发展核电。国务院印发的《"十三五"国家科技创新规划》将智能电网列入"科技创新 2030—重大项目"，明确提出重点加强特高压输电、柔性输电、大规模可再生能源并网与消纳、电网与用户互动、分布式能源以及能源互联网和大容量储能、能源微网等技术研发与应用，对智能电网与储能产业的发展形成了新的推动力。

七、节能环保产业

节能环保产业，是指在国民经济结构中，以节约能源、保护环境（防治环境污染、改善生态环境、保护自然资源）为目的而进行的技术产品开发、商业流通、资源利用、信息服务、工程承包等活动的总称。其技术内容以各种生产活动中的目的和效果可以概括为原材料消耗最小化、产生污染最小化和环境末端治理三个方面，并且覆盖由原料采集与制备、产品生产、产品使用、循环回用组成的整个生命周期。

节能是提高能源利用效率和经济效益、保护资源和环境的重要措施，尽可能地减少能源消耗量，生产出与原来同样数量、同样质量的产品，或者是以原来同样数量的能源消耗量，生产出比原来的数量更多或数量相等但质量更好的产品。其产业关键技术包括高压变频调速技术、稀土永磁无铁芯电机技术、蓄热式高温空气燃烧技术、基于吸收式换热的集中供热技术、二氧化碳热泵技术、半导体照明系统集成及可靠性技术等。

环保是保护环境、资源，维护生态平衡，实现可持续发展的重要措施，是指在国民经济结构中，以防治环境污染、改善生态环境、保护自然资源为目的而进行的技术产品开发、商业流通、资源利用、信息服务、工程承包等活动的总称。其产业关键技术包括膜处理技术、污泥处理处置技术、脱硫脱硝技术、布袋及电袋复合除尘技术、挥发性有机污染物控制技术、柴油机（车）排气净化技术、固体废物焚烧处理技术、水生态修复技术、污染场地土壤修复技术和污染源在线监测技术等。

《"十二五"节能环保产业发展规划》中将节能环保产业划分为节能产业、环保产业和资源循环利用产业三大领域。其中，节能产业包括节能技术和装备、节能产品及节能服务三个小类；环保产业包括环保技术和装备、环保产品和环保服务三个小类；资源循环利用产业以资源类型为划分依据，主要包括如下七个产业细分类别：矿产资源综合利用，固体废物综合利用、再制造，再生资源利用，餐厨废弃物资源化利用，农林废物资源化利用，水资源节约与利用。

《战略性新兴产业主要技术领域目录》则列举了节能环保产业的九项重点产业和关键工程技术，包括高效节能技术和相关产品；城市化快速发展中面临的突出环境问题的控制技术；乡镇现代化过程中环境污染控制和饮用水安全保障技术；污染行业的环境问题与技术；发展清洁生产与循环经济的关键技术；环境监测、应急和预警技术；资源高效开发与综合利用技术；资源、环境保护技术服务业；新能源与高效节能技术服务产业。

目前，我国单位产品的能耗水平较高。《国务院关于加强节能工作的决定》指出，把节能作为转变经济增长方式的主攻方向，从根本上改变高耗能、高污染的粗放型经济增长方式；研发节能新技术、新材料、新设备或将已研发的节能技术集成应用，对于提高能源利用效率，促进节约能源和优化用能结构，建设资源节约型、环境友好型社会有着重要的意义。

《"十二五"国家战略性新兴产业发展规划》中指出，要充分运用现代技术成果，突破能源高效与梯次利用、污染物防治与安全处置、资源回收与循环利用等关键核心技术，大力发展高效节能、先进环保和资源循环利用的新装备和产品；完善约束和激励机制，创新服务模式，优化资源管理、大力推行清洁生产和低碳技术，鼓励绿色消费，加快形成支柱产业，提高资源利用率，促进资源节约型和环境友好型社会建设。

《"十三五"国家战略性新兴产业发展规划》中指出，要全面推进高效节能、先进环保和资源循环利用产业体系建设，大力发展高效节能产业，提升高效节能装备技术及应用水平，推进节能技术系统集成及示范应用，做大做强节能服务产业；加快发展先进环保产业，提升污染防治技术装备能力，加强先进适用环保技术装备推广应用和集成创新，积极推广应用先进环保产品，提升环境综合服务能力，深入推进资源循环利用，推动大宗固体废弃物和尾矿综合利用，开展新品种废弃物循环利用，大力推动海水资源综合利用，发展再制造产业，健全资源循环利用产业体系。

在《"十三五"节能环保产业发展规划》等顶层设计及各领域配套政策法规，如《"十三五"节能减排综合工作方案》《中华人民共和国环境保护税法》《循环发展引领行动》等密集出台的推动下，节能环保产业发展态势良好，营利能力突出，中国作为全球节能环保新兴市场发展速度较快。

八、数字创意产业

在国务院公布的《"十三五"国家战略性新兴产业发展规划》中，与文化产业结合紧密的数字创意产业，首次被纳入国家战略性新兴产业发展规划，并成为与新一代信息技术、生物、高端制造、绿色低碳产业并列的五大新支柱。该规划提出，到2020年，形成文化引领、技术先进、链条完整的数字创意产业发展格局，相关行业产值规模达到8万亿元人民币。

作为《"十三五"国家战略性新兴产业发展规划》的配套文件，国家发改委发布的《战略性新兴产业重点产品和服务指导目录》（2016版），将文化产业诸多产品和服务纳入目录。数字创意产业领域重点产品和服务指导目录分为3个重点方向，具体是数字文化创意、设计服务、数字创意与相关产业融合应用服务。其中，数字文化创意涵盖了5个重点子方向，分别为数字文化创意技术装备、数字文化创意软件、数字文化创意内容制作、新型媒体服务、数字文化创意内容应用服务。

修订的《高新技术企业认定管理办法》也将数字创意领域的大部分行业纳入高新技术企业认定范围，符合条件的数字创意企业可以据此申报认定为高新技术企业，从而享受到减按15%征收企业所得税等税收优惠政策。

原文化部发布的《关于推动数字文化产业创新发展的指导意见》明确提出"数字文化产业"的概念。指导意见提出，到2020年，形成导向正确、技术先进、消费活跃、效益良好的数字文化产业发展格局，在数字文化产业领域处于国际领先地位。指导意见文件指出，动漫、游戏、网络文化、数字文化装备、数字艺术展示等重点领域实力明显增强；推进数字文化产业与先进制造业、消费品工业融合发展，与信息业、旅游业、广告业、商贸流通业等现代服务业融合发展，与实体经济深度融合；推动数字文化在电子商务、社交网络的应用，与虚拟现实购物、社交电商、"粉丝"经济等营销新模式相结合；推动数字文化在农业、教育、健康、地理信息、航空航天、公共事业等其他领域的集成应用和融合发展；支持可穿戴设备、智能家居、数字媒体等新兴数字文化消费品发展，加强质量与品牌建设。

国家统计局发布的《战略性新兴产业分类2018》首次将数字创意产业

收进产业分类，数字创意产业下设数字创意技术设备制造、数字文化创意活动、设计服务、数字创意与融合服务。其中，数字文化创意活动包括数字文化创意软件开发、数字文化创意内容制作服务、新型媒体服务、数字文化创意广播电视服务、其他数字文化创意活动。设计服务主要是指数字设计服务。

九、相关服务业

相关服务业主要是指科技服务业，是指运用现代科技知识、现代技术和分析研究方法，以及经验、信息等要素向社会提供智力服务的新兴产业，主要包括科学研究、专业技术服务、技术推广、科技信息交流、科技培训、技术咨询、技术孵化、技术市场、知识产权服务、科技评估和科技鉴证等活动。科技服务业是现代服务业的重要组成部分，是推动产业结构升级优化的关键产业。科技服务业的建设是提高科技创新能力、加速科技成果向现实生产力转化的重要途径。

国家发改委发布的《战略性新兴产业重点产品和服务指导目录》（2016版），将相关服务业的产品和服务纳入目录。相关服务业重点产品和服务指导目录分为 8 个重点方向，分别是研发服务、知识产权服务、检验检测服务、标准化服务、双创服务、专业技术服务、技术推广服务、相关金融服务。

《"十三五"现代服务业科技创新专项规划》指出，要推动现代服务业领域的模式创新，加速形成现代服务业核心竞争力。通过技术融合与创新，不断催生现代服务业领域的新业态、新业务和新模式，形成现代服务业创新驱动发展的新局面。另外，还指出到 2020 年，初步形成现代服务科学体系，理论水平大幅提高，生产性服务业、新兴服务业、文化与科技融合、科技服务业领域服务科学研究与实践能力进入世界前列。在重点领域攻克一批关键核心技术，形成一批国际、国家标准和行业解决方案，支持建设 10~20 个国家级现代服务业工程技术研究中心、国家重点实验室和企业技术中心，大幅度提高科技在现代服务业中的贡献，全面提升现代服务业的规模、质量、效率和品质，实现我国现代服务业总体水平与发达国家并跑，在部分领域达到领先水平。

《京津冀协同发展规划纲要》中强化北京科技服务业发展，亦提出了具体指标。到 2020 年，北京市科技服务业收入达到 1.5 万亿元人民币，技术合同成交金额达到 5000 亿元。

国家统计局发布的《战略性新兴产业分类 2018》首次将相关服务业收进产业分类，相关服务业包括新技术与创新创业服务、其他相关服务。新技术与创新创业服务包括研发服务、检验检测认证服务、标准化服务、其他专业技术服务、知识产权及相关服务、创新创业服务、其他技术推广服务。其他相关服务包括航空运营及支持服务、现代金融服务。

第二节　专利数据库的概念及作用

据世界知识产权组织统计，专利承载了世界上 90% 以上的发明成果，充分利用专利信息能够节约 40% 的研发经费、缩短 60% 的研发周期。专利数据具有与新技术联系紧密、产业领域覆盖范围广、内容信息丰富、数据翔实准确、数据获取方便等优势，而且其集技术、经济、法律信息于一体 ❶。从专利数据中挖掘出的专利信息，既记载了技术创新的最新成果，也反映了各技术领域进步的发展历程；既记载了专利权信息，也反映了专利权人的特征；既记载了重大技术基础，也反映了技术成熟度和技术经济活动情况；既记载了某一时期某一技术领域存在的技术问题，也反映了解决这些问题的不同技术路线；既记载了创新技术的本身，也反映了与其相关技术的联系以及应用情况 ❷。而充分利用专利信息，就必须使用专利数据库。专利数据库是包括某一特定技术领域的专利信息集合，是依据对技术创新的需求和信息采集的目的而建立的。

专利数据库在国家经济、科技中发挥至关重要的作用。首先，国家及各级政府利用专利数据库进行宏观统计，建立产业统计调查体系，用于监测行业创新活动，预判产业发展趋势，进一步制定行业发展宏观指导政策。其次，专利数据库可以作为基础数据资源和信息情报，有助于企业、高校及科研单位在自主研发新技术、新产品以及引用新技术时避免重复研究并规避侵权风险，方便掌握现有技术基础，减少重复的研发投入，确定研发方

---

❶ 朴京顺. 浅谈专利数据库及专利文献检索［J］. 中国发明与专利. 2011（9）：63–65.

❷ 郑洪洋，林楠，曲少丹. 国内专利专题数据库建设与发展的探讨［J］. 中国发明与专利. 2016（5）：54–56.

向，缩短研发周期；竞争者还可以利用专利数据库了解竞争对手的技术实力，跟踪竞争对手技术动向，监控专利风险，发现技术创新热点及难点，寻找技术发展空白点。此外，从微观层面来讲，专利审查员要利用专利数据库进行新颖性和创造性的评判；专利分析人员要利用专利数据库进行专利文献检索统计；发明人要利用专利数据库了解现有技术及进行技术可专利性的预判。

由此可见，专利数据库是一切专利活动的基础，其重要性不言而喻，因此国内外构建了数量和类型众多的数据库，以下对国内外现有的主要数据库进行简要介绍。

一、国外主要专利数据库

国外常用的专利数据库一般是指专利文摘库，包括德温特世界专利索引数据库（DWPI）、世界专利文摘数据库（SIPOABS）、美国专利数据库、欧洲专利数据库、日本专利数据库等。

德温特世界专利索引数据库（DWPI）收集了最早至 1960 年的 47 个国家和组织的专利文献，收集的国家虽多，但是收集的量不是很全，只收集了重要的专利文献。DWPI 数据包括的专利信息主要有公开号、申请号、优先权号、专利权人信息、发明人信息、标题、文摘、国际专利分类、美国专利分类、欧洲分类、日本专利分类、德温特分类、化学手工代码、工程手工代码、电子手工代码、摘要附图、关键词标引等，由汤森路透科技公司进行标引，更新周期为 5 天，文献语种为英语。DWPI 数据库的特点：专利文献的标题和文献信息都由自己的文献工作人员重新改写过，用词比较规范，文献中的技术内容信息丰富；数据库中提供了具有检索意义的专有字段，比如关键词字段、公司代码字段、塑料代码字段、化学代码字段等；提供除国际专利分类（IPC）外的其他国家的分类号，比如 FI、FT、EC、UC 等。

世界专利文摘数据库（SIPOABS）收录了 1827 年至今共 97 个国家和组织的专利文献。SIPOABS 数据库的特点：包括丰富的分类信息，如 EC、UC、FI/FT 等，可以根据分类体系及相关文献的分类特点进行有针对性的检索；数据库中还收集了申请人引用的文献、检索报告中的文献、审查时引用的文献，适用于进行引证和被引证的追踪检索；数据库中以一个文本为一个记录进行存储；数据库中专利文献的发明名称和摘要基本上由申请人撰写，用词会因申请人的不同而不一致。此外，有些文献没有发明名称和摘要信息。

美国专利数据库由美国专利和商标局（USPTO）提供，数据库包括授权专利数据库和申请专利数据库两部分，授权专利数据库收录了1790年7月31日至今的美国专利。该数据库提供三种检索途径：快速检索（quick search）、高级布尔逻辑检索（advanced search）、号码检索（number search）。1790—1976年的专利只能从专利号、美国专利分类号进行检索。该数据库的专利数据每周更新一次。

欧洲专利数据库可检索欧洲专利局及欧洲组织成员国的许可专利文献，包括欧洲专利（EP）、英国、德国、法国、奥地利、比利时、意大利、芬兰、丹麦、西班牙、瑞典、瑞士、爱尔兰、卢森堡、塞浦路斯、列支士登等欧洲专利局成员国的专利。另外，可以检索世界知识产权组织信息。欧洲专利数据库的特色：可查到及链接到专利家族，提供专利分类号辅助检索；免费提供50多个国家及地区以英文撰写的3000万件专利文献；检索界面设计简单易懂，设有许多辅助说明。数据库检索提供两种检索方式：简易检索方式及多栏位组合检索方式。

日本专利数据库是日本专利局（JPO）的工业产权数字图书馆（IPDL）专利信息数据库检索系统。该系统可以供检索日本专利局数据库中的专利信息。IPDL号称世界上最大的工业产权信息数据库，存储有自1885年日本第一条专利产生以来至今的专利和实用新型数据。该数据库中的数据每两周更新一次，拥有4500万篇文献，11万亿字节的数据量。

加拿大专利数据库由加拿大知识产权局（CIPO）专门为从互联网上检索加拿大专利而建立的Web站点。该数据库包括1920年以来的加拿大专利文档，包括专利的著录项目数据、专利的文本信息、专利的扫描图像。加拿大专利数据库提供了功能丰富的检索途径，如专利号查询、基本文本查询、布尔文本查询和高级文本查询。

俄罗斯网上专利数据库是俄罗斯联邦工业产权协会联机数据库（Federal Institute of Industrial Property Online）提供若干检索俄罗斯专利的数据库，包括俄文摘要数据库（RUABRU）、英文摘要数据库（RUABEN）、授权专利全文数据库（RUPAT）和实用新型摘要数据库（RUABU1）❶。

---

❶ 张春华，王磊，王向红，程序.中外专利数据库服务平台简介及检索应用［J］.中国发明与专利.2012（1）：61-63.

二、国内主要专利数据库

国内专利数据库包括专利数据库、专题专利数据库。专利数据库主要包括中国专利检索系统文摘数据库（CPRSABS）和中国专利文摘数据库（CNABS）。此外，在专利信息公开方面，国家知识产权局提供的专利检索与服务系统（公众部分）、专利公布公告、中国及多国专利审查信息和中国专利事务信息系统也可以视作专利数据库。

中国专利检索系统文摘数据库（CPRSABS）收录了自 1985 年至今在中国申请的全部专利文献，于 1993 年开始应用于国家知识产权局专利局的审查业务中，是我国自主研发的首个专利检索数据库，目前已对公众开放。该数据库中以一个申请一个记录的方式存储，收录了的是申请人撰写的原始名称及原始摘要。此外，CPRSABS 数据库还收录了每个专利的权利要求 1 的内容。

中国专利文摘数据库（CNABS）收录了自 1985 年至今在中国申请的全部专利文献，是目前检索中国专利比较准确和全面的数据库。中国专利文摘数据库是对中国专利初加工文摘数据库（CPPA）、中国专利深加工文摘数据库（CPDI）、中国专利检索系统文摘数据库（CPRSABS）、中国专利英文文摘数据库（CPEA）、DWPI 数据库中的中国数据、SIPOABS 数据库中的中国数据进行错误清理、格式规范、数据整合后形成的一套完整的、标准的中国专利数据集合。该数据库的特点：数据覆盖全面、数据内容丰富、数据格式规范、数据质量高；数据库中专利文献是以一个申请一个记录的方式进行存储；可采用英文检索词进行中国文献的检索；包括了其他数据库中相关的分类信息，如 EC、UC、FI/FT 等，可以根据分类体系及相关文献的分类特点进行有针对性的检索；收录了中国战略性新兴产业七大产业的专利深加工数据。数据更新周期为 2 周❶。

专利检索与服务系统（公众部分）收录了包括中国、美国、日本、韩国、欧洲专利局、世界知识产权组织等 103 个国家、地区和组织的专利数据。专利公布公告主要提供中国专利公布公告信息以及实质审查生效、专

---

❶　田力普等.发明专利审查基础教程检索分册［M］.北京：知识产权出版社，2012.

利权终止、专利权转移、著录事项变更等事务数据信息。中国及多国专利审查信息系统包括电子申请注册用户查询和公众查询2个查询系统。电子申请注册用户查询是专为电子申请注册用户提供的每日更新的注册用户基本信息、费用信息、审查信息（提供图形文件的查阅、下载）、公布公告信息、专利授权证书信息；公众查询系统是为公众（申请人、专利权利人、代理机构等）提供的每周更新的基本信息、审查信息、公布公告信息。

专题专利数据库包括产业数据库、产品数据库及技术数据库。专题数据库具有专业领域专利信息集中、全面，信息挖掘程度高和检索方便等优点，有利于使用者学习、借鉴他人的专利发明，提高科技创新的起点和层次。专利专题数据库是针对特定技术领域、特定产业领域或者特定企业建设的专利数据库，其中收录的专利经过了一定的筛选，信息的集中性较高，可以为有特定需求的客户提供快速检索服务。

专利专题数据库的建设机构包括国家知识产权局、各地方知识产权局（或科技厅）、各个部委相关部门、信息服务机构以及大学、科研院所、企业等，数据库的服务对象以企业和科研机构为主。比如，国家知识产权局主办的国家重点产业专利信息服务平台就提供了包括汽车产业、钢铁产业、电子信息产业、物流产业、纺织产业、装备制造产业、有色金属产业、轻工业产业、石油化工产业和船舶产业在内的十个专题专利数据库。据不完全统计，目前国内专利专题数据库的数量大约为700个，其中国家知识产权局专利文献部和知识产权出版社开发建设了影响比较大的20余个技术主题的专题数据库，以及为其他企事业单位等用户开发建设的约100个专题数据库；地方知识产权局系统开发建成300多个专题数据库；社会信息服务机构开发建成约200个专题数据库；全国科技信息机构约有30个专题数据库；其他机构如大学和网站建有20多个专题数据库等❶。

国内专利专题数据库建设数量较多，但也存在一些问题，包括涵盖数据资源不完整，尚未完全覆盖世界范围内的全部专利国家；检索信息种类不齐全，仅包含国内外专利著录项目、文摘及国内专利全文信息，缺少诸如专利许可、专利质押、专利复审无效、专利转让、专利诉讼、专利引证、

---

❶ 李宏芳，邹小筑.中国专利数据库标引质量测评［J］.现代情报.2010，30（12）：59-61.

同族专利等信息；服务功能不完善，下载服务功能有限，缺少基本的数据定量分析功能，数据更新频率滞后，数据库使用操作不方便，满足不了用户的实际检索、分析需求；技术覆盖面小，不能与日新月异的技术保持同步；企业开展专利专题数据库运用意识淡薄，既懂专业技术知识又有较高的专利信息运用水平的复合型专业人才十分匮乏 ❶。

第三节　构建战略性新兴产业专利数据库的意义

目前的国内外专利数据库可基本满足专利审查、公众查询及全行业专利统计需要，但缺乏系统、完整、针对性强且专利数据经过深度加工的产业数据库，特别是缺乏满足我国产业需求的战略性新兴产业专利数据库。战略性新兴产业专利数据库的重要价值不仅在于拥有海量的有用数据信息，更在于拥有对数据进行充分挖掘、深度分析，进而对产业现状和发展趋势做出判断的功能，可以支撑国家、产业、企业科学决策。专利数据作为大数据的一种，与新技术联系紧密、产业领域覆盖范围广、内容信息丰富、数据翔实准确，而且其集技术、经济、法律信息于一体。在大数据时代，充分利用专利信息资源，将专利信息分析与产业运行决策深度融合，利用专利信息导航战略性新兴产业发展，对于认清产业发展态势、找准转型方向、明确升级路线、实现科学发展，具有重要的决策支撑作用。由此可见，构建战略性新兴产业专利数据库将具有重大意义。

（一）实现以专利为指标直接定量衡量战略性新兴产业创新状况

专利数据是发明创造信息的记录载体，既包含技术信息又包含法律信息与商业信息，是紧密联系科技和经济两大领域的纽带。以专利数据为基础的专利指标直接反映了技术创新的程度，以及技术分布状态和相关法律信息，并可以进一步结合其他科技指标或经济指标进行全方位的产业发展状态诠释。

在通用的产业衡量统计标准中，工业、服务业统计调查单位均为独立核算法人企业，即从事生产经营活动的单位，而农业的统计调查对象则是

---

❶　晋超，韩学岗.国内专题专利数据库的现状特点及发展建议［J］.山东化工.2010，39（9）：21-23.

特定农业生产活动的产品及对其进行各种支持性服务的经营活动。总体而言，无论工业、农业还是服务业，其统计调查指标都是以企业或产业为单位的，这就要求直接用于定量衡量战略性新兴产业的专利指标，是以企业或产业为单位的专利指标，从而与一般产业统计指标，如产业总产值、产量、工业增加值、利润总额等，保持调查单位的一致性。

因此，搭建基于战略性新兴产业与国际专利分类对照关系的战略性新兴产业专利数据库，可以使专利数据高效转化为针对战略性新兴产业的专利指标，发挥出专利数据对于产业发展的监控作用，直接定量衡量战略性新兴产业的创新状况。

（二）能够搭建以行业为终端的战略性新兴产业专利信息平台

随着科学技术的飞速发展，技术信息量呈现爆炸式增长，知识更新速度已达到前所未有的水平，如何整合统筹信息，以更好地为社会生产和生活服务，已成为社会发展过程中所面临的一个关键问题。专利信息隶属于技术信息资源，且具有丰富的内容、严格的标准、广泛的覆盖面、对趋势变化的敏感性等优势。专利信息的独特优势使其成为技术信息中举足轻重的一个部分，如何以最便捷、最具系统性的方式呈现专利信息，是技术信息统筹中的一个重要课题。

知识产权事业在我国经历了三十多年的发展历程，已渐趋成熟，专利事业作为知识产权事业的重要组成部分逐渐深入到社会发展的各个层面中。社会分工的高度细化导致专利信息获取需求的多元化，来源于不同客户群的不同角度、不同层次的专利信息需求被广泛提出。

然而，传统的专利数据库均是以国际专利分类为基础的数据库，其专利信息分类形式单一，面对的主要客户群体是各知识产权局的专利审查员，需要用户具备专业的国际专利分类知识，并经过严格的检索与分类培训才能准确有效地获取专利信息，这对于产业从业人员获取专利信息是极为不利的。在竞争激烈、变化快速的商品经济环境下，产业从业人员需要的是便于掌握而又快速准确的专利信息获取渠道。

战略性新兴产业专利数据库能够有效解决这个问题，以产业从业人员熟悉的产业技术组划分为前提，达到便于掌握的目的，再以国际专利分类为后台作为专利信息查全查准的保障，构建面向产业工作者的战略性新兴产业专利信息查询系统，从而为战略性新兴产业从业人员提供简单有效的专利信息检索工具。以战略性新兴产业专业数据库为基础，搭建成以产业为终端的战略性新兴产业专利信息平台，提供模块化、产业化的专利信息服务。

（三）促进战略性新兴产业专利信息服务及转化应用

构建针对性强、多层级、全面、有效的专利公共服务体系，是我国专利事业面临的迫切任务。专利服务分为两个层面：国家层面，须建立全国专利信息传播利用的宏观管理与业务指导体系，促进专利信息的广泛传播与有效利用；地方层面，须指导地方专利信息机构、图书情报机构与中介服务机构开展专利信息服务，指导市场主体加强专利信息利用，促进专利信息为科技创新与经济社会发展服务。

无论国家还是地方，专利信息的需求主体都包括了大量的非专利工作者。他们熟悉的是具体产业而不是专业的专利分类系统，以产业为终端的专利信息平台必将成为他们获取专利信息的首选渠道，对专利信息的传播和专利公共服务体系的构建，发挥极大的推动作用。

知识产权的转化应用以专利信息的传播为基础，模块化、产业化的专利信息服务，将提高专利信息服务的针对性和目标性，将为信息需求者提供集中度高、系统性好的专利信息服务，提高专利信息的辨识度，从而引导支持创新要素向企业集聚，促进创新成果向企业转移。

战略性新兴产业专业数据库的构建，充分考虑战略性新兴技术与产业的特点，以客户为导向，突出重点热点产业领域，完整、准确、及时地提供专利信息，有针对性地促进战略性新兴产业专利信息的广泛传播，大大推动战略性新兴技术创新的产业化，缩短产业化周期，提高产业化效率。

（四）为我国战略性新兴产业发展的战略布局提供参考依据

加快培育和发展战略性新兴产业，是我国针对工业化城镇化加速，人口、资源、环境压力日趋紧迫，现有发展方式的局限性、经济结构状况以及资源环境矛盾越来越突出的问题，做出的重大战略决定。战略性新兴产业以重大技术突破为基础，其产业发展与反映技术创新的专利信息及配套服务密切相关。战略性新兴产业专利数据库作为战略性新兴产业的重要组成模块，具有巨大市场发展空间，其未来发展要以巩固基础研究、加速推进产业化、有序促进大规模应用为主线。

战略性新兴产业专利数据库的构建可以促进战略性新兴产业专利信息服务，加速战略性新兴技术创新成果的产业化转化应用，提升战略性新兴产业领域专利服务的综合能力，明确战略性新兴产业技术创新的突破点，引导战略性新兴产业领域的投资方向与市场走势，为国家监控战略性新兴产业发展态势及制定战略性新兴产业相关政策提供依据，并对战略性新兴技术企业的发展战略制定产生导向性影响，从而以专利技术创新指标为导向，促进战略性新兴产业以具有重大技术突破和重大发展需求的产业为重点，规模化、集聚化地快速发展。

第二章　战略性新兴产业专利数据库的构建研究

专利数据库包括某一特定技术领域内的专利信息集合，是依据对技术创新的需求和信息采集的目的而建立的。战略性新兴产业专利数据库是与战略性新兴产业相关专利数据的集合，其中产业反映的是以生产要素组合为特征的各类经济活动，而专利信息隶属于技术信息资源。由于经济活动与技术活动之间并非是一一对应的关系，国际专利分类与产业分类的原则也大不相同，产业与专利无法直接建立关联。要实现从产业的角度调用专利数据，实现直接以国际专利分类为入口获取指向产业发展状况的专利指标，数据库构建的核心在于建立战略性新兴产业分类，并形成战略性新兴产业分类与国际专利分类的对照关系，建立战略性新兴产业与国际专利分类对照表。基于对照表，运用检索策略获取专利文献，完成对基础专利数据的收集。

第一节　战略性新兴产业分类体系

战略性新兴产业以创新为主要驱动力，体现了新兴科技与新兴产业的深度融合，大幅度提升自主创新能力，是培育和发展战略性新兴产业的中心环节。因此，加快培育发展战略性新兴产业，必须着眼于突破一批关键核心技术，加强前沿性、战略性产业技术集成创新。

一、战略性新兴产业与专利信息的关系

战略性新兴产业创新要素密集，投资风险大，发展国际化，国际竞争激烈，对知识产权创造和运用依赖性强，对知识产权管理和保护要求高。因此，有效运用知识产权是培育战略性新兴产业创新链和产业链、推动创

新成果产业化和市场化的重要途径。

专利文献是世界上最大的技术信息源，专利信息就是以专利文献作为主要内容或以专利文献为依据经信息化手段处理形成的各种技术信息的总称。因此，专利信息体现的主要是技术信息，以专利信息为基础可以分析技术创新的程度，通过对相关技术领域的专利数据进行统计和分析可以定量衡量战略性新兴产业的创新态势。国际专利分类作为国际统一的专利文献分类和高效检索工具，为产业工作者提供了准确、便捷的获取技术信息的有力工具。技术信息的获取能够帮助科研人员明确研究方向、夯实研究基础，进而提供专利转化的机会，为企业从业人员提供项目获取机会，导向新的利润增长点。通过利用 IPC 进行深入检索和分析，还可以为企业提供针对产品研发与市场营销的专利策略，为行业的整体发展提供方向性指导，有力地推动产业进步。

IPC 基于技术主题和技术发展趋势的分类方式，决定了 IPC 分类表需要伴随技术的发展不断进行修订。产业的形成和发展正是由技术的产生和发展引起的，而产业的形成和发展进一步推动技术创新，技术创新又要求 IPC 分类表的相应部分进行适应性修订，因此产业的发展成为促进 IPC 分类表修订与改版的重要因素。战略性新兴产业的高速发展、技术变革的日新月异，也反映在 IPC 分类相关部分的及时适应性修改中。但是，现阶段国内对战略性新兴产业的分类研究主要是从经济活动出发，没有在 IPC 和产业分类之间建立起对照关系，使专利数据无法直接反映产业创新和专利保护状况。国际上关于此方面的研究也只限于有限的领域，没有形成系统、完整的对应关系。

二、战略性新兴产业分类

为了加强政策引导、促进产业发展，《国务院关于加快培育和发展战略性新兴产业的决定》《"十二五"国家战略性新兴产业发展规划》都明确提出了开展战略性新兴产业统计监测的要求，督促有关部门抓紧制订实施方案和具体落实措施，加大支持力度。为清晰界定战略性新兴产业概念，规范统计口径和分类标准，满足产业实施、企业指导和各种统计监测、管理需要，多个部门从发展方向、重点领域、核心技术及涉及的产品和服务等多个角度出发，研究制定了战略性新兴产业分类目录。

（一）《战略性新兴产业重点产品和服务指导目录》

《战略性新兴产业重点产品和服务指导目录》（以下简称《指导目录》）是国家发展改革委会同科技部、工信部、财政部等有关部门和地方发展改革委，在征求社会各方面意见的基础上研究起草的。《指导目录》体现了战略性和前瞻性，能更好地引导社会资源投向，利于各部门、各地区以此为依据，开展培育和发展战略性新兴产业工作。

《指导目录》依据《决定》将战略性新兴产业确定为 7 个一级产业，涉及 3100 项细分的产品和服务，其中：节能环保产业约 740 项、新一代信息技术产业约 950 项、生物产业约 500 项、高端装备制造产业约 270 项、新能源产业约 300 项、新材料产业约 280 项、新能源汽车产业约 60 项。产业的划分采用三层架构，7 个一级产业细分为 23 个二级产业、125 个三级产业。其中，节能环保产业包括 3 个二级产业，分别为高效节能产业、先进环保产业、资源循环利用产业，二级产业下设 32 个三级产业。新一代信息技术产业包括下一代信息网络产业、电子核心基础产业、高端软件和新兴信息服务产业 3 个二级产业，二级产业下设 17 个三级产业。生物产业下设 4 个二级产业、20 个三级产业，二级产业包括生物医药产业、生物医学工程产业、生物农业产业、生物制造产业。高端装备制造产业下设 5 个二级产业、22 个三级产业，二级产业包括航空装备产业、卫星及应用产业、轨道交通装备产业、海洋工程装备产业和智能制造装备产业。新能源产业包括核电技术产业、风能产业、太阳能产业、生物质能产业 4 个二级产业和 14 个三级产业。新材料产业下设 3 个二级产业、20 个三级产业，二级产业包括新型功能材料产业、先进结构材料产业、高性能复合材料产业。新能源汽车产业下设仅一个二级产业，即纯电动汽车和插电式混合动力汽车，未设置三级产业。在《指导目录》的每个三级产业下面都有对其内涵的具体说明，说明对包括的产品、技术和服务进行了进一步细化。

三级产业内涵的具体说明示例如下：

1 节能环保产业

1.1 高效节能产业

1.1.1 高效节能锅炉窑炉

工业锅炉燃烧自动调节控制技术装备，燃油、燃气工业窑炉采用高温空气燃烧技术装备，新型省煤器，冶金加热炉高温空气燃烧技术，高低差速循环流化床油页岩锅炉，煤泥循环流化床锅炉，蓄热稳燃高炉煤气锅炉，富氧、全氧燃烧，精密供粉、快速点火稳燃、低氮燃烧、无积灰洁净承压炉膛、高效低阻袋式除尘、联合集成灰钙烟气脱硫、全过程连锁保护自动控制等分布式高效煤粉燃烧技术和装备，大型流化床等高效节能锅炉。多喷嘴对置式水煤浆气化、粉煤加压气化、非熔渣—熔渣水煤浆分级气化等先进煤气化技术和装备。工业炉窑黑体技术强化辐射节能技术、新型导电铜瓦把持器电石炉节能技术、锅炉智能吹灰优化与在线结焦预警系统技术、电站锅炉用邻机蒸汽加热启动技术、预混式二次燃烧节能技术、电站锅炉空气预热器柔性接触式密封技术、高炉鼓风除湿节能技术、流态化焙烧高效节能炉窑技术、四通道喷煤燃烧节能技术、燃煤锅炉气化微油点火技术、矿热炉节能技术、燃煤催化燃烧节能技术、高效节能玻璃窑炉技术、锅炉水处理防腐阻垢节能技术。

（二）国家统计局《战略性新兴产业分类》

《战略性新兴产业分类（2012）（试行）》是国家统计局为推动"十二五"国家战略性新兴产业发展规划顺利实施，满足统计上分类测算战略性新兴产业，编制而成的科学、规范、可行的战略性新兴产业统计调查体系。该分类适用于对国家战略性新兴产业发展规划进行宏观监测和管理，适用于各地区、各部门开展战略性新兴产业统计监测。

统计局战略性新兴产业分类的编制以《国务院关于加快培育和发展战略性新兴产业的决定》（国发〔2010〕32号）和《"十二五"国家战略性新兴产业发展规划》（国发〔2012〕28号）两个文件的精神为指导，以国家发展改革委发布的《战略性新兴产业重点产品和服务指导目录》为基础，形成了三层结构的分类体系。其中，第一层包括7大类别，分别为节能环保产业、新一代信息技术产业、生物产业、高端装备制造产业、新能源产业、新材料产业、新能源汽车产业，并在第二、第三层对这7个类别进行了系统分类，最终将第二层划分为30个类别，第三层划分为100个类别。战略性新兴产业分类的每一层产业分类均采用阿拉伯数字进行编码，每一层分类编码均对应有相应的类名，且在第三层产业分类与国民经济行业类别和战略性新兴产业产品及服务之间建立起了对应关系，具体对应《国民经

济行业分类》中的行业类别 359 个，对应战略性新兴产业产品及服务 2410
项，对应《统计用产品分类目录》中的产品（服务）700 多项。图 2.1 以国
家统计局战略性新兴产业分类中的节能环保产业为例展示了其分类构成。

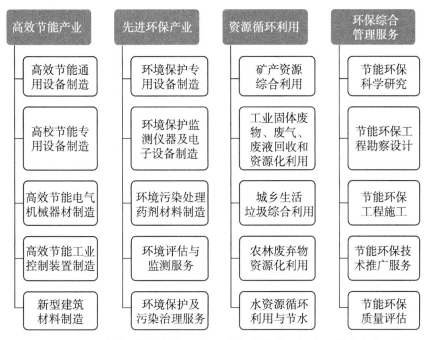

图 2.1　国家统计局战略性新兴产业分类中节能环保产业的分类构成

为了适应产业发展需要，国家统计局在 2018 年对《战略性新兴产业分
类（2012）》进行修订，制定形成了《战略性新兴产业分类（2018）》。新版
的战略性新兴产业分类新增分类 196 个，分解分类 54 个，合并分类 23 个，
更名分类 15 个，分类变化 288 个。新版分类主体编码分为一、二、三层，
新材料产业采用可变递增格式编码，增加至四层。其中，第一层共有 9 个
类别，第二层有 40 个类别，第三层有 189 个类别，第四层有 166 个类别。
第一层产业包括新一代信息技术产业、高端装备制造产业、新材料产业、
生物产业、新能源汽车产业、新能源产业、节能环保产业、数字创意产业、
相关服务业 9 大领域。与《战略性新兴产业分类（2012）》相比，新版分类
增加了数字创意产业、相关服务业，由 7 大领域变为 9 大领域。

（三）工业和信息化部《战略性新兴产业分类目录》

2010 年年底，工业和信息化部组织研究编制了《战略性新兴产业分类

目录》(以下简称《目录》),建立起战略性新兴产业运行监测、信息发布与分析评价体系。在产业重点领域和技术参数选择上,《目录》紧扣《决定》的精神和战略性新兴产业及各行业相关的"十二五"发展规划、行业技术标准。《目录》采取五级目录分类,下设 7 个门类、34 个大类、153 个中类、449 个小类、260 个次小类,共包含 680 种产品。见表 2.1。

表 2.1 分类目录结构表

一级目录	二级目录	三级目录	四级目录	五级目录	产品数目
一、节能环保产业	5	27	86	0	96
二、新一代信息技术产业	3	30	110	79	171
三、生物医药产业	3	10	43	0	49
四、高端装备制造产业	5	24	60	73	119
五、新能源产业	5	16	49	89	114
六、新材料产业	6	26	75	0	83
七、新能源汽车产业	7	20	26	19	48
合计	34	153	449	260	680

其中,一级目录的选取与《国务院关于加快培育和发展战略性新兴产业的决定》的七大战略性新兴产业保持一致;二级、三级目录主要依据《决定》确定的 24 个重点方向和各产业"十二五"发展规划,并在此基础上有所补充和扩展;四级以下目录为具体产品,其划分依据主要参考了《国民经济行业分类》《中国高新技术产品目录(2006)》《统计用产品分类目录》和行业统计制度。另外,考虑到物联网产业的特殊性,将物联网目录单列,未汇总到总目录中。目录示例如表 2.2 所示。

表 2.2 《战略性新兴产业分类目录》示例

国标行业代码	产品代码	产品名称	计算单位	统计范围
30 34 75	11	(一)节能产业		

（续表）

国标行业代码	产品代码	产品名称	计算单位	统计范围
30 34	1101	1. 能源生产运输环节节能技术装备		
341 346	11010100	（1）燃烧（加热）节能技术装备	千元	指提高燃料燃烧效率或加热效率的技术装备，以及降低相关辅机用能及提高能效的技术装备。这包括高效燃料替代技术，节能型电站锅炉、工业锅炉、船用蒸汽锅炉、工业炉窑、节能型烘炉、熔炉、内燃机等高效燃烧技术装备及相关辅机节能技术装备，锅炉房改造技术、燃烧控制技术、微波、红外、电磁加热技术，涂装及注塑节能技术装备等

第二节　国际专利分类体系

各国专利局、国际或地区性专利组织每年要受理数目可观的专利申请并出版大量专利文献，这些文献包含了人类技术进步的全部内容。为有效管理、利用这些专利文献，需要在遵循专利文献涉及各个技术领域特点的基础上，制订一种对专利文献进行系统化管理的方案，即按规定的方案将文献进行归档，使用时再依据该方案采用一个合理的程序将所需专利文献查找出来，这种方案就是专利文献分类系统。国际专利分类（International Patent Classification），简称 IPC，是目前国际通用的专利文献分类系统，是为各专利局和其他使用者建立的一套用于专利文献的高效检索工具。

一、IPC 的历史

IPC 产生之前，专利制度建立较早的许多国家在资本主义迅速发展阶段专利文献量逐年增长，为便于检索、排档，各国都相继制定了各自的专利分类法，例如美国专利分类法、德国专利分类法、日本专利分类法、英国专利分类法等。这些分类法都受图书"十进制分类法"的影响，是对实用技术的详细分类。美国于 1831 年首次颁布了专利分类法，那时只是把专利文献分成 16 个组。19 世纪末至 20 世纪初，各国相继颁布了较为现代化和成熟的专利分类法。

随着专利制度的广泛普及和专利文献的传播与利用，很多国家采纳了现代专利制度——审查制，而专利局授予的专利权是推定有效的，其稳定性主要取决于审查质量，特别是各国专利局在审查发明专利申请，判断一件专利申请是否具有"新颖性"和"创造性"时，必须对大量的各国专利文献进行检索，以获取该发明技术主题的全部现有技术。很多国家认识到，由于各国专利分类法指导思想的差异，任何国家在利用其他国家的专利文献时都会因分类不同带来困难，仅通过国与国之间分类对照表的转换，既烦琐，准确性又差，亟须建立一套通用的国际专利分类系统，因此国际专利分类法应运而生。

1883 年，为协调各国专利领域的合作，诞生了《保护工业产权的巴黎公约》。1949 年，欧洲理事会成立。1951 年，根据法国的建议，欧洲理事会对建立一个国际专利分类系统进行讨论。1952 年，欧洲理事会成立了一个"分类小组"。1954 年 12 月 19 日，欧洲理事会的一些国家，如法国、德国、英国、意大利等 15 个国家，就国际专利分类法签订了《关于发明专利国际分类法欧洲协定》（以下简称《协定》）。《协定》确定：分类表的修改由欧洲专利事务执行委员会进行，并通知世界知识产权组织（WIPO）的前身——保护知识产权联合国际事务局（BIRPI），官方语言为英语及法语，分类表为由粗到细的等级分类体系，由 8 个部、103 个大类、594 个小类组成。1967 年，BIRPI 接受欧洲专利专家委员会建议，将该欧洲专利分类法作为国际专利分类法。1968 年 9 月，第一版 IPC 生效。1969 年，IPC 的联合管理由 BIRPI 执行，欧洲理事会下设一最高委员会负责 IPC 的管理和修订。

1971 年 3 月 24 日，《巴黎公约》成员国在法国斯特拉斯堡召开全体会议，签署了《国际专利分类斯特拉斯堡协定》。该协定于 1975 年 10 月 7 日正式生效，为包括公开的专利申请书、发明人证书、实用新型和实用新型证书在内的发明专利文献提供了一种共同的分类，即 IPC。该协定确认：统一的专利分类法是各国的共同需要，它便于在工业产权领域内建立国际合作，有助于专利情报的交流和掌握。协定的主要内容包括 WIPO 成为 IPC 的唯一管理机构，负责执行有关《国际专利分类斯特拉斯堡协定》的各项任务；确定 IPC 为《巴黎公约》成员国的统一的专利分类法，所有成员国都应使用；成立国际专利分类专门联盟（IPC 联盟），《巴黎公约》成员国都可参加，联盟设立专家委员会，该联盟的各成员国应派代表参加，研究修订分类表，专家委员会的每个成员国有一票表决权；IPC 以英文版本和法文版本为正式文本，与 WIPO 协商可制定其他语言的翻译文本；专门联盟的最主要权利是共同参与不断修订 IPC 的工作，最主要的义务是采用国际专利分类法对本国专利文献标识完整分类号以及缴纳年度会费。

二、IPC 的改革

《斯特拉斯堡协定》签署之后，1968 年 9 月 1 日出版的《发明专利国际（欧洲）分类表》，从 1971 年 3 月 24 日起被认定为第 1 版分类表。为了改进 IPC 分类体系和适应技术进步，WIPO 对分类表进行周期性修订，自第 1 版 IPC 生效至 2006 年 1 月，IPC 共公布了八个版本。

　　—第 1 版 IPC 的有效期为 1968 年 9 月 1 日至 1974 年 6 月 30 日

　　—第 2 版为 1974 年 7 月 1 日至 1979 年 12 月 31 日

　　—第 3 版为 1980 年 1 月 1 日至 1984 年 12 月 31 日

　　—第 4 版为 1985 年 1 月 1 日至 1989 年 12 月 31 日

　　—第 5 版为 1990 年 1 月 1 日至 1994 年 12 月 31 日

　　—第 6 版为 1995 年 1 月 1 日至 1999 年 12 月 31 日

　　—第 7 版从 2000 年 1 月 1 日至 2005 年 12 月 31 日

　　—第 8 版从 2006 年 1 月 1 日生效

在 IPC 第 1 版至第 7 版期间，分类表主要是作为纸质信息工具设计和开发的。在 1999 年 IPC 联盟启动了分类表的改革并提出修订过渡期，目的在于改变分类表的结构及其修订和应用方式，以借助 IT 信息技术的飞速发展，保证分类表的使用效率，并满足技术的发展需要。修订过渡期从 1999 年开始，并于 2005 年完成了改革的基础阶段。作为分类表改革的成果，分类表中引入下列主要变化：

（1）为了更好地满足不同类别使用者的需求，分类表被分为基本版和高级版；

（2）对于基本版和高级版，分别引入了不同的修订方式，即基本版以3年为修订周期而高级版的修订随时进行。

（3）修订分类表时，专利文献将依照基本版和高级版的修订进行再分类；

（4）在分类表的电子层（electronic layer）中引入了更详细描述和解释分类条目的附加资料，例如分类定义、化学结构式和图解说明、信息性参见。

（5）分类的一般原则和分类规则适时重新审议和修订。

第8版分类表是IPC改革的产物，自2006年1月1日第8版生效以来，截至2019年1月1日，基本版完成了一次修订，高级版共进行了十五次修订，高级版各新版本以该版本的生效年度和月份为标识。IPC改革很重要的一项成果就是在电子环境下，引入IPC电子层。在IPC的电子层中引入了较多的帮助理解分类表的辅助信息，例如分类定义、化学结构式和图解说明、信息性参见，对IPC分类条目进行了更详细地描述和解释，帮助用户对IPC的理解，也更利于用户方便地使用IPC分类表。在IPC的不断修订中，在分类表中增加有用的相关信息量的同时为保持分类表的可读性，逐渐地从分类表中移除信息性参见，并转移到IPC电子层中，IPC电子层成为正确理解分类表的主要手段之一。

两个版本的IPC在前三年实践中遇到了许多未预见到的困难，例如，基本版与高级版内容无法清晰分界、两个版本的修订相互交叉、基本版使用范围小、高级版扩展速度慢等。为此，2009年3月召开的IPC联盟专家委员决定将《国际专利分类表》基本版和高级版重新合二为一，仅保留当前高级版版本。IPC分类表修订周期暂定为一年一次，生效日为每年的1月1日，仅以电子形式公布。

三、IPC 的目的

《专利审查指南》《IPC使用指南》等指导性标准中都对分类的目的有着明确的说明。《国际专利分类表》作为使专利文献获得统一国际分类的手段，首要目的是为各专利局和其他使用者创建一种用于获取专利文献的高效检索工具，用以确定和评价专利申请中技术公开的新颖性和创造性（包含对技术先进性和有益结果或实用性的评价），具体包括：

（1）建立有利于检索的专利申请文档；

（2）将发明专利申请和实用新型专利申请分配给相应的审查部门；

（3）按照分类号编排发明专利申请和实用新型专利申请，系统地向公众公布或公告 ❶。

除此之外，本分类表还有提供如下服务的重要目的：

（1）利用分类表编排专利文献，使用者可以方便地从中获取技术信息、法律信息和经济信息；

（2）作为所有专利信息使用者进行选择性信息传播的基础；

（3）作为对某一技术领域进行现有技术调研的基础；

（4）作为进行工业统计工作的基础，从而对各个领域的技术发展状况做出评价 ❷。

近些年，国际专利分类在行业统计、监测、成果转化上的应用不断深化。以 IPC 作为工具，可以有针对性、多层面地对专利信息进行挖掘、调查、统计、分析，以便指引创新主体抢占领域科技市场，可以在最新技术实现和产业之间建立起了沟通、转化的渠道。同时，便于利用专利指标增强对产业的创新现状和发展前景的宏观掌控。

四、IPC 分类思想

专利分类是研究专利分类法及其发展规律并对专利文献进行分类标引的一门学科，其归属于文献分类学。专利分类的对象是每一件发明专利申请或者实用新型专利申请，每一件专利申请包括权利要求书、说明书和附图，也就是将权利要求书、说明书和附图中的发明信息和附加信息分入分类表中相应的分类位置上。

文献分类法的类目体系，实质上就是表达一系列概括文献内容与事物的概念及其相互关系的概念标识系统。因此，要建立系统的文献分类法的类目结构体系，就需要清晰界定概念的内涵与外延，明确概念的划分及其规则。概念的内涵是指概念所反映对象的本质属性，如"节能照明"的本质属性是通过采用高效节能照明产品、提高照明质量、优化照明设计等手

---

❶ 审查指南［M］.北京：知识产权出版社，2010.

❷ 田力普等.发明专利审查基础教程［M］.北京：知识产权出版社，2004.

段，达到节约照明用电的效果；外延是指具有概念所反映本质属性的一个或一类事物，如"节能照明"这一概念的外延包括"照明设计节能""照明控制节能""高效照明灯具""天然光利用"等。

通用的文献分类法主要有体系分类法和分面分类法两种基本类型。IPC分类主要采用体系分类法，穿插使用分面分类法，从而严格界定了IPC分类位置的概念内涵和外延，并辅以一定的条件保证同等级各个分类位置的概念外延不交叉，形成包括部、大类、小类和组的四级类目结构体系。具体而言，IPC分类主要是基于技术的发展趋势，以利于检索为所需遵循的核心原则，为最大限度地实现一这原则并对专利文献技术内容中的技术主题相关分类号给出最佳呈现，辅以整体分类原则、功能和应用分类原则、多重分类原则等其他一些分类原则，以及按照通用规则、优先规则及参见或附注所指明的特殊规则进行分类，从而保证IPC分类体系完善的适用性及严谨性。在分类实践中，这些原则和规则构成了IPC分类的核心分类思想。

五、IPC分类原则与规则

分类原则及分类规则构成了IPC的核心分类思想，保证了IPC分类体系完善的适用性及严谨性。在分类实践中，通过准确运用分类原则和规则，解决如何分类的问题。分类原则具体包括：

（1）利于检索的原则，是从利于检索的目的出发，分类按下述方式设计，并也必须按下述方式应用。同一技术主题都分类在同一分类位置上，从而应能从同一分类位置检索到；这个位置是检索该技术主题最相关的位置。

（2）整体分类原则，其规定应当尽可能地将与某发明实质上相关的技术主题作为一个整体来分类，而不是对其各个组成部分分别进行分类。但如果技术主题的某个组成部分本身代表了对现有技术的贡献，那么该组成部分构成发明信息，也应当对其进行分类。

（3）功能和应用分类原则，是指如果一个技术主题的基本技术特征仅涉及功能分类位置或者仅涉及应用分类位置时，只需要给出相应的功能或应用分类位置即可；但当该技术主题的基本特征既涉及功能分类位置又涉及应用分类位置时，则需要考虑同时分入这两种类型的分类位置。

（4）多重分类原则，是2006年修订的第8版国际专利分类表（IPC）《使用指南》增加的内容，其指明根据专利文献的内容，其中所披露的技术信息可能要求给出一个以上的分类号，比如一个技术主题可以被赋予多个分类号；或者专利文献中具有一个以上的技术主题，则在对这样的专利文献进行分类的时候，就需要进行多重分类。也就是说，当专利文献涉及不同的技术主题，并且这些技术主题构成发明信息时，则应当根据所涉及的技术主题进行多重分类。同时对整体和部分进行分类或者同时给出功能和应用分类位置，均属于多重分类的一种。

IPC 分类规则包括：

（1）通用规则，是 IPC 分类表中的"默认"分类规则，在 IPC 没有制定优先分类规则或特殊分类规则的所有区域应用通用规则。这基于如下的分类表设计原则：同一技术主题分类在同一分类位置。当 IPC 分类表中的分类位置相互排斥时，应用上述原则；当分类位置不是相互排斥，而是可以同时被给出或者具有重叠范围时，应用优先规则。

（2）优先规则，可看成是对通用规则的补充。引入优先规则是为了解决通用规则无法分类的问题，特别是带有组合性质的技术主题的分类问题。优先规则在指定区域明确了所有组之间给出优先规则，其包括最先位置规则和最后位置规则，在适用优先规则区域的第一位置前或较高等级位置，用附注明显地标示出。优先规则体现了 IPC 电子层中标准化排序的思想，遵循依次从位于分类表中较高位置的复杂性高（低）或专业化深（低）的技术主题，到位于分类表中较低位置的复杂性低（高）或专业性低（高）的技术主题排列的原则。

（3）特殊规则，在分类表的少数分类位置使用。在这些分类位置，特殊规则超越一般分类规则（通用规则、最先位置规则和最后位置规则）。凡是使用特殊分类规则的区域，都在相关分类位置，用附注清楚地指明。例如，C04B38/00 类名（"多孔的砂浆、混凝土、人造石或陶瓷制品；其制造方法"），后面的附注：以成分或组成为特征的多孔的砂浆、混凝土、人造石或陶瓷制品也分在 C04B2/00 至 C04B35/00 各组中。

IPC 分类位置的概念内涵通常直接由大类、小类或组的类名进行界定，而其外延则同时受到类名、附注和限定性参见的影响。概念的外延决定"分类位置范围"，IPC 通过类名、附注和限定性参见三者的共同界定，保证了各分类位置的概念外延不交叉，从而确保"分类位置范围"的独立性和分类的准确性。

六、IPC 体系结构

专利技术不同于科学研究和发现，其所体现的是科学研究成果在产业中的应用，具有工程技术和实用技术色彩，这种技术特点决定了 IPC 分类体系的设置思想。IPC 分类表采用等级结构的分类体系，即部、大类、小类、大组和小组，各等级以树型结构向下展开，按等级递降顺序划分技术知识体系，较低等级的内容是其所属较高等级内容的细分，每一级分类具有类号和类名，类名用以描述各条目所涵盖的技术主题。

（一）分类表的编排

国际专利分类表的设置包括了与发明创造有关的全部技术领域，将不同的技术领域划分为 8 个部分，每一个部分定义为一个分册，部是分类表等级结构的最高级别。部的类号由 A—H 中的一个大写字母标明，部的类名被认为是该部内容非常宽泛的指示，8 个部的类号、类名如下：

A 人类生活必需

B 作业；运输

C 化学；冶金

D 纺织；造纸

E 固定建筑物

F 机械工程；照明；加热；武器；爆破

G 物理

H 电学

部内设有由信息性标题构成的分部，以方便使用者对部的内容有一个概括性地了解，帮助使用者了解技术主题的归类情况。分部类名没有类号，所以在一个完整的分类号中，没有表示分部的符号。

例如，A 部（人类生活必需）包括以下分部：

农业

食品；烟草

个人或家用物品

保健；救生；娱乐

每一个部被细分成许多大类，大类是分类表的第二等级。每一个大类的类号由部的类号及其后的两位数字组成，每一个大类的类名表明该大类包括的内容，如 H01 基本电气元件。某些大类有一个索引，它只是给出该大类内容的总括的信息性概要。

一个大类包括一个或多个小类，小类是分类表的第三等级。每一个小类类号由大类类号加上一个大写字母组成，小类的类名尽可能确切地表明该小类的内容，如 H01S 利用受激发射的器件。大多数小类都有一个索引，它只是一种给出该小类内容的总括的信息性概要。

每一个小类被细分为"组"，"组"既可以是大组（即分类表的第四等级），也可以是小组（即依赖于分类表大组等级的更低等级）。每一个组的类号由小类类号加上用斜线分开的两个数组成，其中大组类号由小类类号加上一个 1 位到 3 位的数、斜线"/"及数字 00 组成，如 H01S 3/00；小组类号由小类类号加上一个 1 位至 3 位的数，后面跟着斜线"/"符号，再加上一个除 00 以外的至少两位数字组成，如 H01S 3/03；大组的类名在其小类范围内确切的限定了某一技术主题领域，并被认为有利于检索；小组的类名在其大组范围之内确切限定了某一技术主题领域，并被认为有利于检索。

小组间的等级结构仅仅由圆点数来确定，在小组的类名前加一个或几个圆点表示该小组的等级位置，每一个小组是它上面、离它最近的、又是比它少一个圆点的那个小组的细分类。以"大组 A47L1/00 窗的清扫"中的"小组"为例：

A47L 1/00 窗的清扫

A47L 1/02 · 动力驱动的机械或装置

A47L 1/03 · · 同时清扫窗两面的

A47L 1/05 · · 带有固定电动机的手动装置

IPC 分类表中不同等级的类名对于分类位置具有不同的限定作用，例如部和分部类名仅有指示作用，大类类名没有限定作用，而小类、大组和小组类名具有限定作用。

（二）分类表的其他内容

现代科学技术飞速前进，向精细化发展，各技术分支呈现明显的关联性、融合性。在这样的背景下，分类表下的分类位置不断地被细分，各细分位置涉及的技术主题之间相关性越来越高，分类位置之间的关系、交叉领域的技术边界界定越来越复杂，容易产生混淆。在分类表中部、分部、大类的类名仅是概括指出它们的内容，该内容所包括的技术主题的范围不甚精确。为从不同的角度帮助划分各相关分类位置之间的技术界限、准确理解分类位置的范围，在分类表中引入了参见、附注等。其中，参见是为了指明技术内容比较相关的类目之间的技术主题界限，而附注是当有些类目处有必要对其技术主题进行补充说明时引入的。

在分类表部、分部、大类、小类、大组、小组、导引标题的某些位置设置有附注。附注作为除类名外另一个对"分类位置范围"有着重要影响力的因素被引入分类表的各个等级中。附注用于：特殊词汇、短语的定义或解释；分类位置范围的定义或解释；指出分类规则；指出有关技术主题如何分类；提示作用——提示注意与本分类位置相关的其他分类位置的附注。

参见是指在大类、小类或组的类名、导引标题或附注中，包括在括号中的涉及分类表另一个位置的短语。由参见指明的技术主题包含在分类表的其他位置上。参见分为限定性参见和信息性参见，其中限定性参见是会对"分类位置范围"产生重要影响的第三个因素。限定性参见与等级比它低的所有分类位置有关，用于限定范围或指示优先。

为了增加分类表的可读性，在某些部、大类及大多数小类的起始处设有索引表，总结出该类目下内容总括性的信息概要。当小类表中许多连续的大组都与一个共同的技术主题有关时，通常在这些大组的第一组之前加上"导引标题"，指明与该导引标题相关的所有大组共有的技术主题。

以"H01L51/50"为例，如图 2.2 所示，该分类位置属于 H 部、H01 大类、H01L 小类、H01L51/00 大组的 H01L51/50 小组，其分类位置范围由所属的各级分类类名，H 部、H01 大类和 H01L 小类的附注，以及 H01L51/00 大组和 H01L51/50 小组的参见共同确定，其分类位置范围是专门适用于光发射的使用有机材料作有源部分或使用有机材料与其他材料的组合作有源部分的固态器件，或专门适用于制造或处理这些器件或其部件的工艺方法或设备，所述"器件"是指电路元件，当电路元件是在一个共同基片内部或上面形成的多个元件中的一个时，则"器件"是指组件。

此外，第八版 IPC 分类表中引入了 IPC 电子层，通过超级链接在电子层中引入了更多的帮助理解分类表的辅助信息，对 IPC 类目进行了更详细的描述和解释，帮助用户准确理解 IPC，也更利于用户快捷、准确地使用 IPC 分类表进行分类。电子层中引入的补充信息包括分类定义、化学结构式和图解说明、信息性参见等。

H部——电学（附注和参见省略，以下同）

　　H01——基本电气元件

　　　　H01L——半导体器件；其他类目中不包括的电固体器件

　　　　　　H01L51/00——使用有机材料作有源部分或使用有机材料与其他

　　　　　　　　　　　　材料的组合作有源部分的固态器件；专门适用于

　　　　　　　　　　　　制造或处理这些器件或其部件的工艺方法或设备

　　　　　　H01L51/50——专门适用于光发射的，如有机发光二极

　　　　　　　　　　　　管（OLED）或聚合物发光器件（PLED）

图 2.2　H01L51/50 分类位置示意图

第三节　战略性新兴产业专利数据库的构建方法

通过研究战略性新兴产业的分类体系，并与国际专利分类的分类原则和分类表的结构设置特点结合，初步摸索出了一套非常实用的战略性新兴产业专利数据库构建方法。战略性新兴产业专利数据库的构建方法包括对照表的建立、专利文献检索和深加工、质量控制。

一、对照表的建立

对照表的建立将战略性新兴产业与 IPC 分类号建立了对照关系，首先，将战略性新兴产业划分产业技术组；其次，在 IPC 分类表中寻找与产业技术组的技术内容相匹配的分类号，从而建立战略性新兴产业技术组与 IPC 分类号的对照关系。

战略性新兴产业属于典型的政策性产业，产业的概念界定和分类标准模糊，难以规定统一规范的统计口径，也缺乏权威的分类标准供参考。本书中对于战略性新兴产业的技术范围界定，是以国务院印发的《关于加快培育和发展战略性新兴产业的决定》《国民经济和社会发展第十二个五年规

划纲要》及《"十二五"国家战略性新兴产业发展规划》等为主要依据，参考《国务院关于印发"十二五"国家战略性新兴产业发展规划的通知》《战略性新兴产业重点产品和服务指导目录》《战略性新兴产业分类目录》《战略性新兴产业分类（2012）》《十二五战略性新兴产业主要技术领域目录》。

技术组的产生遵循全面涵盖和重点突出的原则，以产业定义为核心扩展技术内容，结合技术发展特点、行业发展趋势、行业统计分类、前沿先导技术，并充分考虑了战略性新兴技术相关国际专利分类表的分类原则和结构特点，抽取各行各业中涉及战略性新兴产业的领域、技术、产品等，明确了产业边界、清晰界定了产业外延，形成与战略性新兴产业行业分工相匹配又能体现战略性新兴技术的产业分类，将战略性新兴产业划分为产业技术组。根据每个产业技术组中所包含的技术内容，借助分类查询软件、专利数据库和专利信息分析系统，确定与每个产业技术组相关的所有分类号；一个产业技术组可能对照一个分类号，也可能对照多个分类号。从而，建立了战略性新兴产业与国际专利分类的对照关系。除了获得战略性新兴产业与国际专利分类对照表，更关键的是探索出了实现产业与国际专利分类对照的系统化、规范化对照方法，实现产业向专利信息体系的转化。

二、专利文献检索和深加工

专利文献检索，是以战略性新兴产业与国际专利分类对照表为基础，依据检索策略形成系统、规范的相关专利献量检索方法，进而完成产业相关专利文献量的检索，并对检索到的每篇专利文献进行产业代码标记。同时为直观体现出各 IPC 分类号与产业技术组的相关程度，以及产业技术组相关文献在各 IPC 分类号中的分布情况，进行了横向、纵向权植的计算。

为了丰富战略性新兴产业专利数据库的数据字段、提升数据质量，扩展数据库的应用前景，还对检索出来的中国专利文献进行了深加工工作。深加工工作是在遵循一定加工规则的基础上，对中国发明专利和实用新型专利进行以下七个方面的加工：名称改写、摘要改写、关键词标引、IPC 再分类、实用专利分类、引文标引、专利申请人机构代码标引。数据库以深加工后的产业相关文献作为数据源。

三、质量控制

数据库的质量控制采用过程质量控制方法，包括对照表创建环节的质量预控、对照表建立后的可靠性验证、检索式的验证及数据深加工环节的全面质量管理，确保数据库的准确性、完整性。对照表构建过程从理论着手指导过程质量控制的实施，同时通过类名比对、专利文献筛查完成了对照关系的可靠性验证和产业代码标记的准确性验证。为了确保检索式的查全率和查准率，需对检索式进行验证及完善，从而保证战略性新兴产业专利数据库的质量。若检索式不合格，则对现有检索式进行修改及完善，使修改后检索式的查准率及查全率满足要求。在数据深加工工作过程中采用全面高效的质量管理体系进行系统的质量控制。质量管理体系以实现质量目标为出发点，以过程管理方法实施全面、及时与规范的质量控制，消除质量问题，并对数据深加工过程进行循环持续改进。

第四节　小　　结

本章的主要目的在于阐述战略性新兴产业专利数据库的构建思路。鉴于战略性新兴产业专利数据库的构建涉及产业分类和专利分类两种分类体系，本章首先从战略性新兴产业与专利信息的关系、战略性新兴产业分类目录两方面对战略性新兴产业分类进行了说明，并从 IPC 的历史、改革、目的、分类思想、分类原则与规则、体系结构等多个方面对 IPC 分类体系进行了相对细致的介绍。IPC 基于技术主题和技术发展趋势的分类方式，使其成为连接产业与专利文献的桥梁，进而通过建立战略性新兴产业与 IPC 的对照表，以 IPC 作为媒介完成专利数据的检索、收集。

以上述分析为基础，本章明确了战略性新兴产业专利数据库的构建过程，具体步骤：对照表的建立、专利文献检索和深加工、质量控制，其关键点在于形成战略性新兴产业技术组，并建立产业技术组与 IPC 分类间的对照关系。构建过程中三个具体步骤的详细介绍将在第三章至第五章分别展开论述。

第三章 战略性新兴产业与国际专利分类对照表的建立

战略性新兴产业典型的政策属性决定了其分类是从经济活动的产业领域出发，技术概念相对弱化，产业的分类与专利技术的分类区别较大。因此，为了方便且精确地找出战略性新兴产业范围内的所有专利文献数据，就需要根据战略性新兴产业的国家政策及相关文件，结合IPC的分类原则和分类表的结构特点，对战略性新兴产业进行产业技术分类，进而划分为不同的产业技术组；并进一步在该产业技术分类的基础上，通过将产业技术组的技术内容与IPC的分类号对应，将不同的产业技术组关联了明确的IPC分类号，从而建立战略性新兴产业与国际专利分类的对照表。

第一节 战略性新兴产业技术组的划分

战略性新兴产业技术组的划分是在研究国家战略性新兴产业相关政策与文件的基础上，根据产业的技术发展特点，并结合相关领域国际专利分类的分类原则和结构特点，基于战略性新兴产业的技术进行的。产业技术组划分采用"体系分类法"和"分面分类法"相结合，对每个产业技术组进行了科学的命名，撰写了限定产业技术组范围的产业说明。

一、现有的文献分类思想

文献分类一般是以学科和专业技术为中心，按照一定的体系有系统地组织和区分文献。为了便于检索，文献分类必须做到科学合理，分类方法主要有体系分类法和分面分类法两种基本的类型。

体系分类法是一种直接体现知识分类的等级制概念标识系统。其以科学分类为基础，根据文献的内部和某些外部特征，依据概念的划分与概括原理，按照知识门类的逻辑次序由总体到分支、由一般到具体、由简单到复杂，把概括文献内容与事务的各种类目组成一个层层隶属、详细列举的等级结构体系，并采用尽量列举的方式进行编制，从而形成一个严格有序的、直线性知识门类等级体系，也称为列举式分类法、枚举式分类法。典型的代表有中图法、科图法、杜威十进分类法（DDC）、美国国会图书馆分类法（LCC）。体系分类法由主表、标记符号、复分表、说明和类目注释、索引 5 个部分组成。体系分类法中类目之间的关系主要有 4 种：从属关系、并列关系、交替关系、相关关系。以中图法为例具体说明：中图法（第 4 版）中将整个学科领域划分为了 5 个基本部类、22 个基本大类，大类继续展开为第二级类目、第三级类目等。例如：

T	工业技术	（第一级类目）
TP	自动化技术、计算机技术	（第二级类目）
TP1	自动化基础理论	（第三级类目）
TP2	自动化技术及设备	（第三级类目）
TP3	计算技术、计算机技术	（第三级类目）

由此可见，体系分类法是根据用户使用的需要，按学科、专业系统的揭示文献，类目展开系统性比较好；等级列举能清晰阐明各类目之间的关系，类目体系概括、直观。其可以通过参照、互见、注释、交替等方法反映类目之间的联系和区别，能够提供从学科分类检索文献信息的途径；且标记符号采用阿拉伯数字和拉丁字母，通用性比较强，分类号也简单明了，比较适合组织分类排架和分类目录。但是，体系分类法采用列举的方式并不能完全把复杂和细小的问题全部概况，不能充分揭示文献中大量存在的复杂主题和专深主题；不能实现多元检索；且标识固定、类目有限，对于新学科、新知识的标引不方便，对于计算机检索也不能轻易实现。

分面分类法是依据概念的分析和综合原理，将概括文献内容与事务的主题概念组成"分面—亚面—类目"的结构体系，通过各分面内类目的组配来表达文献主题。它是将主题概念分解成简单概念（概念因素），然后按照它们所属的方面或范畴，分别编列成表，标引时用两个或多个简单概念的分类号组合表达复杂的主题概念，也称为组配分类法、分析—综合分类法。典型的代表有冒号分类法（CC）、布利斯书目分类法（BC2）。分面分类法的组成部分与体系分类法基本一致，一般包括分类表、标记符号、说明和类目注释、复分表、索引 5 个部分组成。以"桥梁"为例进行分面分类，见表 3.1。

表 3.1 "桥梁"的分面分类

桥梁用途	桥梁结构	桥梁材料	桥梁形式
人行桥	梁式桥	石桥	斜桥
铁路桥	斜拉桥	钢筋混凝土桥	区弧桥、弯道桥
……	……	……	……

由此可见，分面分类法弥补了体系分类法的不足，并不以固定的顺序排列学科，而是明确定义某个主题的特征或属性，使其互相排斥、单独穷尽。这样更能够将事物的属性以及属性之间的关系透彻地揭示出来。经过组配后，对于新学科、新知识也可以进行标引揭示，且文献标识的概念与文献内容反映的新学科、新知识的概念相同。但是，分面标引法也有不足之处，如分面标引的类目体系不直观，类表结构和标记方法也比较复杂，使用不太方便，等等。

可以看出，体系分类法和分面分类法可以互为采用、互相补充，为文献分类提供更加全面的分类方法。

二、产业分类和国际专利分类特点的比较

所谓产业分类，就是人们为了满足需要而根据产业的某些相同或相似特征，将企业的各种不同的经济活动分成不同的集合。从分类标准化和体系化的角度，可以将产业分类分为两种：一是标准产业分类，这种产业分类以经济活动为依据对产业进行归类，具有相对固定的分类体系和标准；二是由国家经济管理部门在不同时期提出的政策性产业分类，其政策性较强，并无统一分类标准，需要根据当时的经济环境和发展需求加以分析。

目前，国际上最为通用的标准产业分类是在《全部经济活动的国际标准产业分类》（ISIC）基础上又衍生出各国、各地区的产业分类标准体系，例如欧盟一般产业分类（NACE）、美国标准产业分类（SIC）等，我国的国民经济行业分类也是参照国际标准产业分类体系制定的，而战略性新兴产

业是进一步以国民经济行业分类为基础建立的。国际标准产业分类属于体系分类法，国际标准产业分类表采用四级结构，以产业编码"A0111"为例，如图3.1所示。

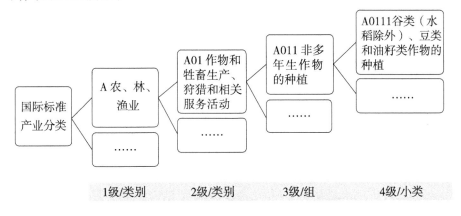

图3.1　国际标准产业分类（ISIC）结构图举例

国际专利分类也体现了体系分类法的思想。但是由于专利文献的特殊性，其在分类表的设置上也具有特殊性：①分类的依据多样化，包括按照产业技术领域进行分类、按照某一技术主题分类、按照功能分类、按照应用分类；②类目的设置广泛详细，大部分的类目采用重点列类法，适用于文献量较大的技术主题，设置的类目等级较多，例如可以达到12级之多；③第五级（小组）和第五级以下的类目没有采用层累制编号，而是改用了顺序制编号，从而便于随时插入新的类目；④对于某些产业技术领域不设置分类位置。

国际专利分类表类目之间的关系体现了体系分类法中的从属关系、并列关系、交替关系以及相关关系，也具有特殊的整体与部分的类目关系，例如：

H01J40/00 不包含气体电离的放电管

H01J40/02 ·零部件

从以上论述可知，现有一般产业分类和国际专利分类都具有体系分类法的特征，国际专利分类同时还体现了分面分类法的特征，从而严格界定了 IPC 分类位置的概念内涵和外延，并辅以一定的条件保证同等级各个分类位置的概念外延不交叉。另外，一般产业分类类目的设置不如国际专利分类详细，是因为国际专利分类是从技术领域的角度出发设置的类目，一般产业分类则是从产业发展的角度设置类目。

三、战略性新兴产业技术组划分定义及原则

战略性新兴产业的技术组是根据产业的技术发展特点和国家相关的政策、文件，并结合相关领域国际专利分类的分类原则和结构特点，而对战略性新兴产业的技术内容进行的产业技术分类。

基于以上对分类思想和研究对象的分析，根据国家文件和相关资料，对战略性新兴产业技术内容进行划界并建立产业技术组，原则如下：

（1）满足用户需求原则：为了对战略性新兴产业提供参考，划分产业技术组的时候要充分考虑到用户的需求，根据国家相关文件界定战略性新兴产业的范围，将国家"十二五"规划纲要中指出的重点发展技术内容设置为技术组类目。

（2）文献保证原则：技术组进行划分时要以足够的专利文献数量作为保障。如果文献数量比较多，类目就要设置的具体一些；反之，如果文献数量相对较少，所设置的类目就会相对概括一些。

（3）兼顾学科分类和产业分类原则：技术组划分应当按照常规学科和产业的划分特点达成基本一致，要与学科设置、科研机构的业务分工、产业规划具有大体一致的标准，从而使产业技术组的划分具有较高的实用性。

（4）适应技术发展趋势原则：要求技术组划分以及在后续的修订工作中要能适应技术发展的潮流，并能将这种发展趋势尽量完整体现出来。

（5）稳定性原则：产业技术组的分类体系、类目设置与划分标准、产业技术组代码在一段时间内能够保持相对稳定。

（6）兼容性原则：产业技术组和所编制的产业技术组代码可以与国际专利分类体系直接对应和相互转换。

四、战略性新兴产业技术组划分方法

战略性新兴产业技术组的划分是将"体系分类法"和"分面分类法"相结合，将产业技术组按照"体系分类法"构建成具有隶属关系的分级类目，并在划分子级类目时适当地使用"分面分类法"。产业技术组建立的同时撰写类名和产业说明，编制产业技术组代码。可建立三级或更多级类目，流程，如图3.2所示。

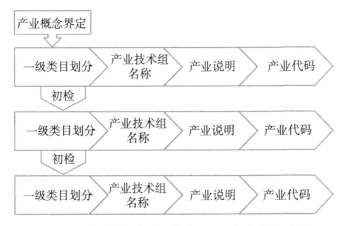

图 3.2　战略性新兴产业技术组（三级）划分流程

下面按照类目级别对战略性新兴产业技术组的划分进行具体说明。

（一）一级类目建立

第一步：确定该战略性新兴产业所包括的技术内容。

主要根据国家有关战略性新兴产业的政策法规中对相关产业的定义，并结合各个产业的学科设置，确定该产业所包括的技术内容。

第二步：确定一级类目划分的标准并进行分组和类名撰写。

一级类目的划分要参考国家相关产业政策以及相关指导性文件，涵盖该战略性新兴产业所包括的所有技术内容，根据各领域学科的设置，确定产业的一级技术组，并依据科学、简明、准确的原则撰写类名。

第三步：一级类目产业说明撰写。

产业说明属于类目注释，其作用是限定产业的范围，明确产业技术组之间的关系。对于在本领域内概念范围不明确的产业技术组，产业说明主要是对该产业所包含的内涵和外延做出较为明确的界定，便于下一级类目的划分和后期的国际专利分类对照工作。对于本领域内概念范围较为明确的产业技术组，给出本领域内标准的定义，列举典型的技术。

一级类目的产业说明主要是用于指明类目的含义，对类目的内容范围进行界定。

第四步：编制产业代码。

产业代码是用以表示类目的代号，它具有固定类目的位置，明确各个类目的先后次序，在一定程度上显示类目之间的隶属、并列关系以及描述某个类目的含义的作用。产业代码的编制原则：简明性、容纳性（又称扩充性）、表达性、助记性。

（二）二级类目和三级类目的建立

第一步：确定所属上一级类目包括的技术内容和初步检索相关专利文献数量。

所属上一级类目包括的技术内容主要是指上一级类目的类名所涵盖的范围以及产业说明划定的范围。技术内容确定后，要在国家知识产权局专利检索与服务系统（简称 S 系统）的 CNABS 数据库中，利用关键词或可能相关的国际专利分类号初步检索与该技术内容相关的专利文献数量，根据文献数量决定该技术内容下一级类目划分的大体数量。也就是说，如果某一技术内容相关的专利文献数量较大，则可以考虑增加下一级类目的数量；相关的专利文献数量较小，则可以考虑减少下一级类目的数量。

第二步：确定二级和三级类目划分的标准并进行分组和类名撰写。

二级和三级类目划分与一级类目的划分不同，需要尽量将一级类目所包括的技术内容体现全面。但是由于一级类目所涵盖的范围较广，其所属的二、三级类目一般无法对其技术内容进行穷举，因此，必要时要根据用户保证原则将国家相关的产业政策文件中重点关注的技术进行列举、根据文献保证原则将该领域学科中发展较好的技术进行列举、根据与技术发展同步原则将有发展潜力的新技术进行列举。

第三步：产业说明撰写。

二级和三级类目的产业说明的作用除了与一级类目产业说明相同的作用外，其还具有类目关系注释的作用，主要是为了解决技术交叉的问题。

第四步：编制产业代码。

二级和三级类目的产业代码采用层累标记制进行编写。层累标记制简称层累制，是能显示类目等级关系的编号方法，一般按照类目划分等级配置相应位数号码。例如，可以将二级类目的产业代码在一级技术组的产业代码后添加两位数字进行表示，三级类目的产业代码添加四位数字进行表示，同一级别类目的产业代码按数字顺序进行编制即可。这种产业代码的编制方式具有开放性，可随着产业的发展、技术的更新，编制的产业代码也可以进行补充。

（三）战略性新兴产业技术组的具体划分方法

1. 新一代信息技术产业

首先确定新一代信息技术产业所包括的技术内容。《"十二五"国家战略性新兴产业发展规划》中指出，要求加快建设宽带、融合、安全、泛在的下一代信息网络，突破超高速光纤与无线通信、物联网建设、云计算、数字虚拟、先进半导体和新型显示等新一代信息技术。新一代信息技术产业着重推动下一代互联网、新一代移动通信、云计算、物联网建设、智能网络终端、高性能计算的发展，实施新型显示、国家宽带网、云计算等科技产业化工程，积极推进三网融合建设，加快网络与信息安全技术创新，保障网络与信息安全。着力发展集成电路、智慧城市、智慧工业、地理信息、软件信息服务等相关技术，促进信息化带动工业化。

一级类目的划分要涵盖新一代信息技术所包括的所有技术内容，共划分为九个一级技术组，并依据科学、简明、准确的原则撰写类名，物联网建设，是指通过 RFID（射频识别）、红外感应器、全球定位系统、激光扫描器等信息传感设备，按约定的协议，把任何物品与互联网连续接起来，进行信息交换和通信，以实现智能化识别、定位、跟踪、监控和管理的网络；高端软件及信息技术服务，仅包括基础软件、开发支撑软件、通用应用软件、行业应用软件、嵌入式软件、工业软件、数据处理服务，其中信息技术服务是指通过促进信息技术系统效能的发挥，来帮助用户实现自身目标的服务；高端计算机及外围设备，高端计算机包括高端服务器，外围设备包括计算机外围设备；下一代通信网络建设，是指包括电话和因特网接入业务、数据业务、视频流媒体业务、数字电视广播业务和移动业务的全业务综合网络，能够支持固定和移动的融合、传统电信业务与广播业务的融合；网络与信息安全，是指在技术和管理上为信息系统建立安全保护，保护信息系统的硬件、软件及相关数据不会因偶然或者恶意的原因遭到破坏、更改和泄露；终端设备，包括移动通信终端设备、数字电视终端设备、数字家庭智能终端、数字视频监控设备、音响设备、行政管理应用终端设备、支付终端设备，以及相关重要技术，但不包括电子计算机终端设备；三网融合建设，是指电信网、互联网和广播电视网三大网络通过技术改造实现相互渗透、相互兼容，提供包括语音、数据、图像等综合多媒体的通信业务；新型显示，是指相对于传统阴极射线管显示而言，平板显示属于新型显示技术，按其工作原理可以分为自发光型与非发光型两大类；集成电路，是把所有的组件，如二极管、电阻，集成在一个共用基片上并且构成包括有各组件间相互连接的器件。

新一代信息技术产业一级技术组的产业代码由两个英文字母组成，首字母均为 I，分别来自 information（信息）、internet（互联网）或 integration（融合），第二个字母选自技术组英文名称的简写，具体见表 3.2。

表 3.2　新一代信息技术产业一级技术组代码表

一级技术组	产业代码	编制说明
物联网建设	IT	Internet of Thing
高端软件及信息技术服务	IS	Higher-end Software and Information Technology Service
高端计算机及外围设备	IH	Higher-end Computer and Peripheral Equipment
下一代通信网络建设	IN	Next Generation Network
网络与信息安全	IS	Net and Information Security
终端设备	IT	Terminal Equipment
三网融合建设	II	Tri-network Integration
新型显示	ID	New Display
集成电路	IC	Integrated Circuit

新一代信息技术产业共划分为 9 个一级技术组，47 个二级技术组，196 个三级技术组。以 IT（物联网建设）产业为例展示二级技术组。首先，确定物联网建设包括的技术内容。物联网建设的产业说明：通过 RFID（射频识别）、红外感应器、全球定位系统、激光扫描器等信息传感设备，按照约定的协议，把任何物品与互联网连续接起来，进行信息交换和通信，以实现智能化识别、定位、跟踪、监控和管理的网络。其次，在国家知识产权局专利检索与服务系统（S 系统）的中国专利文摘数据库（CNABS 数据库）中利用可能相关的关键词：物联网建设、RFID、射频识别、红外感应器、全球定位系统、激光扫描器等初步检索与该技术内容相关的专利文献数

量，数量较多时，可以考虑在二级类目尽量全面的列举技术组。最后，根据国家相关文件和产业说明在 IT（物联网建设）产业的下一级类目列举了IT01（感知层）、IT02（传输层）、IT03（处理层）、IT04（应用层）、IT05（共性技术）。这一级类目的设置体现了分面分类的思想，即物联网建设按照网络层次分类，列举了感知层、传输层、处理层和应用层；按照技术分类，列举了共性技术。这 5 个二级技术组基本囊括了物联网建设产业的技术范围，见表 3.3。

表 3.3 新一代信息技术产业 IT（物联网建设）的二级技术组

一级技术组	二级技术组	产业名称
IT	IT01	感知层
	IT02	传输层
	IT03	处理层
	IT04	应用层
	IT05	共性技术

以 IT01（感知层）为例展示三级技术组。确定感知层包括的技术内容。感知层的产业说明：对现实世界进行感知、识别和信息采集的基础性物理网络。根据国家相关文件和产业说明在感知层的下一级类目列举了 8 个三级类目，见表 3.4。

表 3.4 新一代信息技术产业 IT（物联网建设）中 IT01（感知层）的三级技术组

产业代码	产业名称	产业说明
IT01	感知层	对现实世界进行感知、识别和信息采集的基础性物理网络
IT0101	射频识别	利用电感耦合或背散射耦合，实现射频识别标签内信息的写入或读取的设备
IT0102	条码识别	借助光电效应，利用条码阅读器将光信号转化成电信号，进而读取条码存储信息的设备
IT0103	智能传感器	感知信息采集点的环境参数，包括声、光、电、热、压力、温度、湿度、振动及化学或生物等各种类型信号，为物联网建设系统的处理、传输、分析和反馈提供原始数据信息

（续表）

产业代码	产业名称	产业说明
IT0104	位置感知	感知物体的位置信息，包括定位、导航、电子地图等
IT0105	基于MEMS的传感器	基于MEMS的传感器，其中MEMS是微机电系统（Micro-Electro-Mechanical Systems）的英文缩写，MEMS是美国的叫法，在日本称为微机械，在欧洲称为微系统
IT0106	智能化传感网节点	微型化的嵌入式系统，具备通信、处理、组网和感知能力，低功耗，抗干扰，分布式信息处理
IT0107	多媒体信息采集	将多媒体信息（如声音、图像、视频等）转换成可以播放和展示的信号，包括可见光CCD和CMOS摄像机、红外摄像机、紫外成像设备、微光夜视仪、声音传感设备等
IT0108	生物特征感知	生物特征采集及识别，包括指纹识别设备、虹膜识别设备、人脸识别设备、声音识别设备等

2. 高端装备制造产业

首先确定高端装备制造产业的技术内容。高端装备制造业是以高新技术为引领，处于价值链高端和产业链核心环节，决定着整个产业链综合竞争力的战略性新兴产业。然后根据一级类目的划分标准，按照国家政策性文件明确的重点领域和方向，将高端装备制造产业划分为五个一级产业技术组，包括航空装备、卫星及应用、轨道交通装备、海洋工程装备、智能制造装备，并撰写一级类目产业说明。

高端装备制造产业一级技术组的产业说明分别撰写：航空装备，是指用于载人或不载人的飞行器在地球大气层中的航行活动的装备；卫星及应用，包括航天运输系统、应用卫星系统、卫星地面系统、卫星应用系统；轨道交通装备，是指铁路和城市轨道交通运输所需各类装备的总称，主要涵盖机车车辆、工程及养路机械、通信信号、牵引供电、安全保障、运营管理等各种机电装备；海洋工程装备，是指用于海洋资源勘探、开采、加工、储运、管理、后勤服务等方面的大型工程装备和辅助装备；智能制造装备，是指具有感知、决策、执行功能的各类制造装备。

高端装备制造产业一级技术组的产业代码也由两个英文字母组成，首字母均为H，代表high-level equipment manufacturing industry（高端装备制造产业），第二个字母选自技术组英文名称的简写，具体见表 3.5。

表 3.5　高端装备制造产业一级技术组代码表

一级技术组	产业代码	编制说明
航空装备	HA	Aviation Equipment
卫星及应用	HS	Satellite and Application
轨道交通装备	HR	Rail Transportation Equipment
海洋工程装备	HM	Marine Engineering Equipment
智能制造装备	HI	Intelligent Manufacturing Equipment

根据技术组的划分原则和方法，高端装备制造产业共划分为 5 个一级产业技术组、26 个二级产业技术组、134 个三级产业技术组。

以 HA（航空装备）产业为例展示二级产业技术组。首先，确定航空装备包括的技术内容。航空装备的产业说明：指用于载人或不载人的飞行器在地球大气层中的航行活动的装备。其次，在中国专利文摘数据库（CNABS 数据库）中利用可能相关的国际专利分类号 B64C、B64D、B64F、F02K 初步检索与该技术内容相关的专利文献数量，共命中 7783 篇，进一步可以考虑在二级类目尽量全面地列举技术组。最后，根据国家相关文件和产业说明在 HA（航空装备）的下一级类目列举了 HA01（固定翼飞机）、HA02（直升机）、HA03（空气喷气式发动机）、HA04（机载设备）、HA05（航空设备）、HA06（航空维修），具体见表 3.6。

表 3.6　高端装备制造产业 HA（航空装备）的二级技术组

一级技术组	二级技术组	产业名称
HA	HA01	固定翼飞机
	HA02	直升机
	HA03	空气喷气式发动机
	HA04	机载设备
	HA05	航空设备
	HA06	航空维修

下面以 HA03（空气喷气式发动机）为例展示三级技术组，见表 3.7。首先，确定空气喷气式发动机包括的技术内容。空气喷气式发动机的产业说明：指经过压缩的空气与燃料的混合物燃烧后产生高温、高压燃气，在发动机的尾喷管中膨胀，以高速喷出，从而产生反作用推力的发动机。其次，在中国专利文摘数据库（CNABS 数据库）中以"喷气发动机、喷气式发动机"为关键词初步检索与该技术内容相关的专利文献数量，共命中 971篇。最后，根据国家相关文件和学科设置，在 HA03（空气喷气式发动机）的下一级类目列举了 5 个三级类目。

表 3.7　高端装备制造产业航空装备中 HA03（喷气式发动机）的三级技术组

产业代码	产业名称	产业说明
HA03	空气喷气式发动机	指经过压缩的空气与燃料的混合物燃烧后产生高温、高压燃气，在发动机的尾喷管中膨胀，以高速喷出，从而产生反作用推力的发动机
HA0301	涡轮喷气发动机	指由驱动压气机的燃气涡轮出来的燃气在尾喷管中膨胀以高速喷出直接产生推力的发动机
HA0302	涡轮风扇发动机	指由驱动压气机的燃气涡轮出来的燃气，先在另一个涡轮中膨胀，以驱动一个装在压气机前面的、比压气机直径大的风扇，最后再在尾喷管中膨胀并以一定的速度喷出的发动机
HA0303	涡轮螺旋桨发动机	指由驱动压气机的涡轮出来的燃气，先流经一个驱动减速器的涡轮，再流入尾喷管中喷出，减速器的输出轴上安装螺旋桨的发动机
HA0304	涡轮轴发动机	指由驱动压气机的涡轮出来的燃气，先流经一个驱动减速器的涡轮，再流入尾喷管中喷出，减速器的输出轴以较高的转速与传动直升机旋翼的主减速器相连的发动机
HA0305	其他喷气发动机	指除涡轮喷气发动机、涡轮风扇发动机、涡轮螺旋桨发动机、涡轮轴发动机以外的空气喷气式发动机

3. 新材料产业

首先，确定新材料产业所包括的技术内容。新材料，一般指新出现的具有优异性能和特殊功能的材料，或是传统材料改进后性能明显提高和产生新功能的材料。其次，根据一级类目的划分标准，以国家相关产业政策文件为主，将新材料产业划分为六个一级技术组，并依据科学、简明、准确的原则撰写类名，包括特种金属功能材料、高端金属结构材料、新型无机非金属材料、先进高分子材料、高性能复合材料、前沿新材料。

　　新材料产业一级技术组的产业说明分别撰写：特种金属功能材料，是指具有独特的声、光、电、热、磁等性能的金属材料；高端金属结构材料，是指较传统金属结构材料具有更高的强度、韧性和耐高温、抗腐蚀等性能的金属材料；新型无机非金属材料，是指在传统无机非金属材料基础上新出现的耐磨、耐腐蚀、光电等特殊性能的材料；先进高分子材料，是指具有相对独特物理化学性能、适宜在特殊领域或特定环境下应用的人工合成高分子材料；高性能复合材料，是指由两种或两种以上异质、异型、异性材料（一种作为基体、其他作为增强体）复合而成的具有特殊功能和结构的新型材料；前沿新材料是指当前以基础研究为主，未来市场前景广阔，代表新材料科技发展方向，具有重要引领作用的材料。

　　新材料产业一级技术组的产业代码也由两个英文字母组成，首字母均为 M，代表 materials（材料），第二个字母选自技术组英文名称的简写，具体如下，见表 3.8。

表 3.8　新材料产业一级技术组产业代码表

一级技术组	产业代码	编制说明
高端金属结构材料	MA	Advanced Structural Metallic Materials
前沿新材料	MF	Frontier Materials
高性能复合材料	MC	Advanced Composite Materials
新型无机非金属材料	MN	Advanced Inorganic Non-metallic Materials
先进高分子材料	MP	Advanced Polymeric Materials
特种金属功能材料	MS	Special Metallic Functional Materials

　　根据技术组的划分原则和方法，新材料产业共划分为 6 个一级技术组、39 个二级技术组、205 个三级技术组。

　　以 MS（特种金属功能材料）为例展示二级技术组。首先，确定特种金属功能材料包括的技术内容。特种金属功能材料的产业说明：具有独特的声、光、电、热、磁等性能的金属材料。其次，在中国专利文摘数据库

（CNABS 数据库）中利用可能相关的国际专利分类号 C21、C22、C23、B22 等初步检索与该技术内容相关的专利文献数量，共命中十几万篇，数量较多，须根据国家相关政策文件在二级类目尽量全面的列举技术组，表 3.9 列举了 MS（特种金属功能材料）的 12 个二级技术组。

表 3.9　新材料产业 MS（特种金属功能材料）的二级技术组

一级技术组	二级技术组	产业名称
MS	MS01	稀土功能材料
	MS02	稀有金属材料
	MS03	半导体材料
	MS04	高性能靶材
	MS05	先进储能材料
	MS06	新型铜合金
	MS07	硬质合金
	MS08	金属纤维多孔材料
	MS09	非晶合金
	MS10	焊丝 / 焊粉
	MS11	键合丝材料
	MS12	超细金属粉体材料

这个二级技术组基本囊括了国家产业政策规划中指出的特种金属功能材料的内容，且这种设置也体现了分面分类的思想，即在一级类目下采用分面分析，根据事物的不同属性如成分、性质、用途等划分和设立组面。例如，按成分分类，列举了稀土功能材料、稀有金属材料、新型铜合金；按功能属性分类，列举了半导体材料、先进储能材料、硬质合金；按结构形态分类，列举了金属纤维多孔材料、超细金属粉体材料；按用途分类，列举了高性能靶材、焊丝 / 焊粉、键合丝材料等。

下面再以 MS01（稀土功能材料）为例展示三级技术组。首先确定稀土功能材料包括的技术内容。稀土金属其应用很广泛，可以实现的功能很多，因此主要参考国家产业政策规划设立了 7 个三级技术组，并撰写稀土功能材料的产业说明：稀土永磁材料、稀土发光材料、稀土储氢材料、稀土催化材料、稀土抛光材料、稀土抛光材料、稀土磁制冷材料、稀土添加剂。具体三级技术组和产业说明见表 3.10。

表 3.10　新材料产业 MS（特种金属功能材料）中
MS01（稀土功能材料）的三级技术组

产业代码	产业名称	产业说明
MS01	稀土功能材料	仅包括稀土永磁材料、稀土发光材料、稀土储氢材料、稀土催化材料、稀土抛光材料、稀土抛光材料、稀土磁制冷材料、稀土添加剂
MS0101	稀土永磁材料	以稀土金属和过渡族元素为主所组成、能长期保持磁性的金属间化合物，包括稀土钴基永磁材料、稀土铁基永磁材料
MS0102	稀土发光材料	用稀土离子激活的发光材料，其发光是由稀土离子的 4f 电子在不同能级之间的跃迁，产生了大量的光吸收和荧光发射，俗称稀土荧光粉
MS0103	稀土储氢材料	又称稀土贮氢合金、稀土化合物贮氢材料，包括稀土 – 镍系 AB5 型贮氢合金
MS0104	稀土催化材料	含有稀土组分能加速或延缓化学反应速度，而本身的量和化学性质并不改变的物质，又称稀土催化剂
MS0105	稀土抛光材料	以氧化铈为主体成分，用于提高制品或零件表面光洁度的混合轻稀土氧化物的粉末，又称稀土抛光粉
MS0106	稀土磁致冷材料	具有磁卡效应并能通过绝热去磁致冷的制冷物质，工业上常称为磁致冷工质材料：①超低温磁致冷材料，主要是顺磁盐；②低温磁致冷材料，主要是钆镓石榴石（GGG）；③亚低温磁致冷材料，主要是粉末冶金稀土 – 过渡族金属混合体；④近室温磁致冷材料，主要是 Gd-Dy、Gd-Ho、Dy-Ho、Tb-Gd 等 4f 磁性合金
MS0107	稀土添加剂	利用轻稀土中的富镧氧化混合物作为主要原料（包括少量的富铈、富钕氧化物），又称稀土助剂，主要用于聚氯乙烯改性、聚氨酯橡胶耐热性改性、废旧轮胎胶粉改性沥青

4. 生物产业

首先，确定生物产业所包括的技术内容：生物产业，是以生命科学理论和生物技术为基础，结合信息学、系统科学、工程控制等理论和技术手段，通过对生物体及其细胞、亚细胞和分子的组分、结构、功能与作用机理开展研究并制造产品，或改造动物、植物、微生物等并使其具有所期望的品质特性，为社会提供商品和服务的行业的统称，包括生物医学、生物农业、生物能源、生物环保以及生物制造产业等具体行业。

其次，根据一般生物领域学科的设置，并且以国家相关的产业政策文件为参考，将生物产业划分为 6 个一级技术组，包括生物医药、生物医学工程、生物农业、生物基材料、生物制造工艺、生物环保。需要说明的是，生物能源按照学科设置应该属于生物领域，但是按照国家相关的产业政策文件，生物能源划分入了新能源产业。

生物产业一级技术组的产业说明：生物医药，又称医药生物技术，是制药产业与生物技术组合而成的现代医药产业，包括"十三五"规划提出的现代中药产业；生物医学工程，指现代生物、医学与工程学相互渗透的交叉领域；生物农业，运用先进的生物技术和生产工艺栽培各种农作物的生产方式，包括生物育种、水产养殖、生物农药、生物肥料、生物饲料及饲料添加剂；生物基材料，指来源于生物体的材料及其衍生物，或者是生物可降解的；生物制造工艺，包括采用微生物细胞、生物酶以及基因工程、合成生物学和细胞融合为代表的现代生物技术，发酵和酶转化为代表的静待生物技术成果形成的工艺；生物环保，指以微生物的代谢、吸收为主，用于去除水、气、土壤、固体废物中污染物的各种生物处理技术，主要包括沙漠化控制、植被保护、垃圾处理、污水处理等。

生物产业一级技术组的产业代码是技术组英文名称的简写，首字母为 B，代表 biological（生物），第二个字母选自技术组英文名称的简写，具体见表3.11。

表 3.11　生物产业一级技术组产业代码表

一级技术组	产业代码	编制说明
生物医药	BP	Biological Pharmaceutics
生物医学工程	BE	Biomedical Engineering

（续表）

一级技术组	产业代码	编制说明
生物农业	BA	Biological Agriculture
生物基材料	BM	Biological Material
生物制造工艺	BF	Biological Fabricate
生物环保	BC	Biological Environmental Conservation

　　根据以上的技术组划分原则和方法，生物产业由 6 个一级技术组，继续划分为 28 个二级技术组、197 个三级技术组。

　　以 BP（生物医药）为例展示二级技术组见表 3.12。首先，确定生物医药包括的技术内容。生物医药的产业说明：生物医药又称医药生物技术，是制药产业与生物技术组合而成的现代医药产业，包括"十三五"规划纲要提出的现代中药产业。其次，在 S 系统的 CNABS 数据库中利用可能相关的国际专利分类号 A61K36、A61K38、A61K39、A61K31、C12P、C12N、C07K 等，初步检索与该技术内容相关的专利文献，数量非常多，所以考虑在二级类目尽量全面的列举技术组。最后，根据国家相关文件和产业说明在 BP（生物医药）的下一级类目列举了 BP01（疫苗）、BP02（生物技术药物）、BP03（现代中药）、BP04（新剂型药）。这一级类目的设置体现了分面分类的思想，即生物医药按照用途分类，列举了疫苗；按照药物活性组分的性质分类，列举了生物技术药物和现代中药；按照剂型分类，列举了新剂型药。这 4 个二级技术组基本囊括了生物医药产业的技术范围。

表 3.12　生物产业 BP（生物医药）的二级技术组

一级技术组	二级技术组	产业名称
BP	BP01	疫苗
	BP02	生物技术药物
	BP03	现代中药
	BP04	新剂型药

　　以 BP01（疫苗）为例展示三级技术组，见表 3.13。首先，确定疫苗包括的技术内容。疫苗的产业说明：通过接种可以诱导机体产生针对特定致

病原的特异性抗体或细胞免疫，从而使机体获得保护或消灭该致病原能力的药物制剂。其次，在 CNABS 数据库中以"疫苗"为关键词初步检索与该技术内容相关的专利文献，数量也比较多，所以考虑在三级类目尽量多列举技术组。最后，根据国家相关文件和产业说明在疫苗的下一级类目列举了 19 个三级类目。

表 3.13　生物产业生物医药的 BP01（疫苗）三级技术组

产业代码	产业名称	产业说明
BP01	疫苗	通过接种可以诱导机体产生针对特定致病原的特异性抗体或细胞免疫，从而使机体获得保护或消灭该致病原能力的药物制剂
BP0101	血吸虫病疫苗	治疗血吸虫感染的疫苗
BP0102	结核病疫苗	治疗结核杆菌感染的疫苗，包括卡介苗、结核菌苗
BP0103	流行性脑脊髓膜炎疫苗	治疗奈瑟氏球菌引起的脑脊髓膜炎，即脑膜炎的疾病
BP0104	肺炎疫苗	治疗肺炎的疫苗，包括肺炎克氏杆菌、肺炎支原体、肺炎链球菌、军团菌引起的肺炎，不包括 SARS 疫苗
BP0105	SARS 疫苗	治疗 SARS 病毒感染的疫苗。SARS，全称严重急性呼吸系统综合征，又称非典型性肺炎、非典型肺炎
BP0106	流感疫苗	治疗流感病毒感染的疫苗，包括禽流感
BP0107	麻腮风疫苗	治疗麻疹、腮腺炎和风疹的疫苗，包括治疗麻疹病毒感染、腮腺炎病毒肝炎和风疹病毒感染的疫苗；同时治疗麻腮风三种疾病的三联疫苗
BP0108	艾滋病疫苗	治疗人免疫缺陷病毒感染的疫苗。艾滋病，学名获得性免疫缺陷综合征，别名艾滋病、获得性免疫缺乏综合征
BP0109	病毒性肝炎疫苗	治疗肝炎病毒感染的疫苗，包括甲型肝炎、乙型肝炎、丙型肝炎、丁型肝炎、戊型肝炎；同时治疗多种肝炎的多价疫苗
BP0110	脊髓灰质炎疫苗	治疗脊髓灰质炎病毒感染的疫苗脊髓灰质炎，别名小儿麻痹症、小儿热瘘

（续表）

产业代码	产业名称	产业说明
BP0111	狂犬病疫苗	治疗狂犬病病毒感染的疫苗，包括人用狂犬病疫苗、动物用狂犬病疫苗
BP0112	水痘疫苗	治疗水痘病毒感染的疫苗
BP0113	人乳头瘤病毒疫苗	治疗人乳头瘤病毒感染的疫苗
BP0114	轮状病毒疫苗	治疗轮状病毒感染的疫苗
BP0115	幽门螺杆菌疫苗	治疗幽门螺杆菌感染的疫苗
BP0116	传染性鼻气管炎疫苗	治疗传染性鼻气管炎病毒感染的疫苗，包括牛传染性鼻气管炎疫苗；其他动物特别是牲畜用传染性鼻气管炎疫苗
BP0117	新城疫疫苗	治疗新城疫病毒感染的疫苗，包括鸡新城疫疫苗；其他禽类用新城疫疫苗
BP0118	口蹄疫疫苗	治疗口蹄疫病毒感染的疫苗，包括养殖动物用口蹄疫感染疫苗
BP0119	免疫佐剂疫苗	以免疫佐剂为特征的疫苗，包括弗氏佐剂等有机佐剂；脂质体佐剂，微球佐剂；氢氧化铝佐剂、明矾佐剂等无机佐剂

5. 新能源汽车产业

首先，确定新能源汽车产业的技术内容。新能源汽车是指采用新型动力系统，完全或主要依靠新型能源驱动的汽车。因此，将新能源汽车与传统汽车区别开来的技术主要集中在燃料或动力系统及其相关技术上，再根据新能源汽车产业的技术发展特点和国家相关的政策、文件，并结合汽车、电机、电池、电控等领域国际专利分类表的分类原则和结构特点，将新能源汽车产业划分为 10 个一级技术组，包括纯电动汽车、混合动力电动汽车、燃料电池电动汽车、其他新能源汽车、新能源汽车电驱动系统、新能源汽车用储能装置、新能源汽车整车电子控制系统、新能源汽车专用辅助系统、新能源汽车测试与数据平台、新能源汽车用能源供给基础设施平台。其次，依据科学、简明、准确的原则撰写类名：纯电动汽车，是指由电动机驱动的汽车（电动机的驱动电能来源于车载可充电蓄电池或其他能量储存装置），包括增程式纯电动汽车、太阳能汽车；混合动力电动汽车，是指能够至少从下述两类车载储存的能量中获得动力的汽车：可消耗的燃料（例如热动力源——内燃机）、可再充电能/能量储存装置（例如电动力源——动力电池和电动机），包括插电式混合动力电动汽车和常规混合动力电动汽车；燃料电池电动汽车，是指以燃料电池作为动力电源的汽车；其他新能源汽车，是指除纯电动汽车、混合动力电动汽车、燃料电池电动汽车外的其他节能汽车和代用燃料汽车，包括气体燃料汽车、生物燃料汽车、氢燃料汽车；新能源汽车电驱动系统，是指将车载电源的电能转换为机械能，并通过驱动机构驱动车轮转动的动力装置；新能源汽车用储能装置，指新能源汽车上安装的能够储存电能的装置，包括所有动力蓄电池、燃料电池、超级电容和飞轮电池等或其组合；新能源汽车整车电子控制系统，是指用来联合控制新能源汽车各子系统运行，进而控制整车运行状态的系统，包括各子系统间的联合控制、驾驶控制系统、动力总成控制系统、控制用零部件，但不包括单独对某一子系统的控制，如单独对电机的控制；新能源汽车专用辅助系统，是指用于新能源汽车的驱动系统以外的其他用电或采用电能操纵的车载系统；新能源汽车测试与数据平台，包括新能源汽车整车及部件的各种性能指标测试，以及新能源汽车在全产业内的各项数据库；新能源汽车用能源供给基础设施平台，是指为各种新能源汽车提供运行中所需电能、氢燃料的服务性基础设施。

由于新能源汽车具有一些与传统内燃机汽车相同的零部件技术，如车轮、车身等，这些零部件技术并不能凸显新能源汽车的技术创新程度，没有对其进行分组。

新能源汽车产业一级技术组的产业代码是以"Vehicle（汽车）"的首字母打头，第二个字母选自技术组英文名称的简写，具体如表3.14所示。

表3.14　新能源汽车产业一级技术组产业代码表

一级技术组	产业代码	编制说明
纯电动汽车	VE	Battery Electric Vehicle
混合动力电动汽车	VH	Hybrid Electric Vehicle
燃料电池电动汽车	VF	Fuel Cell Electric Vehicle
其他新能源汽车	VO	Other New Energy Vehicle

（续表）

一级技术组	产业代码	编制说明
新能源汽车电驱动系统	VP	Electrical Propulsion System of New Energy Vehicle
新能源汽车用储能装置	VS	Energy Storage of New Energy Vehicle
新能源汽车整车电子控制系统	VC	Complete Electrical Control System of New Energy Vehicle
新能源汽车专用辅助系统	VA	Special Auxiliary System of New Energy Vehicle
新能源汽车测试与数据平台	VM	Platform of Measurement and Data Processing for New Energy Vehicle
新能源汽车用能源供给基础设施平台	VI	Infrastructure Platform of Energy Supply for New Energy Vehicle

新能源汽车产业共划分为 10 个一级技术组、39 个二级技术组以及 148 个三级技术组。

以 VE（纯电动汽车）为例展示二级技术组，见表 3.15。首先，确定纯电动汽车包括的技术内容。纯电动汽车的产业说明：指由电动机驱动的汽车，电动机的驱动电能来源于车载可充电蓄电池或其他能量储存装置，包括增程式纯电动汽车、太阳能汽车。其次，在中国专利文摘数据库（CNABS 数据库）中利用可能相关的国际专利分类号 B60L11/18 以及关键词"纯电动？车、纯电驱动？车、太阳能？车"等初步检索，并去除以"自行车、二轮车、三轮车、列车、火车"等关键词命中的文献，得到技术内容相关的专利文献数量，共命中 6563 篇，数量较多，可以考虑在二级类目尽量全面地列举技术组。最后，根据国家相关文件和产业说明在纯电动汽车产业的下一级类目列举了 VE01（纯电动汽车整车电子控制系统）、VE02（纯电动汽车专用辅助系统）、VE03（纯电动汽车的驱动系统）、VE04（纯电动汽车用储能装置）。此一级类目的设置体现了体系分类的思想，即纯电动汽车与整车电子控制系统、专用辅助系统、驱动系统以及储能装置之间的关系属于从属关系，整车电子控制系统、专用辅助系统、驱动系统及储能装置这 4 个二级技术组基本囊括了纯电动汽车产业的技术范围。

表 3.15　新能源汽车产业 VE（纯电动汽车）的二级技术组

一级技术组	二级技术组	产业名称
VE	VE 01	纯电动汽车整车电子控制系统
	VE 02	纯电动汽车专用辅助系统
	VE 03	纯电动汽车的驱动系统
	VE 04	纯电动汽车用储能装置

进一步以 VE03（纯电动汽车的驱动系统）为例展示三级技术组，见表
3.16。先确定纯电动汽车的驱动系统包括的技术内容。纯电动汽车的驱动
系统的产业说明：纯电动汽车的车载能源、动力单元和动力系的组合，为
纯电动汽车的行驶提供驱动力，包括动力系统、电机及其控制。然后在中
国专利文摘数据库（CNABS 数据库）中以"电动？车？驱动、电驱？车？
驱动、太阳能？车？驱动"为关键词初步检索与该技术内容相关的专利文
献数量，共命中 13338 篇，数量较多，可以考虑在三级类目多列举技术组。
最后根据国家相关文件和产业说明在纯电动汽车的驱动系统的下一级类目
列举了 13 个三级类目。

表 3.16　新能源汽车产业 VE（纯电动汽车的驱动系统）三级技术组

产业代码	产业名称	产业说明
VE03	纯电动汽车的驱动系统	指纯电动汽车的车载能源、动力单元和动力系的组合，为纯电动汽车的行驶提供驱动力，包括动力系统、电机及其控制
VE0301	纯电动汽车用动力蓄电池组的安装及布置	包括动力蓄电池组在纯电动汽车上的安装及布置，不包括蓄电池本身。
VE0302	纯电动汽车用电机的安装及布置	包括电机在纯电动汽车上的安装及布置，不包括电机本身
VE0303	纯电动汽车用 DC-DC 变换器	指将纯电动汽车中蓄电池的固定的直流电压转换为可变的直流电压
VE0304	纯电动汽车用离合器 / 液力耦合器 / 液力变矩器	指实现纯电动汽车中电机与传动系的结合、切断以及转矩限制的装置，包括离合器 / 液力耦合器 / 液力变矩器及其在纯电动汽车上的安装及布置

（续表）

产业代码	产业名称	产业说明
VE0305	纯电动汽车用变速装置	包括纯电动汽车的自动变速、无级变速及手动变速的相关装置，如变速器、固定速比减速器等，纯电动汽车特有的电驱动机械式变速动力传动系统，以及变速装置在纯电动汽车上的安装及布置
VE0306	纯电动汽车传动系统控制	指控制纯电动汽车传动系统的控制装置及方法
VE0307	纯电动汽车用永磁同步电机	指转子采用永磁材料励磁的同步电机，其电机零部件仅包括磁路、绕组、机壳、外罩、支承物、用于控制机械能的部件、冷却通风系统、无线电干扰和调整部件、汇流装置与电机的关联部件
VE0308	纯电动汽车用直流电机	指将直流电能转换成机械能的电机，采用机械换向器或电子换向器，位置传感器不使用磁阻器。其电机零部件包括磁路、绕组、机壳、外罩、支承物、用于控制机械能的部件、冷却通风系统、无线电干扰和调整部件、汇流装置与电机的关联部件
VE0309	纯电动汽车用交流异步电机	又称交流感应电机，指由气隙旋转磁场与转子绕组感应电流相互作用产生电磁转矩，从而实现电能转换为机械能，电动汽车中主要使用笼型异步电机。其电机零部件仅包括磁路、绕组、机壳、外罩、支承物、用于控制机械能的部件、冷却通风系统、无线电干扰和调整部件、汇流装置与电机的关联部件
VE0310	纯电动汽车用电励同步电机	指转子上的励磁绕组通过集电环接至转子外部励磁电源的同步电机。其电机零部件仅包括磁路、绕组、机壳、外罩、支承物、用于控制机械能的部件、冷却通风系统、无线电干扰和调整部件、汇流装置与电机的关联部件
VE0311	纯电动汽车用轮毂电机	属于永磁同步电机的特殊结构，电机安装在轮辋中。其电机零部件仅包括磁路、绕组、机壳、外罩、支承物、用于控制机械能的部件、冷却通风系统、无线电干扰和调整部件、汇流装置与电机的关联部件

（续表）

产业代码	产业名称	产业说明
VE0312	纯电动汽车用开关磁阻电机	又称 SRM；采用定转子凸极且极数相接近的大步距磁阻式步进电机的结构；利用转子位置传感器通过电子功率开关控制各相绕组导通使之运行的电机；位置传感器为磁阻器。其电机零部件包括磁路、绕组、机壳、外罩、支承物、用于控制机械能的部件、冷却通风系统、无线电干扰和调整部件、汇流装置与电机的关联部件
VE0313	纯电动汽车电机控制	指控制动力电源与电机之间能量传输的装置，包括电机的起动、停止或减速、电机的速度或转矩控制、矢量控制

6. 新能源产业

首先，确定新能源产业的技术内容。新能源产业包括的主要能源种类：太阳能、地热能、风能、氢能、核能、生物质能、海洋能、页岩气和可燃冰。

其次，确定一级技术组的划分标准并进行分组和类名撰写。以国家政策性文件、技术发展特点、标准产业分类、学科设置等作为依据，将新能源产业划分为五个一级技术组，包括太阳能、核能、生物质能、风能、其他新能源，并依据科学、简明、准确的原则撰写类名。太阳能，是指太阳内部连续不断的核聚变反应过程产生的能量，仅包括太阳能电池及其制备、太阳能发电、太阳能热利用、太阳能建筑；核能，又称原子能，原子核能，是指原子核结构发生变化时放出的能量，包括核聚变能和核裂变能，主要用于核电、核供热、核动力及核电池产业；生物质能，是指太阳能以化学能形式蕴藏在生物质中的一种能量形式，即以生物质为载体的能量，其直接或间接来源于绿色植物的光合作用，可转化为固态、液态和气态燃料，是一种可再生能源；风能，是指空气流动的动能，主要利用形式为风能发电和风力分离；其他新能源，包括地热能、海洋能、页岩气和可燃冰；智能电网，是指以物理电网为基础，将现代先进的传感测量技术、通信技术、信息技术、计算机技术和控制技术与物理电网高度集成而形成的新型电网。

新能源产业一级技术组的产业代码也由两个英文字母组成，首字母为E，代表 Energy（能源），第二个字母选自技术组英文名称的简写，而智能电网的产业代码单独设置为 SG，具体见表 3.17。

表 3.17　新能源产业一级技术组代码表

一级技术组	产业代码	技术组英文名称
太阳能	ES	Solar Energy
核能	EN	Nuclear Energy
生物质能	EB	Biomass Energy
风能	EW	Wind Energy
其他新能源	EE	Else Energy
智能电网	SG	Smart Grid

根据技术组的划分原则和方法，新能源产业划分为 6 个一级技术组、27 个二级技术组、122 个三级技术组。

以 EB（生物质能）为例展示二级技术组，见表 3.18。生物质能的产业说明：指太阳能以化学能形式蕴藏在生物质中的一种能量形式，即以生物质为载体的能量，其直接或间接来源于绿色植物的光合作用，可转化为固态、液态和气态燃料，是一种可再生能源。然后在中国专利文摘数据库（CNABS 数据库）中利用可能相关的国际专利分类号 C12、C10 结合关键词"生物质、秸秆、乙醇、丁醇、沼气、氢气、生物柴油、生物质型煤"等进行初步检索，检索与该技术内容相关的专利文献数量，共命中 14872 篇，数量较多，可以考虑在二级类目尽量全面地列举技术组。最后根据国家相关文件、技术发展特点、标准产业分类、学科设置、产业说明在生物质能产业的下一级类目列举了 EB01（生物质生物转化技术）、EB02（生物质化学转化技术）、EB03（生物质物理转化技术）、EB04（生物质燃料）。这一级类目的设置体现了分面分类的思想，即生物质转化技术分类，列举了生物转化技术、化学转化技术、物理转化技术；生物质燃料产品分类，列举了生物质固体燃料、生物质液体燃料、生物质气体燃料。

表 3.18　新能源产业 EB（生物质能）的二级技术组

一级技术组	二级技术组	产业名称
EB	EB 01	生物质生物转化技术
	EB 02	生物质化学转化技术
	EB 03	生物质物理转化技术
	EB 04	生物质燃料

　　进一步以 EB01 生物质生物转化技术为例展示三级技术组。首先，确定生物质生物转化技术包括的技术内容。生物质生物转化技术的产业说明：指利用生物化学过程将生物质原料转变为气态和液态燃料的过程。其次，在中国专利文摘数据库（CNABS 数据库）中以"乙醇、丁醇、沼气、氢气、生物柴油"为关键词结合可能相关的国际专利分类号 C12 初步检索与该技术内容相关的专利文献数量，共命中 6339 篇，数量较多，可以考虑在三级类目多列举技术组。最后，根据国家相关文件、技术发展特点、标准产业分类、学科设置、产业说明在生物质生物转化技术的下一级类目列举了6 个三级类目，见表 3.19。

表 3.19　新能源产业 EB（生物质能）中 EB 01（生物转化技术）的三级技术组

产业代码	产业名称	产业说明
EB01	生物质生物转化技术	指利用生物化学过程将生物质原料转变为气态和液态燃料的过程
EB0101	燃料乙醇的制备方法	指通过微生物发酵或使用酶制备燃料乙醇的方法
EB0102	燃料丁醇的制备方法	指通过微生物发酵或使用酶制备燃料丁醇的方法
EB0103	沼气的制备方法	指通过微生物发酵或使用酶制备沼气的方法
EB0104	氢气的制备方法	指通过微生物（包括细菌、微藻）发酵或使用酶制备氢气的方法
EB0105	生物柴油的制备方法	指利用酶、产油微生物（包括微藻）制备生物柴油的方法
EB0106	酶学或微生物学设备	指用微生物或酶生产燃料的设备

7. 节能环保产业

首先，确定节能环保产业的技术内容。节能环保产业，是指在国民经济结构中，以节约能源、保护环境（防治环境污染、改善生态环境、保护自然资源）为目的而进行的技术产品开发、商业流通、资源利用、信息服务、工程承包等活动的总称。其技术内容以各种生产活动中的目的和效果可以概括为原材料消耗最小化、产生污染最小化和环境末端治理三个方面，并且覆盖由原料采集与制备、产品生产、产品使用、循环回用组成的整个生命周期。

其次，确定一级技术组的划分标准并进行分组和类名撰写。在国家发改委《"十二五"节能环保产业规划》中将节能环保产业分为节能产业、资源循环利用产业和环保产业，考虑到从产业到技术之间技术组梯度的合理性、均匀性，结合产业定义包含的原材料消耗最小化、产生污染最小化和环境末端治理三方面的内容，将节能环保产业划分为 6 个一级技术组：节能技术与产品、清洁生产、环境监测、环境污染治理、资源的高效开发与综合利用、废弃物的回收利用；节能技术与产品、资源的高效开发与综合利用技术组范围以原材料消耗最小化来界定，环境监测、清洁生产技术组范围以产生污染最小化来界定，环境污染治理、废弃物回收利用技术组范围以环境末端治理来界定。其中，清洁生产实质是一种物料和能耗最少的人类生产活动的规划和管理，将废物减量化、资源化和无害化，或消灭于生产过程之中，因此清洁生产也可以达到原材料消耗最小化的目的。

最后，撰写一级技术组的产业说明具体如下：节能技术和产品，是指根据用能情况、能源类型分析能耗现状，找出能源浪费的节能空间，依此采取相应措施减少能源浪费，包括工业节能"十二五"规划中提到的重点节能技术；清洁生产，是指在生产过程和产品中减少对人类和环境的风险，节约原材料和能源，淘汰有毒有害原材料，减少废物排放量和毒性，主要包括脱硫脱氮技术、防尘技术，清洁燃烧，清洁生产工艺和设备、清洁产品；环境监测，是指对影响人类和生物的生存与发展的环境状况和污染源进行监视性测定的方法与设备，主要包括水质监测、气体监测、固体污染物监测、噪声监测、辐射监测；环境污染治理，是指对环境污染进行治理的技术，主要包括水污染治理技术、大气污染治理技术、固体废物治理技术、噪声污染治理技术、辐射污染治理技术、振动污染治理技术；资源的高效开发与综合利用，仅包括金属矿产资源、非金属矿产资源、石油天然气资源、煤炭资源、尾矿及地热资源的开采、选矿、资源的处理技术、资源的节约与综合利用、尾矿的综合利用；废弃物回收利用是指回收并利用人类在生产、加工、流通、消费和生活等过程中所产生的并被抛弃的物质。

节能环保产业一级技术组的产业代码也由两个英文字母组成，首字母均为 S，代表 Saving（节约），第二个字母选自技术组英文名称的简写，具体见表 3.20。

表 3.20 节能环保产业一级技术组产业代码表

一级技术组	产业代码	编制说明
节能技术和产品	SE	Energy Saving Technology and Products
清洁生产	SC	Cleaner Production
环境监测	SM	Environmental Monitoring
环境污染治理	SP	Environmental Pollution Control
资源的高效开发与综合利用	SU	Resource Development and Utilization
废弃物的回收利用	SW	Waste Recycling

根据技术组的划分原则和方法，节能环保产业划分为 6 个一级技术组、44 个二级技术组，236 个三级技术组。

以 SU（资源的高效开发与综合利用）为例展示二级技术组，见表 3.21。首先，确定资源的高效开发与综合利用包括的技术内容。资源的高效开发与综合利用的产业说明：仅包括金属矿产资源、非金属矿产资源、石油天然气资源、煤炭资源、尾矿及地热资源，高效开发与综合利用包括开采、选矿、资源的处理技术、资源的节约与综合利用、尾矿的综合利用。其次，金属矿产资源、非金属矿产资源、石油天然气资源、煤炭资源、尾矿及地热资源及其开发与利用技术，在国际专利分类表中对应的分类号涉及 B 部、C 部、E 部、F 部，初步对照的分类位置有 200 多个，初步检索与该技术内容相关的专利文献数量较多，考虑在二级类目尽量全面地列举技术组。最后，在国家相关政策文件和产业说明的基础上，按照开发的过程、资源的种类对资源的高效开发与综合利用进行了下一级类目的划分：SU01（开采技术）、SU02（选矿技术）、SU03（尾矿的综合利用）、SU04（金属矿产的综合利用）、SU05（非金属矿产的综合利用）、SU06（石油天然气的综合利用）、SU07（煤炭的综合利用）、SU08（地热的综合利用）。这一级类目的设置体现了分面分类的思想，即资源的高效开发与综合利用既按照资源种类进行分类，也按照开发的过程分类。此外，还根据资源的生命周期进行分类，列举了尾矿的综合利用。

表 3.21　节能环保产业 SU（资源的高效开发与综合利用）二级技术组

一级技术组	二级技术组	产业名称
SU	SU01	开采技术
	SU02	选矿技术
	SU03	尾矿的综合利用
	SU04	金属矿产的综合利用
	SU05	非金属矿产的综合利用
	SU06	石油天然气的综合利用
	SU07	煤炭的综合利用
	SU08	地热的综合利用

再以 SU01（开采技术）为例展示三级技术组，见表 3.22。首先，确定开采技术包括的技术内容。开采技术的产业说明：自地表和地壳内开采矿产资源的生产活动；仅包括金属矿、非金属矿、煤炭等固体矿产的开采，以及瓦斯气的开发利用；不包括石油、天然气资源的开采。以"开采"为主题词，并将与其具有相近技术概念的词汇（如"采矿""采煤"）作为关键词，在中国专利文摘数据库（CNABS 数据库）中通过关键词入口初步检索与该技术内容相关的专利文献，并结合国家政策性文件中提供的重点行业、重点工程、重点推广技术，对每项技术进行分析，进行技术内容的界定、概括、归类，从而在开采技术的下一级类目列举了 9 个三级技术组。

表 3.22　节能环保产业 SU（资源的高效开发与综合利用）中
SU01（开采技术）的三级技术组

产业代码	产业名称	产业说明
SU01	开采技术	自地表和地壳内开采矿产资源的生产活动，仅包括金属矿、非金属矿、煤炭等固体矿产的开采，以及瓦斯气的开发利用；不包括石油、天然气资源的开采

（续表）

产业代码	产业名称	产业说明
SU0101	充填采矿法	指向采空区送入充填材料，在形成的充填体上或在其保护下进行回采；包括尾砂充填、废石充填、全尾砂膏体充填、胶结充填，可用于采矿、采煤行业
SU0102	溶浸采矿法	是指向矿床或矿石中注入工作剂，如酸或碱，采用溶解、浸出的方法将有用成分从固态转化为流动状态，进而进行开采
SU0103	热熔采矿法	指将过热介质注入矿层，通过介质的热量将矿物熔化进而开采的技术，适用于熔点低的矿物，如硫
SU0104	地面采矿法采后区域的恢复	指采空区及废石场的土地恢复利用
SU0105	薄煤层、极薄煤层的高效机械化开采	地下开采时，薄煤层指厚度在 1.3m 以下的煤层，极薄煤层指煤层厚度 0.8m 以下的煤层；包括褐煤、硬煤等的开采方法，以及适用于薄煤层或极薄煤层的开采机械
SU0106	倾斜煤层的高效机械化开采	倾斜煤层按照煤层与水平方向的倾角分为：缓斜煤层、中斜煤层和急斜煤层；包括适用于倾斜煤层的开采方法及开采机械
SU0107	自动采煤系统	指采用遥控装置的采煤机械
SU0108	煤炭地下气化（UCG）技术	指对地下煤层进行热化学加工，使煤转变成煤气
SU0109	瓦斯气利用技术	包括煤层气、煤矿瓦斯气、矿井气、矿井沼气；把目前向大气直排瓦斯气改为从矿井中抽出瓦斯气，经收集、处理和存储后进行充分利用

（四）战略性新兴产业技术组设置的特点

七大战略性新兴产业技术组的设置具有以下特点。

1. 一般产业分类与国际专利分类的特点相结合

以体系分类法为基础构建产业分类体系，全面、清晰地体现了产业技术内容，尤其是突出了国家政策关注的产业内容。国际专利分类的分面分类能够从多个角度，更全面地表达了技术组的内涵和外延。

2. 产业技术全覆盖

七大产业技术组均在国家政策性文件的指引下建立分组框架，确定产业范围，将各产业发展的重点内容、新兴技术尽可能全面地体现；并兼顾产业发展的广度与深度，实现产业技术的全面覆盖。

3. 重点技术多渠道提取

对于国家政策性文件中的重点技术、核心技术进行直接提取，不便于直接提取的进行归纳提取，还可以利用国际专利分类表中相关度较高的分类位置进行反推补充提取。

4. 技术领域多角度体现

技术组构建时兼顾产业需求、学科设置以及 IPC 分类体系，从不同角度、多个维度呈现技术领域，在产业需求方面按照政策性文件以及行业发展趋势体现，并结合专业学科中的知识体系、学科设置，从基础技术层面掌握产业发展中的动态。同时，根据 IPC 中的功能与应用、产品与方法以及设备等不同方面对技术领域进行体现。

5. 交叉领域不重复设置

对于政策性文件、IPC 分类实践中涉及的交叉领域，根据实际技术组设置情况，尽可能在最适合或者最密切的产业体现即可，如生物能源体现在新能源产业，而没有设置在生物产业。

6. 潜力产业前瞻性分类

对于刚刚兴起的、具有一定发展潜力的产业，尽管涉及的专利文献量相对较少，但考虑到其是国家政策中的前瞻性技术，对产业未来发展的影响可能比较深远，故而也进行了明确的分类。

7. 国际专利分类号全面覆盖

由于产业分类和国际专利分类的角度不同，同一产业可能会涉及不同分部的国际专利分类，在实际分组时，同时体现了这种跨领域国际专利分类，以满足产业发展需求。

除此之外，各个产业的技术组设置也各具特点：节能环保产业，将核心技术体现在技术组的不同构成元素中：一是核心技术体现在技术组的产业名称中，使技术组能与相关行业的技术发展同步，便于及时关注先进技术的发展态势，达到产业与国际专利分类体系的良好对接，并更好地诠释了概念性产业，例如"SE07（能量系统优化技术）"下设的"SE0701〔整体煤气化联合循环技术（IGCC）]、SE0702（干熄焦）、SE0703（冰蓄冷）、SE0704（抽水蓄能发电）"。二是核心技术体现在技术组的产业说明中，可以限定技术组的范围和反映主流技术的发展态势，实现产业与国际专利分类体系的对照，例如"SE0801（节能电机）"的产业说明为"仅包括稀土永磁电机、变频调速电机"，稀土永磁电机、变频调速电机不仅限定了"节能电机"这一技术组的范围、体现了这个行业的发展趋势，而且实现了"节能电机"与国际专利分类体系的对照。

新一代信息技术产业，内容交叉的技术组在整体技术分组中只出现一次。信息技术领域的技术交叉很普遍，多是从底层就开始交叉，直到应用层才展现出不同的应用方向。对于这种交叉内容，在整体技术分组中只出现一次。例如，三网融合建设，它本身不是技术，指的也不是三大网络的物理合一，而是指电信网、广播电视网、互联网在向宽带通信网、数字电视网、下一代互联网演进过程中，三大网络通过技术改造，使其技术功能趋于一致，业务范围趋于相同，网络互联互通、资源共享，能为用户提供语音、数据和广播电视等多种服务。简言之，它主要是指高层业务应用的融合。所以在与国际专利分类进行对照的时候，如果只是侧重"融合"的话，将很难找到对应关系，因此把三网融合建设分解到电信网、互联网和广电网，又因为电信网和互联网都属于下一代通信网络建设的范畴，所以只把广电网的内容单独列到三网融合建设这个一级技术组中，从而保证了涉及三网融合建设的技术内容在整个新一代信息技术产业的各级技术组中得以体现，同时不与其他一级技术组出现内容交叉。

生物产业，与人类生活密切相关，并且在创新发展中得到实践检验的可能性比较大，所以设置产业技术组时考虑了传统生物技术和现代生物技术的同时分类，例如：BF02（应用酶或微生物的制造工艺）主要涉及发酵工程。这是非常传统的生物技术，但同时也具有持续创新发展的空间，而BA0101（植物转基因育种）是国家重点发展的现代生物技术。

高端装备制造产业，摒弃了较为落后的产业技术，例如，HA03（空气喷气式发动机）这一级类目的设置摒弃了较为落后的活塞发动机。根据《高端装备制造业"十二五"发展规划》相关规定，航空装备应加快新型航空发动机研制，根据学科划分，航空发动机包括活塞式发动机和空气喷气式发动机，而活塞发动机较为落后，在绝大部分飞机中已被空气喷气式发动机所取代，不能代表新型航空发动机，故将二级类目设置为空气喷气式发动机。

新能源产业，设置与国际先进技术相结合的技术组。例如，为体现我国参与的国际热核聚变实验堆装置建设项目，在核能产业设置了二级技术组 EN02（核聚变反应堆），并对其进行细分，包括 EN0201（磁约束核聚变反应堆）、EN0202（惯性约束核聚变反应堆）、EN0203（聚变—裂变混合堆）、EN0204（低温核聚变反应堆）。

新材料产业，技术组设置突出了支撑其他六大战略性新兴产业发展的关键材料。例如，对于新能源产业，设置了新能源转化及发展新能源技术所要的关键材料技术组：MS0304（薄膜光伏材料）、MS05（先进储能材料）、MA0101（核电用钢）、MS0203（核级稀有金属材料）、MC0202（风力发电复合材料叶片）等。此外，MC0204（高速列车机车车头材料）是高端装备制造产业动车车体的关键材料，MN0701（外墙外保温材料）是节能环保产业建筑节能的关键材料，等等。

新能源汽车产业，紧扣"十二五"规划支持电动汽车这一目标，重点对电动汽车进行产业划分，不包括与传统汽车共用的技术，如车身、车轮、车辆保养、车辆润滑系统、废气净化系统等方面。同时，对于传统内燃机汽车与新能源汽车非常接近的技术，如离合器／液力耦合器／液力变矩器、变速装置、传动系统控制等，在进行与产业相关的专利文献检索时，采用与新能源汽车相关的关键词"纯电动、混合动力、混合电动"等进行剥离，使最后得到的专利文献是真正区别于传统内燃机汽车技术的有借鉴性、指导性的专利文献。

第二节　战略性新兴产业与国际专利分类的对照方法

在兼顾产业分类和国际专利分类特点的基础上完成了战略性新兴产业技术组的划分，进一步研究战略性新兴产业与国际专利分类的对照关系。从战略性新兴产业技术组出发，确定每个技术组中所包含的技术内容，根据这些技术内容通过对照研究工具初步查找产业技术组相关的分类号并进行检索，用专利信息分析系统统计检索结果，确定出与每个技术组相关的所有分类号。

一、对照研究工具介绍

战略性新兴产业技术组与国际专利分类的对照工作，需要选取较为可靠的专利检索数据库以及辅助工具进行研究。

国家知识产权局专利检索与服务系统（S系统）中国专利文摘数据库（CNABS数据库），收录了自1985年以来在中国申请的全部专利数据。

IPC分类表查询系统，是中国专利技术开发公司自主开发的分类自动查询系统。主要功能：①用国际专利分类号查询其类名，并可显示其上下位的分类号及类名；②用关键词查询相关的国际专利分类号，并可显示其类名、上下位的分类号；③用药物名称查询相关分类位置，可提供中药、西药和农药的分类位置查询，并可显示其类名、上下位的分类号。该查询系统可根据实际使用情况进行定时更新，有助于及时查找产业技术组相关的分类号。

专利信息分析系统，是中国专利技术开发公司自主开发的集专利信息标引、管理与分析为一体的分析工具。系统将专利信息进行数据规范化处理后，可对专利数据的原始著录项、自定义标引项、技术领域及分析要素进行任意组合的统计分析，整理出直观易懂的结果，并以图表的形式展现出来。其特点：①支持多种专利检索系统的数据源，包括CPRS、CNABS、EPOQUE或者其他系统的数据；②可进行自动数据清洗，例如整理分类号、删除特定异常数据、必要性数据标引（如根据申请号字段数据标引国别和申请日等）、统一日期格式、填写申请人类型等，从而排除数据源可能造成的误差；③分析项目多样化，例如专利数量分析、专利质量分析、专利战略分析等；④分析数据便于统计、分析结果可直接制作成图表等。

二、对照方法

战略性新兴产业技术组与国际专利分类的对照，是从战略性新兴产业技术组出发，确定每个技术组中所包含的技术内容，根据这些技术内容，在相关分类查询软件及专利数据库中进行检索，用专利信息分析系统统计检索结果，从而确定出与每个技术组相关的所有分类号。

对照方法流程如图3.3所示。

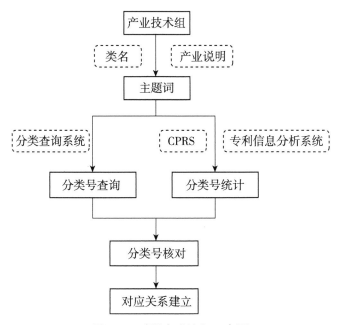

图 3.3　对照方法流程示意图

下面分别以节能环保产业和新能源汽车产业为例，具体介绍战略性新兴产业技术组与国际专利分类的对照方法。

节能环保产业以 SE0105（薄煤层、极薄煤层的高效机械化开采）为例说明具体操作步骤。

第一步：确定节能环保产业技术组所包括的技术内容。

节能环保产业技术组的产业说明指明了每个产业技术组的含义、技术内容范围，部分列举了同义词。根据类名、产业说明并结合专业知识，可以初步确定该产业技术组中包括的技术内容，并确定出最能说明该技术内容的主题词。

在国际专利分类表中，专利文献按照技术主题进行分类，技术主题的类型有产品、方法、设备和材料。从提供信息的全面性角度出发，节能环保产业技术组包括其类名提及的产品、产品制造方法、专用于产品加工的设备、专用设备的操作方法等技术内容。

例如，SE0105 的类名：薄煤层、极薄煤层的高效机械化开采，其产业说明：地下开采时，薄煤层指厚度在 1.3m 以下的煤层，极薄煤层指煤层厚度 0.8m 以下的煤层；包括褐煤、硬煤等的开采方法，以及适用于薄煤层或极薄煤层的开采机械。SE0105所包括的技术内容应该为地下采煤中薄煤层、极薄煤层的开采技术及开采设备。

第二步：用主题词查询和统计分类号。

（1）使用产业技术组的主题词在IPC分类查询系统中查询相关分类号。考虑到部分IPC分类号类名表达的不明确，查询时须注意使用运算符号。如图3.4所示，以SE0105为例，用主题词"煤层、开采"在分类综合查询系统中进行IPC查找。

图3.4 分类综合查询系统检索示例

（2）用主题词在检索系统中以KW字段为入口进行检索，将检索命中的发明专利和实用新型专利导入专利信息分析系统，进行分类号的统计。

以SE0105为例，用"煤层、开采"在KW字段中检索，共命中585篇文献，用专利信息分析系统进行分类号统计，数量在前10位的分类号如图3.5所示。

第三步：分析、确定相关的分类号。

（1）将IPC分类查询系统中查询的相关分类号逐一进行核对，查看其上位组、该分类号本身、其下位组所涵盖的技术主题范围是否与产业技术组匹配，保留相关分类号并与该产业技术组对应。

（2）将专利信息分析系统统计的分类号排序，查看前10位分类号及其上下位组的技术内容范围是否与产业技术组匹配，保留相关分类号并与该产业技术组对应。排在10位之后的分类号如果对应的文献量仍然比较大，可以扩充分类号核对的范围，以保证对应的全面性。

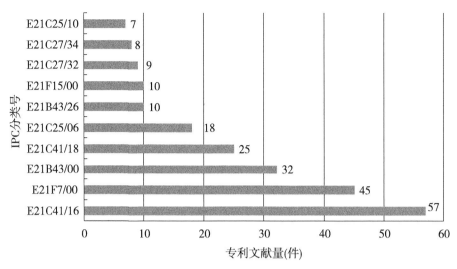

图 3.5　分类号统计示例

以 SU0105（薄煤层、极薄煤层的高效机械化开采）为例。

将 IPC 分类查询系统中查询的分类号进行上下位扩展，并逐一进行核对。

通过分析 E21C25/00 及其下位分类位置的范围可知，这一系列的分类号均是采煤的机械装置，包括薄煤层、极薄煤层的高效机械化开采这一技术内容，属于 SU0105。见表 3.23。

表 3.23　节能环保产业 E21C25/00 与 SU0105 的相关性判断

分类号	类名	是否与 SU0105 对应
E21C25/00	截割机械，即平行或垂直于煤层掏槽的（带掏槽装置的开采机械入 E21C27/02，E21C27/10，E21C27/18）	对应
E21C25/02	·仅由一个或数个沿煤层移动的冲击工具进行掏槽的机械	对应
E21C25/04	··截割钻头或其他工具（冲击钻头入 E21B10/36）	对应
E21C25/06	·仅由可往返或不可往返的一个或数个旋转移动通过煤层的截割杆或截割滚筒掏槽的机械	对应
E21C25/08	··截割杆或截割滚筒的架座	对应
E21C25/10	··截割杆；截割滚筒〔6〕	对应

（续表）

分类号	类名	是否与 SU0105 对应
E21C25/14	··带清理开槽的设备的（与截链式机械有关的入 E21C25/50）	对应
E21C25/16	·仅由一个或数个旋转锯、截割盘或截割轮掏槽的机械	对应
E21C25/18	··截割锯；截割盘；截割轮	对应
E21C25/20	·仅由一个或数个往返运动的截割锯或截链掏槽的机械；带截割装置的振动式运输机	对应
E21C25/22	·仅由一条或数条沿截盘单向运动的截链掏槽的机械	对应
E21C25/24	··只带平截盘的	对应
E21C25/26	··只带弯曲截盘的	对应
E21C25/28	··截链或截链导轨〔6〕	对应
E21C25/30	···截链导轨	对应
E21C25/32	····弯曲截盘专用的	对应
E21C25/34	···截链	对应
E21C25/36	····链节的联接	对应
E21C25/40	····与链节为一体的	对应
E21C25/50	··带清槽设备的（与旋转截割杆或旋转截割滚筒机械有关的入 E21C25/14）	对应
E21C25/52	·综合采用两种或更多种由小组 E21C25/02，E21C25/06，E21C25/16，E21C25/20 和 E21C25/22 所述掏槽装置的机械	对应
E21C25/54	·用无导向截割绳索或截割链掏槽或者由钢丝绳或类似物沿工作面牵引的无导向工具掏槽（用刨具开采入 E21C27/32；用牵引钢丝绳推进入 E21C29/14）	对应
E21C25/56	·用截割绳索或截割链或由钢丝绳及类似物沿工作面牵引的工具开槽，并且每一种方式都是平行于工作面导向，例如，用运输机及与运输机平行的导轨导向（将装有开采工具的运输机压向工作面入 E21C35/14）	对应

（续表）

分类号	类名	是否与SU0105对应
E21C25/58	·钻凿互相邻接的孔进行掏槽的机械	对应
E21C25/60	·用水或其他液体喷射开槽的（具有流体喷嘴装置的截齿入 E21C35/187；喷射流体在转动刀盘上的分布入 E21C35/23）〔6〕	对应
E21C25/62	·截槽大致垂直于矿层，其位置或高于或低于或与机械本身在同一水平的掏槽机械	对应
E21C25/64	·手持或安装在支架上的手工引导开槽的机械（手持动力驱动工具入 E21C37/22）	对应
E21C25/66	·带附加钻孔装置的掏槽机械	对应
E21C25/68	·与清除（例如，通过装载）由其他装置所得材料的设备相结合的掏槽机械（与刨具联合使用的掏槽机械入 E21C27/18；清除碎矿物入 E21C35/20）	对应

将专利信息分析系统统计的前 10 位分类号进行归类，排除在第一步中已经进行相关性判断的分类号，剩下的分类号进行上下位扩展并进行逐一核对。

通过分析 E21C41/16、E21C41/18 及其上下位分类位置的范围可知，E21C41/00、E21C41/16、E21C41/18 这三个分类号涉及地下采煤的方法包括薄煤层、极薄煤层的高效机械化开采这一技术内容，属于 SU0105；而其他分类位置为除煤以外的其他矿产资源开采及地面采矿方法，不属于 SU0105。见表 3.24。

表 3.24 节能环保产业 E21C41/16、E21C41/18 与 SU0105 的相关性判断

分类号	类名	是否与SU0105对应
E21C41/00	地下或地面采矿方法（E21C45/00 优先）；其布局（泥碳用的 E21C49/00）〔5〕	对应
E21C41/16	·地下采矿方法（其采掘机本身入 E21C25/00 至 E21C39/00）；其布局〔5〕	对应
E21C41/18	··褐煤或硬煤用的〔5〕	对应
E21C41/20	··岩盐或碳酸钾盐用的〔5〕	不对应

（续表）

分类号	类名	是否与SU0105对应
E21C41/22	‥矿石用的，例如，开采砂矿的〔5〕	不对应
E21C41/24	‥含油矿层用的〔5〕	不对应
E21C41/26	·地面采矿方法（露天矿用开采或运送原料的机械入E21C47/00）；其布局〔5〕	不对应
E21C41/28	‥褐煤或硬煤用的〔5〕	不对应
E21C41/30	‥矿石用的，例如，开采砂矿〔5〕	不对应
E21C41/32	·地面法采后区域的恢复（农业用处理或加工土壤的机械或方法入A01B77/00，A01B79/00；回填用机械入E02F5/22）〔5〕	不对应

通过分析 E21F7/00、E21F15/00、E21B43/00 及其上下位分类位置的范围可知，这一系列分类号涉及安全装置或土层或岩石的钻进，没有涉及薄煤层或极薄煤层的开采机械或方法，不属于SU0105。见表3.25。

表 3.25　节能环保产业 E21F7/00、E21F15/00、E21B43/00 与
SU0105 的相关性判断

分类号	类名	是否与SU0105对应
E21F	矿井或隧道中或其自身的安全装置，运输、充填、救护、通风或排水〔2〕	不对应
E21F7/00	用于或不用于其他目的的瓦斯排放方法或装置	不对应
E21F15/00	井下采区充入充填物的方法或装置（防火墙入E21F17/103）〔6〕	不对应
E21F15/02	·充填物的支护工具，例如背板	不对应
E21F15/04	‥充填用挡帘；采空区金属网；隔墙	不对应
E21F15/06	·机械充填	不对应
E21F15/08	·液压或风力充填（液压或风动运输装置入B65G；管，管接头入F16L）	不对应
E21B	土层或岩石的钻进（采矿、采石入E21C；开凿立井、掘进平巷或隧洞入E21D）；从井中开采油、气、水、可溶解或可熔化物质或矿物泥浆〔5〕	不对应

（续表）

分类号	类名	是否与 SU0105 对应
E21B43/00	从井中开采油、气、水、可溶解或可熔化物质或矿物泥浆的方法或设备（仅适于开采水的入 E03B；用采矿技术开采含油矿层或可溶解或可熔化物质入 E21C41/00；泵入 F04）	不对应

通过分析 E21C27/32、E21C27/34 及其上下位分类位置的范围可知，这一系列分类号涉及采煤过程中使矿物完全落离矿层的机械包括薄煤层、极薄煤层的高效机械化开采这一技术内容，属于 SU0105，如表 3.26 所示。

表 3.26　节能环保产业 E21C27/32、E21C27/34 与 SU0105 的相关性判断

分类号	类名	是否与 SU0105 对应
E21C27/00	使矿物完全落离矿层的机械	对应
E21C27/01	·专用于回采悬顶煤的	对应
E21C27/02	·单靠掏槽的（掏槽用截割杆、截割滚筒及截齿入 E21C25/10；锯、盘、轮入 E21C25/18；所用的截链、截链导轨及截齿入 E21C25/28）	对应
E21C27/04	··用有或无辅助掏槽装置的沿框架导向的单截割链	对应
E21C27/06	···带回转框架的	对应
E21C27/08	··带有将矿物截割成大块的附加装置的	对应
E21C27/10	·靠掏槽和破碎落矿	对应
E21C27/12	··靠矿物垂直面受作用力破碎落矿，例如冲击工具的作用	对应
E21C27/14	··靠对截槽的一侧施加力或压力破碎落矿，例如打楔（靠嵌入钻孔的器具破碎落矿入 E21C37/00）	对应
E21C27/16	···用掏槽与破碎落矿两用的装置	对应
E21C27/18	·靠掏槽和刨削	对应
E21C27/20	·用不包括掏槽的方法开采矿物	对应
E21C27/22	··用带破碎落矿工具的旋转钻机，例如楔形钻	对应

（续表）

分类号	类名	是否与 SU0105 对应
E21C27/24	··用在整个工作面进行磨碎的工具	对应
E21C27/26	··用作用于整个工作面的密排截链	对应
E21C27/28	··用带破碎落矿工具的冲击钻机，例如，楔形钻	对应
E21C27/30	··用挖出矿物的扒爪、勺斗或铲斗	对应
E21C27/32	··用带或不带装载装置的可调或不可调刨具（用冲击刨具入 E21C27/46）	对应
E21C27/34	···用钢丝绳或锚链沿工作面牵引的机械	对应
E21C27/35	····撞击刨	对应
E21C27/36	···沿工作面自动推进的机械	对应
E21C27/38	···沿弧形刨采时在原位不动的机械	对应
E21C27/40	···沿工作面进行交替分段移动的机械及其刨具	对应
E21C27/42	···与刮斗或采矿箱联合使用的	对应
E21C27/44	···刨刀（采矿截齿入 E21C35/18）	对应
E21C27/46	··用冲击刨具	对应

最后，为保证对应的全面性，对专利信息分析系统统计的分类号排序中排在 10 位之后的分类号进行了核对。其中，E21C29/00、E21C31/00 及其下位组均涉及采煤过程中掏槽或使矿物完全落离矿层的机械，包括薄煤层、极薄煤层的高效机械化开采这一技术内容，属于 SU0105。

因此，最终确定 SU0105 对应的分类号包括 E21C25/00 及其所属的下位组、E21C27/00 及其所属的下位组、E21C29/00 及其所属的下位组、E21C31/00 及其所属的下位组、E21C41/16、E21C41/18。

新能源汽车产业以 VE0201（纯电动汽车电动助力转向）为例说明具体操作步骤：

第一步：依据产业技术组的产业说明及其技术内容初步确定其与 IPC 分类号的对应关系。

新能源汽车产业技术组的产业说明指明了每个产业技术组的含义、技术内容范围，部分列举了同义词。根据类名、产业说明并结合专业知识，可以初步确定该产业技术组中包括的技术内容，并确定出最能说明该技术内容的主题词。

在国际专利分类表中，专利文献按照技术主题进行分类，技术主题的类型有产品、方法、设备和材料。从提供信息的全面性角度出发，本书所涉及的产业技术组类名无论是方法还是装置，均包括装置本身及该装置的工作方法等技术内容。

例如，VE0201 的类名：纯电动汽车电动助力转向，其产业说明：指直接依靠电机提供辅助扭矩的动力转向系统，由转矩（转向）传感器、电子控制单元（ECU）、电动机、电磁离合器以及减速机构构成。VE0201 所包括的技术内容应该为：电动助力转向装置本身及其工作方法。

第二步：用主题词查询和统计分类号，检验初步对应关系；

（1）使用产业技术组的主题词在分类综合查询系统中查询相关分类号。考虑到部分 IPC 分类号类名表达的不明确，查询时注意使用运算符号。以 VE0201 为例，如图 3.6 所示。

图 3.6　分类综合查询系统检索示例

（2）用主题词在检索系统中以 KW 字段为入口进行检索，将检索命中的发明专利和实用新型专利导入专利信息分析系统，进行分类号的统计。

以 VE0201 为例，用"电动助力转向"在 KW 字段中检索，共命中 373 篇文献，用专利信息分析系统进行分类号统计，数量在前 10 位的分类号如图 3.7 所示。

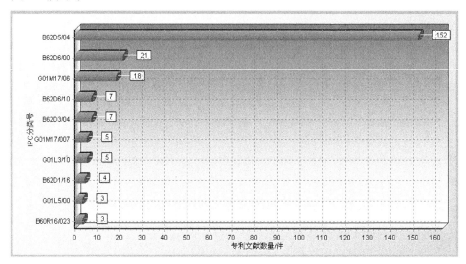

图 3.7　专利信息分析系统分类号统计示例

第三步：扩展及修正对应关系。

（1）将分类综合查询系统中查询的相关分类号逐一进行核对，查看其上位组、该分类号本身、其下位组所涵盖的技术主题范围是否与产业技术组匹配，保留相关分类号并与该产业技术组对应。

以 VE0201（纯电动汽车电动助力转向）为例，见表 3.27。

表 3.27　B62D3/00、B62D5/00、B62D7/00、B62D123/00 与
VE0201 的相关性判断

分类号	类名	是否与 VE0201 对应
B62D	机动车；挂车（农用机械或机具的转向机构或在所要求轨道上的引导装置入 A01B69/00……；车辆试验入 G01M）	不对应
B62D3/00	转向传动机构（助力的或动力驱动的入 B62D5/00；转向拉杆系入 B62D7/00；用于不可偏转车轮的入 B62D11/00；一般传动装置入 F16H）	不对应

（续表）

分类号	类名	是否与 VE0201 对应
B62D5/00	助力的或动力驱动的转向机构（用于不可偏转车轮的人 B62D11/00；一般液压伺服马达人 F15B）	基本对应
B62D7/00	转向拉杆系；转向节或其支架（B62D13/00 优先；助力的或动力驱动的转向人 B62D5/00）〔5〕	不对应
B62D123/00	用于车设备的液压供给，例如用于助力转向；其存在、出故障或到达临界值；润滑或其他液压能力〔5〕	不对应

通过分析 B62D3/00、B62D7/00 可以看出，这两个大组的参见中均将涉及助力转向的文献排除，并指到 B62D5/00，而 B62D123/00 是指车设备的液压供给。其中，包括助力转向的液压供给，而 VE0201 是指电动助力转向本身及其工作方法，不包括液压供给部分，所以 B62D123/00 不属于 VE0201（纯电动汽车电动助力转向）。而 B62D5/00 是专门的助力转向机构的位置，但其并非是专指的电动助力转向，下面扩展到其下位组来分析与 VE0201 的对应关系。

如表 3.28 所示，B62D5/00 大组下一共有三个一点组，分别涉及作用力为机械、电力及流体的助力或动力驱动的转向机构，分类位置 B62D5/02（机械的）和 B62D5/06（流体的）不是电驱动的助力转向机构，不属于 VE0201（纯电动汽车电动助力转向）；而分类号 B62D5/04（电力的）是电力驱动的助力转向位置，与 VE0201（纯电动汽车电动助力转向）最相关，并且 B62D5/04 再无下位的分类位置，所以只有 B62D5/04 与 VE0201（纯电动汽车电动助力转向）进行对应，而不能采用大组分类号 B62D5/00 与 VE0201（纯电动汽车电动助力转向）对应。

表 3.28　B62D5/00 与 VE0201 的相关性判断

分类号	类名	是否与 VE0201 对应
B62D5/00	助力的或动力驱动的转向机构	不对应
B62D5/02	·机械的，例如使用功率输出机构提取车辆转轴的动力并将其施加在转向器上	不对应

（续表）

分类号	类名	是否与 VE0201 对应
B62D5/04	·电力的，例如使用伺服电动机与转向器连接或构成转向器的零件	对应
B62D5/06	·流体的，即利用压力流体作为车辆转向所需要的大部分或全部作用力〔4〕	不对应

（2）将专利信息分析系统统计的分类号排序，查看前10位分类号及其上下位组的技术内容范围是否与产业技术组匹配，保留相关分类号并与该产业技术组对应。排在10位之后的分类号如果对应的文献量仍然比较大，可以扩充分类号核对的范围，以保证对应的全面性。

表 3.29　B62D6/00、B62D6/10、B62D1/16、B60R16/023 与 VE0201 的相关性判断

分类号	类名	是否与 VE0201 对应
B62D6/00	根据所检测和响应行驶条件自动控制转向的装置，例如控制回路（用于产生方向改变的装置入 B62D1/00；转向阀入 B62D5/06；与在转弯时使车体或车轮倾斜的装置组合的入 B62D9/00）〔4，6〕	对应
B62D6/02	·只响应车速的〔4〕	对应
B62D6/04	·只响应干扰预定行车路线的作用力的，例如对横向作用于行车方向的力〔4〕	对应
B62D6/06	·只响应车辆减震器装置的（用于自行车的转向阻尼器入 B62K21/08）〔4〕	对应
B62D6/08	·仅响应输入扭矩的〔6〕	对应
B62D6/10	··以检测扭矩的装置为特征的〔6〕	对应
B62D1/00	转向控制装置，即用于使车辆改变方向的装置〔4，5〕	不对应
B62D1/02	·装在车上的	不对应

（续表）

分类号	类名	是否与 VE0201 对应
B62D1/16	··转向柱	不对应
B60R16/00	专门适用于车辆并且其他类目不包含的电路或流体管路；专门适用于车辆并且其他类目中不包含的电路或流体管路的元件的布置〔3〕	不对应
B60R16/02	·电气的〔3〕	不对应
B60R16/023	··用于车辆部件之间或子系统之间传输信号的〔8〕	不对应
B60R16/08	·流体的〔3〕	不对应

通过分析，B62D1/16 是指使车辆改变方向的装置，是指转向的操作装置，如方向盘、手柄、转向柱等，与 VE0201（纯电动汽车电动助力转向）不相关，而 B60R16/00 是指车辆上的电路或流体管路，与 VE0201（纯电动汽车电动助力转向）也不相关。B62D6/00 是指根据所检测和响应行驶条件自动控制转向的装置，是对转向机构的控制。因此，该大组与 VE0201（纯电动汽车电动助力转向）是部分相关的，应将该大组 B62D6/00 及其所有下位组均与 VE0201（纯电动汽车电动助力转向）相对应，见表 3.29。

通过分析 G01M17/06、G01M17/007、G01L3/10、G01L5/00 及其上下位分类位置的范围，可知这一系列的分类号都是涉及测量的位置，不属于 VE0201（纯电动汽车电动助力转向），见表 3.30。

第四步：确定产业技术组对应的 IPC 分类号。

最终确定选取 B62D5/04、B62D6/00 及其所属的下位组与 VE0201（纯电动汽车电动助力转向）进行对应。

表 3.30　G01M17/06、G01M17/007、G01L3/10、G01L5/00 与 VE0201 的相关性判断

分类号	类名	是否与 VE0201 对应
G01M	机器或结构部件的静或动平衡的测试；其他类目中不包括的结构部件或设备的测试	不对应

（续表）

分类号	类名	是否与 VE0201 对应
G01M17/00	车辆的测试（G01M15/00 优先；流体密封性测试入 G01M3/00；车身或底盘弹性的测试，例如，扭矩测试入 G01M5/00；车辆前灯装置的对光测试入 G01M11/06）	不对应
G01M17/007	·轮式或履带式车辆的（G01M17/08 优先）〔6〕	不对应
G01M17/06	··转向性能的；颠簸性能的（测量转向角入 G01B；测量转向力入 G01L）〔6〕	不对应
G01L	测量力、应力、转矩、功、机械功率、机械效率或流体压力（称量入 G01G）〔4〕	不对应
G01L3/00	转矩、功、机械功率、机械效率的一般计量	不对应
G01L3/02	·旋转输送式测力计	不对应
G01L3/04	··其中转矩传动元件包含抗挠性轴	不对应
G01L3/10	···含有电或磁的指示装置	不对应
G01L3/12	····含有光电装置	不对应
G01L5/00	适用于特殊目的的，用来测量诸如由冲击产生的力、功、机械功率或转矩的装置或方法	不对应

第三节　战略性新兴产业与国际专利分类对照表

战略性新兴产业与国际专利分类对照表的建立实现了产业与专利的直接关联，为实现从产业的角度调用专利数据打下了基础，可以基于 IPC 分类直接获取指向产业发展状况的专利指标。战略性新兴产业与国际专利分类对照表从结构上包括产业代码、产业名称、产业说明与 IPC 分类号，了解对照表的特点与对照关系类型是科学使用对照表完成数据库构建工作的关键。

一、战略性新兴产业与国际专利分类对照表的特点

战略性新兴产业与国际专利分类对照表将产业分类与国际专利分类进

行了直接对应，比较全面而准确地体现了二者的科学对照关系，能够准确衡量具体领域的技术发展方向以及新兴产业划分，并可以用 IPC 分类为入口获取指向产业发展状况和整体趋势的专利指标，使专利数据直接用于产业发展状况和整体趋势，为开展以产业为导向的专利管理与服务工作提供依据。这七大战略性新兴产业与国际专利对照表具有如下特点。

（1）战略性新兴产业技术组的一级类目基本不对应 IPC 分类号。由于一级类目涵盖的技术内容较大，其涉及的 IPC 分类号过多，且都能在二级和三级类目进行对应，因此没有在一级类目处对应 IPC 分类号。

（2）战略性新兴产业技术组的二级类目对应 IPC 分类号，其分为两种对应情况：一种是 IPC 的某一大类、小类或者大组与二级类目的概念范围和层级相匹配，可以直接进行对应，例如生物产业的 BP01（疫苗）直接与 A61K39（含有抗原或抗体的医药配制品）进行了对应；另一种是与二级类目对应的 IPC 分类号是其下属三级类目对应 IPC 分类号的汇总，例如，高端装备制造产业的 HS02（应用卫星系统），就与其三级类目下的所有分类号：B64G1/10、B64G1/22、B64G1/24、B64G1/26、B64G1/28、B64G1/32、B64G1/36、B64G1/38、B64G1/40、B64G1/42、B64G1/44、B64G1/52、B64G1/54、B64G1/56、B64G1/64、B64G1/66 进行了对应。

（3）战略性新兴产业技术组的三级类目优先对应 IPC 的小组。同时，根据各产业技术组与 IPC 二者之间技术概念的匹配程度，也可以使用 IPC 的小类或者大组进行对应。例如，新能源产业的 EN04（核裂变反应堆的相关技术）IPC 对照关系中，三级类目 EN0402（慢化剂）优先对应小组分类号 G21C5/12、G21C5/14 和 G21C5/16。而当某一大组分类号大部分与其产业技术组的内容相关，则可以使用该大组分类号进行对应，例如，新材料产业中的 C08G18，该大组中的专利文献大部分与产业技术组 MP0111（聚氨酯橡胶）相关，则在进行对照时就直接对应了大组 C08G18。

（4）大组和小组中分类号的总和由大组分类号去掉"/00"表示。例如：高端装备制造产业中的 G01M15 与 G01M15/00 在对照表中代表的含义是不同的，G01M15/00 只是代表大组本身的分类号，而 G01M15 不仅包括大组本身的分类号 G01M15/00，还包括该大组下所有小组的分类号。

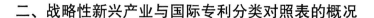

二、战略性新兴产业与国际专利分类对照表的概况

截至 2018 年年底,在七大战略性新兴产业与分类对照表中,共涉及战略性新兴产业分类的一级技术组 48 个、二级技术组 250 个、三级技术组 1238 个。在所对应的 IPC 分类位置中,节能环保产业 2620 条,新一代信息技术产业 3114 条,生物产业 2063 条,高端装备制造产业 1998 条,新能源产业 1223 条,新材料产业 2758 条,以及新能源汽车 3989 条。具体对应情况见表 3.31。

表 3.31 战略性新兴产业分类与国际专利分类对应条数统计表

战略性新兴产业分类				对应 IPC 数量(条)
序号	产业名称	一级技术组产业代码	一级技术组产业名称	
1	新一代信息技术产业	IT	物联网建设	489
		IS	高端软件及信息技术服务	318
		IH	高端软件和新型信息技术服务	124
		IN	下一代通信网络建设	1131
		IP	网络与信息安全	221
		IF	终端设备	293
		II	三网融合建设	138
		ID	新型显示	156
		IC	集成电路	244
			合计	3114
2	高端装备制造产业	HA	航空装备	647
		HS	卫星及应用	494
		HR	轨道交通装备	392
		HI	智能制造装备	388
		HM	海洋工程装备	77
			合计	1998

（续表）

战略性新兴产业分类				对应IPC数量（条）
序号	产业名称	一级技术组产业代码	一级技术组产业名称	
3	新材料产业	MS	特种金属功能材料	377
		MA	高端金属功能材料	135
		MN	新型无机非金属材料	390
		MP	新型高分子材料	863
		MC	高性能复合材料	538
		MF	前沿新材料	455
		合计		2758
4	生物产业	BP	生物医药	491
		BE	生物医学工程	344
		BA	生物农业	452
		BM	生物基材料	364
		BF	生物制造工艺	367
		BC	生物环保	45
		合计		2063
5	新能源汽车产业	VE	纯电动汽车	605
		VH	混合动力电动汽车	696
		VE	燃料电池电动汽车	801
		VO	其他新能源汽车	78
		VP	电驱动系统	75
		VS	新能源汽车用储能装置	1503
		VC	新能源汽车整车电子控制系统	22
		VA	新能源汽车专用辅助系统	35
		VM	测试与数据平台	122
		VI	新能源汽车用能源供给基础设施平台	52
		合计		3989

（续表）

战略性新兴产业分类				对应IPC数量（条）
序号	产业名称	一级技术组产业代码	一级技术组产业名称	
6	新能源产业	ES	太阳能	328
		EN	核电	136
		EB	生物质能	111
		EW	风能	119
		EE	其他新能源	25
		EG	智能电网	504
		合计		1223
7	节能环保产业	SE	节能技术和产品	715
		SC	清洁生产	211
		SM	环境监测	498
		SP	环境污染治理	496
		SU	资源的高效开发与综合利用	354
		SW	废物回收利用	346
		合计		2620
总计				17765

三、战略性新兴产业技术组与国际专利分类对照关系的类型

根据战略性新兴产业技术组的三级类目与国际专利分类二者之间的技术概念的匹配程度，其对照关系可分为以下几种。

（一）一对一的关系

一对一的关系即一个三级类目对应一个IPC分类号。例如，在生物产业的三级类目中，BC0102（厌氧工艺和装置）仅对应于C02F3/28（用厌氧消化工艺进行水、废水或污水的生物处理），见表3.32。

表 3.32　BC0102 与 IPC 对照关系示例

产业代码	产业名称	IPC 分类号	类名
BC0102	厌氧工艺和装置	C02F3/28	用厌氧消化工艺进行水、废水或污水的生物处理

（二）一对多的关系

一对多的关系即一个三级类目对应多个 IPC 分类号。如表 3.33 所示，在新一代信息技术产业中，IT0203（M2M 传输）对应 H04L29/08、H04L29/06、H04W76/、H04W24/00、H04W88/18 这 5 个 IPC 分类号。

表 3.33　IT0203 与 IPC 对照关系示例

产业代码	产业名称	IPC 分类号	类名
IT0203	M2M 传输	H04L29/08	传输控制规程，例如数据链级控制规程
		H04L29/06	以协议为特征的
		H04W76/	连接管理，例如连接建立，操作或释放
		H04W24/00	监督，监控或测试装置
		H04W88/18	业务支持，网络管理设备

（三）多对一的关系

多对一的关系即一个 IPC 分类号分别对应于多个三级类目。这种对应关系主要是针对 IPC 分类号涵盖的技术内容较多，且涉及多个技术组的情况；如表 3.34 所示，在新能源汽车产业中，VM0102（电机系统试验）和 VM0104（驱动系统试验）均对应分类号 G01R31/34。

表 3.34　VM0102、VM0104 与 IPC 对照关系示例

产业代码	产业名称	IPC 分类号	类名
VM0102	电机系统试验	G01R31/34	电机的测试
VM0104	驱动系统试验		

四、战略性新兴产业技术组与国际专利分类对照表的示例

下面以产业技术组中的三级类目为例，展示战略性新兴产业与国际专利分类对照表的具体结构。

（一）新一代信息技术产业技术组中三级类目 IT04（应用层）

表 3.35　新一代信息技术产业中 IT04（应用层）IPC 对照关系示例

产业代码	产业名称	产业说明	IPC 分类号
IT	物联网建设	通过 RFID（射频识别）、红外感应器、全球定位系统、激光扫描器等信息传感设备，按约定协议，把任何物品与互联网连续接起来，进行信息交换和通信，以实现智能化识别、定位、跟踪、监控和管理的网络	
IT04	应用层	将物联网的"社会分工"与行业需求结合，实现工业化与信息化融合，推动产业结构优化升级，形成社会经济发展高效动力的"落脚点"	
IT0401	智能电网	包括电力设施监测、智能变电站、配网自动化、智能用电、智能调度、远程抄表，建设安全、稳定、可靠的智能电力网络	G06Q50/06 G06Q10/04 G06F19/00 G05B19/418 H02J13/00 H02J15/00 G08C17/02 G08C17/00 G08C19/00 G08C23 H04L29/08 H04L12/28 H04B3/54 E04H1/00 H04W84/18

（续表）

产业代码	产业名称	产业说明	IPC 分类号
IT0402	智能交通	包括交通状态感知与交换、交通诱导与智能化管控、车辆定位与调度、车辆远程监测与服务、车路协同控制，建设开放的综合智能交通平台	G06Q50/
			H04L29/08
			H04W84/18
			G08C17/00
			G08C19/00
			G08C23
			G08G1
			H04N7/18
			G01C21/26
			G01C21/28
			G01C21/30
			G01C21/32
			G01C21/34
			G01C21/36
IT0403	智能物流	包括建设库存监控、配送管理、安全追溯等现代流通应用系统，建设跨区域、行业、部门的物流公共服务平台，实现电子商务与物流配送一体化管理	G06Q10/08
			G06Q50/28
			G06Q30/00
			H04L29/08
			H04W84/18
			G01S19/42
			G05B19/418
			B65G1/137
			B65G1/02

（续表）

产业代码	产业名称	产业说明	IPC 分类号
IT0404	智能家居	包括家庭网络、家庭安防、家电智能控制、能源智能计量、节能低碳等	G09B5/08
			G09B5/10
			G09B5/12
			G09B5/14
			G06F19/00
			G09B7
			G09B19/00
			G05B19/05
			G05B19/042
			G05B19/04
			G05B19/418
			H04L12/28
			H04L29/06
			H04L29/08
			H04W84/18
			H04L12/66
			H04M11
			H04B3/54
			G10L15/00
			H04W84/12
			G08B13
			G08B21
			G08B25
			G08B19/00
			H04N7/18
			H04N7/14

产业代码	产业名称	产业说明	IPC 分类号
IT0405	智能安防	包括社会治安监控、危化品运输监控、食品安全监控，重要桥梁、建筑、轨道交通、水利设施、市政管网等基础设施安全监测、预警和应急联动	H04N7/18
			E21F17/18
			H04L29/08
			G08C17/02
			G08C17/00
			G08C19/00
			G08C23
			H04W84/18
			H04L12/28
			H04M11/04
			G08B13
			G08B21
			G08B19
			G08B25
			G05B19/418
IT0406	智能环保	包括污染源监控、水质监测、空气监测、生态监测，建立智能环保信息采集网络和信息平台	G05B19/418
			G06Q10/00
			G06Q50/00
			G06F19/00
			H04W84/18
			H04L29/08
			H04L12/28
			G08C17/02
			G08C17/00
			G08C19/00

（续表）

产业代码	产业名称	产业说明	IPC 分类号
IT0406	智能环保	包括污染源监控、水质监测、空气监测、生态监测，建立智能环保信息采集网络和信息平台	G08C23
			G01N33/18
			G01N33/00
			G01N5
			G01N7
			G01N9
			G01N11
			G01N15
			G01N21
			G01N22
			G01N23
			G01N24
			G01N25
			G01N27
			G01N29
			G01N30
			G01N31
			G01N33/22
			G01N33/24
			G01N33/26
			G01N33/28
			G01N33/30
			G01N33/32

产业代码	产业名称	产业说明	IPC 分类号
IT0407	智能工业	包括生产过程控制、生产环境监测、制造供应链跟踪、产品全生命周期监测，促进安全生产和节能减排	G06Q10/00
			G06Q10/06
			G06Q50
			H04W84/18
			H04L12/28
			H04L29/08
			G08C17/02
			G08C17/00
			G08C19/00
			G08C23
			G05B19/418
IT0408	智能医疗	包括药品流通和医院管理，以人体生理和医学参数采集及分析为切入点面向家庭和社区开展远程医疗服务	G06F19/00
			G06Q50/22
			G06Q50/24
			H04L29/08
			H04L12/28
			H04W84/18
IT0409	智能农业	包括农业资源利用、农业生产精细化管理、生产养殖环境监控、农产品质量安全管理与产品溯源	A01G
			A01K
			G06Q10/06
			G06Q50/02
			H04W84/18
			H04L29/08
			G08C17/02
			G08C17/00

（续表）

产业代码	产业名称	产业说明	IPC 分类号
IT0409	智能农业	包括农业资源利用、农业生产精细化管理、生产养殖环境监控、农产品质量安全管理与产品溯源	G08C19/00
			G08C23
			G05B19/418
			G01N33/24

（二）高端装备制造产业技术组中三级类目 HA01（固定翼飞机）

表 3.36　高端装备制造产业中 HA01（固定翼飞机）IPC 对照关系示例

产业代码	产业名称	产业说明	IPC 分类号
HA	航空装备	指用于载人或不载人的飞行器在地球大气层中的航行活动的装备	
HA01	固定翼飞机	指由固定的机翼产生升力的飞机，包括大型客机、支线飞机、通用飞机	
HA0101	灭火飞机	指用于灭火的飞机	B64C39/02
			B64D1/18
HA0102	水上飞机	指能在水面上起飞、降落和停泊的飞机，包括水上应急救援飞机	B64C35
HA0103	特种飞机	指能够执行某种特殊任务的飞机，包括预警机、空中加油机、侦察机、电子飞机、地效飞机	B64C39/02
			B64C39/00
			B64D39
			B64C35
HA0104	无人机	无人驾驶飞机简称"无人机"，指利用无线电遥控设备和自备的程序控制装置操纵的不载人飞机	G05D1
			G05B19/418
HA0105	飞机结构	包括机身、机翼、螺旋桨等	B64C1
			B64C3
			B64C5
			B64C7

（续表）

产业代码	产业名称	产业说明	IPC 分类号
HA0105	飞机结构	包括机身、机翼、螺旋桨等	B64C9
			B64C11
			B64C13
			B64C15
			B64C17
			B64C19
			B64C21
			B64C23
			B64C29
			B64C30/00
			B64C37
			B64C39/04
			B64C39/06
			B64C39/08
			B64C39/10
			B64C39/12
			B64D29

（三）新材料产业技术组中三级类目 MN04（绿色耐火材料）

表 3.37　新材料产业中 MN04（绿色耐火材料）IPC 对照关系示例

产业代码	产业名称	产业说明	IPC 分类号
MN	新型无机非金属材料	指在传统无机非金属材料基础上新出现的耐磨、耐腐蚀、光电等特殊性能的材料（耐火材料入 MN04）	
MN04	绿色耐火材料	能够在高温环境中满足使用要求的无机非金属材料	

（续表）

产业代码	产业名称	产业说明	IPC 分类号
MN0401	镁铁尖晶石耐火材料	以 MgFe2O4 尖晶石为主要成分的耐火材料	C04B35/04
			C04B35/043
			C04B35/047
			C04B35/05
			C04B35/66
MN0402	镁铁铝复合耐火材料	由氧化铁、氧化镁、氧化铝复合的耐火材料	C04B35/04
			C04B35/043
			C04B35/047
			C04B35/05
			C04B35/10
			C04B35/101
			C04B35/103
			C04B35/105
			C04B35/106
			C04B35/107
			C04B35/109
			C04B35/26
			C04B35/66
MN0403	尖晶石质－氧化锆－刚玉质耐火材料	成分为尖晶石质－氧化锆－刚玉的耐火材料	C04B35/00
			C04B35/10
			C04B35/106
			C04B35/109
			C04B35/18
			C04B35/44
			C04B35/443

（续表）

产业代码	产业名称	产业说明	IPC 分类号
MN0403	尖晶石质 - 氧化锆 - 刚玉质耐火材料	成分为尖晶石质 - 氧化锆 - 刚玉的耐火材料	C04B35/48
			C04B35/482
			C04B35/484
			C04B35/66
MN0404	刚玉 - 莫来石质 - 红柱石质耐火材料	成分为刚玉 - 莫来石质 - 红柱石的耐火材料	C04B35/10
			C04B35/101
			C04B35/107
			C04B35/16
			C04B35/18
			C04B35/185
			C04B35/66
MN0405	硅砖	以氧化硅（SiO_2）为主要成分的耐火制品	C04B35/66
			C04B35/14

（四）生物产业技术组中三级类目 BP01（疫苗）

表 3.38　生物产业 BP01（疫苗）IPC 对照关系示例

产业代码	产业名称	产业说明	IPC 分类号
BP	生物医药	又称医药生物技术，是制药产业与生物技术组合而成的现代医药产业，包括"十二五"规划提出的现代中药产业	
BP01	疫苗	指通过接种可以诱导机体产生针对特定致病原的特异性抗体或细胞免疫，从而使机体获得保护或消灭该致病原能力的药物制剂	
BP0101	血吸虫病疫苗	指防治血吸虫感染的疫苗	A61K39/002
BP0102	结核病疫苗	指防治结核杆菌感染的疫苗，包括卡介苗、结核菌苗	A61K39/04

（续表）

产业代码	产业名称	产业说明	IPC 分类号
BP0103	流行性脑脊髓膜炎疫苗	指防治奈瑟氏球菌引起的脑脊髓膜炎，即脑膜炎疾病的疫苗	A61K39/095
BP0104	肺炎疫苗	指防治肺炎的疫苗，不包括SARS疫苗，包括肺炎克氏杆菌、肺炎枝原体、肺炎链球菌、军团菌引起的肺炎疫苗，不包括SARS疫苗	A61K39/108
			A61K39/09
			A61K39/155
			A61K39/02
BP0105	SARS 疫苗	指防治SARS病毒感染的疫苗。SARS，全称严重急性性呼吸系统综合症，又称非典型性肺炎、非典型肺炎	A61K39/215
BP0106	流感疫苗	指防治流感病毒感染的疫苗，包括禽流感	A61K39/145
BP0107	麻腮风疫苗	指防治麻疹、腮腺炎和风疹的疫苗，包括治疗麻疹病毒感染、腮腺炎病毒肝炎和风疹病毒感染的疫苗；同时治疗麻腮风三种疾病的三联疫苗	A61K39/165
			A61K39/20
BP0108	艾滋病疫苗	指防治人免疫缺陷病毒感染的疫苗。艾滋病，学名获得性免疫缺陷综合症，别名获得性免疫缺乏综合症	A61K39/21
BP0109	病毒性肝炎疫苗	指防治肝炎病毒感染的疫苗，包括甲型肝炎、乙型肝炎、丙型肝炎、丁型肝炎、戊型肝炎；同时治疗多种肝炎的多价疫苗	A61K39/29
BP0110	脊髓灰质炎疫苗	指防治脊髓灰质炎病毒感染的疫苗。脊髓灰质炎，别名小儿麻痹症、小儿热痿	A61K39/13
BP0111	狂犬病疫苗	指防治狂犬病病毒感染的疫苗，包括人用狂犬病疫苗、动物用狂犬病疫苗	A61K39/205
BP0112	水痘疫苗	指防治水痘病毒感染的疫苗	A61K39/25
BP0113	人乳头瘤病毒疫苗	指防治人乳头瘤病毒感染的疫苗	A61K39/12
BP0114	轮状病毒疫苗	指防治轮状病毒感染的疫苗	A61K39/15

（续表）

产业代码	产业名称	产业说明	IPC 分类号
BP0115	幽门螺杆菌疫苗	指防治幽门螺杆菌感染的疫苗	A61K39/02
BP0116	传染性鼻气管炎疫苗	指防治传染性鼻气管炎病毒感染的疫苗，包括牛传染性鼻气管炎疫苗；其他动物特别是牲畜用传染性鼻气管炎疫苗	A61K39/265
BP0117	新城疫疫苗	指防治新城疫病毒感染的疫苗，包括鸡新城疫疫苗；其他禽类用新城疫疫苗	A61K39/17
BP0118	口蹄疫疫苗	指防治口蹄疫病毒感染的疫苗，包括养殖动物用口蹄疫感染疫苗	A61K39/135
BP0119	免疫佐剂疫苗	指以免疫佐剂为特征的疫苗，包括弗氏佐剂等有机佐剂；脂质体佐剂、微球佐剂；氢氧化铝佐剂、明矾佐剂等无机佐剂	A61K39/39

（五）新能源汽车产业技术组中三级类目 VM01（测试平台）

表 3.39　新能源汽车产业中 VM01（测试平台）IPC 对照关系示例

产业代码	产业名称	产业说明	IPC 分类号
VM	测试与数据平台	包括新能源汽车整车及部件的各种性能指标测试，以及新能源汽车在全产业内的各项数据库	
VM01	测试平台	包括新能源汽车及其部件的测试	
VM0101	整车试验平台	包括磁盘测功机系统、道路模拟系统、整车动态测试系统、整车结构振动分析系统、跑道试验系统	G01M17/00
			G01M17/007
			G01M17/013
			G01M17/02
			G01M17/04
			G01M17/06
			G05B17
			G05B19/02

（续表）

产业代码	产业名称	产业说明	IPC 分类号
VM0101	整车试验平台	包括磁盘测功机系统、道路模拟系统、整车动态测试系统、整车结构振动分析系统、跑道试验系统	G05B19/04
			G05B19/042
			G05B19/048
			G05B19/418
			G05B23
VM0102	电机系统试验	包括电力测功机、盐雾试验、功率分析仪	G01R31/34
			G01R33
			G01L3/00
			G01L3/24
			G01L3/26
			H02K11/02
			H02M1/12
VM0	电池系统试验	包括电池包性能测试系统、电池包环境适应性测试系统、电芯性能测试系统	G01R31/36
			G01N27
			H02S50
VM0104	驱动系统试验	包括增程式驱动系统、传动系统试验、动力驱动系统	G01M13
			G01R31/34
			G01M17/00
			G01M17/007
			G01M15
VM0105	零部件试验	包括振动、盐雾、高低温、EMC、耐压 / 绝缘测试	B60L3/02
			G01R31/42
			G01R29/16
			G01R27/28
			G01R19/257

（续表）

产业代码	产业名称	产业说明	IPC 分类号
VM0105	零部件试验	包括振动、盐雾、高低温、EMC、耐压 / 绝缘测试	G01R1
			G01P3
			G01N7
			G01N33
			H04L12/26
VM0106	污染物排放测试	主要对新能源汽车的排放物进行监控测试	G01N33
			G01N31
			G01M15/00
			G01M15/10
VM0107	动力性能测试	主要对新能源汽车的爬坡、速度性能进行测试	G01M17/007
			G01L5/13
			B60L3/00
VM0108	能量消耗率和续驶里程测试	主要对新能源汽车的能量消耗率、续驶里程进行测试	G01R21
			G01R22
			G01R31/36
			G01F9
			B60L3/00

（六）新能源产业技术组中三级类目 EN04（核裂变反应堆的相关技术）

表 3.40 新能源产业中 EN04（核裂变反应堆的相关技术）IPC 对照关系示例

产业代码	产业名称	产业说明	IPC 分类号
EN	核能	又称原子能、原子核能，是原子核结构发生变化时放出的能量，包括核聚变能和核裂变能，主要用于核电、核供热、核动力及核电池产业	

（续表）

产业代码	产业名称	产业说明	IPC 分类号
EN04	核裂变反应堆的相关技术	包括核裂变反应堆的零部件，核裂变反应的控制，核裂变反应堆的监视、测试、紧急保护、贮存、装卸和制造技术	G21C1/01, G21C1/09, G21C3, G21C5, G21C7, G21C9, G21C11, G21C13, G21C15, G21C17, G21C19, G21C21, C09K5/02, C09K5/04, C09K5/06, C09K5/08, C09K5/10, C09K5/12, C09K5/14, C09K5/20
EN0401	核燃料元件及堆芯	核燃料元件指铀、钚等裂变物质及其组件，是核反应堆内进行裂变链式反应的核心部件。堆芯指核裂变反应堆的燃料元件部分，它由核燃料元件、控制棒和启动中子源组成	G21C3
			G21C5
EN0402	慢化剂	指用于将核裂变反应产生的中子慢化成能量为 0.025eV 的热中子的物质	G21C5/12
			G21C5/14
			G21C5/16
EN0403	屏蔽层	包括生物屏蔽层、反射层、热屏蔽、热内衬及其他结构上和反应堆联合的屏蔽装置	G21C11
EN0404	反应堆容器	指用于装放堆内构件、堆芯、控制棒、仪器仪表、冷却剂、慢化剂、反射层等的容器。对于压水堆和沸水堆等承受压力的反应堆，其反应堆容器为压力容器	G21C13

（续表）

产业代码	产业名称	产业说明	IPC 分类号
EN0405	冷却装置及冷却剂	指装有堆芯的压力容器中的冷却装置及冷却剂	G21C15
			C09K5/02
			C09K5/04
			C09K5/06
			C09K5/08
			C09K5/10
			C09K5/12
			C09K5/14
			C09K5/20
EN0406	其他零部件	指除核燃料元件、慢化剂、屏蔽层、反应堆容器、冷却装置及冷却剂之外的其他核裂变反应堆的零部件，如增压器等	G21C1/01
			G21C1/09
EN0407	核裂变反应的控制	指用于控制核裂变反应的方法及装置	G21C7
EN0408	反应堆的监视和测试	指用于监视或测试反应堆的中子通量、功率、温度、压力、流量、放射性强度和其他参数的仪器	G21C17
EN0409	反应堆的紧急保护装置	指结构上和反应堆相结合的紧急保护装置。不包括紧急冷却装置	G21C9
EN0410	反应堆的处理与装卸装置	指用于在反应堆中处理、装卸或简化装卸燃料或其他材料的设备	G21C19
EN0411	反应堆的制造	指用于制造反应堆或其部件的设备和方法	G21C21

（七）节能环保产业技术组中三级类目 SW01（采矿业回收利用）

表 3.41　节能环保产业中 SW01（采矿业回收利用）与 IPC 对照关系示例

产业代码	产业名称	产业说明	IPC 分类号
SW	废弃物回收利用	指回收并利用人类在生产、加工、流通、消费和生活等过程中所产生的、并被抛弃的物质	
SW01	采矿业回收利用	指回收并利用采矿业生产活动中产生的副产品或废弃物，◇废弃物主要包括矿渣	C03C6/10，C03B37，C04B18/12，C04B28/08，C04B7/14
SW0101	由矿渣制备玻璃	指将矿渣回收并用其制备玻璃，矿渣为矿石经过选矿或冶炼后的残余物	C03C6/10
			C03B37
SW0102	由矿渣制备砂浆、混凝土或人造石填料	指将矿渣回收并用其制备砂浆、混凝土或人造石填料，矿渣为矿石经过选矿或冶炼后的残余物	C04B18/12
			C04B28/08
SW0103	由矿渣制备水泥	指将矿渣回收并用其制备水泥，矿渣为矿石经过选矿或冶炼后的残余物	C04B7/14

第四节　小　　结

　　本章从战略性新兴产业的国家政策及相关文件出发，结合 IPC 的分类原则和分类表的结构特点，对战略性新兴产业进行产业技术分类，进而将战略性新兴产业划分为了 48 个一级技术组、250 个二级技术组、1238 个三级技术组。将产业技术组的技术内容与 IPC 的分类号对应，确定了每个产业技术组对应的 IPC 分类号，建立了战略性新兴产业与国际专利分类对照表。该对照表中战略性新兴产业共对应 IPC 分类号的数量为：新一代信息技术产业 3114 条、高端装备制造产业 1998 条、新材料产业 2758 条、生物产业 2063 条、新能源汽车 3989 条、新能源产业 1223 条、节能环保产业 2620 条。

第四章　战略性新兴产业专利文献的检索和深加工

构建数据库的目的之一是利用专利指标增强对各产业的创新现状和发展前景的宏观掌控，而与产业相关的专利文献量是最为直观的专利指标。因此，在建立战略性新兴产业与国际专利分类的对照表之后，要检索确定与产业相关的文献量，并对检索出的文献进行产业技术组代码的标记，获取各个 IPC 分类号与产业技术组的相关程度，以及产业技术组相关文献在各 IPC 分类号中的分布情况，计算每个 IPC 分类号的横向权值及纵向权值，从而利用专利文献进一步进行统计分析。在确定了战略性新兴产业相关专利文献之后，为了丰富专利数据库的数据字段、提升数据质量，对检索出的专利文献进行了深加工工作，引入数据深加工的目的是在遵循一定规则的基础上，完成对专利文献摘要的改写和信息抽取，以此扩展数据库的应用前景。

第一节　战略性新兴产业专利文献的检索

利用战略性新兴产业与国际专利分类的对照表，通过专利检索数据库以及辅助工具，检索出与战略性新兴产业相关的专利文献，并对检索出的专利文献进行产业技术组代码的标记，从而获得战略性新兴产业专利数据库的基础数据源。

一、相关专利文献量检索工具介绍

为了更好地进行与产业相关专利文献的检索工作，需要选取较为可靠的专利检索数据库以及辅助工具进行研究。

专利检索与服务系统（S 系统），S 系统兼容了原有的 EPOQUE、CPRS

系统，集成了原有的专利数据库，是国家知识产权局主要使用的计算机检索系统，在 S 系统中选取中国专利文摘数据库 CNABS 数据库进行检索。

其他工具：CNKI 中国工具书网络出版总库、常用科技词典、百度百科。

二、相关专利文献量检索方法和产业技术组代码标记

（一）相关专利文献量检索方法

产业技术组与其对应的 IPC 分类号所属的专利文献有两种关系：一种是 IPC 分类号所属的专利文献与产业技术组完全相关，另一种是 IPC 分类号所属的专利文献与产业技术组部分相关。

在检索使用的数据库中，并没有对早期的专利文献重新给予新版分类号，但是旧版分类号下对应的专利文献量也比较多。为了保证文献量的相对准确性，需要特别说明一下检索改版 IPC 分类号相关文献量的处理方式：①旧版 IPC 分类号对应的文献量纳入到改版后 IPC 分类号的文献量之中；②旧版 IPC 分类号仅追溯到 2006.01 版，即在 2006.01 版以后如果出现与相关 IPC 分类号对应的旧版 IPC 分类号，可以把该旧版 IPC 分类号在检索系统中对应的文献量纳入到相关 IPC 分类号的文献量中，2006.01 版之前的旧版 IPC 分类号不予考虑。

关于 IPC 分类中大组和小组所属文献量的说明：从 IPC 类名的范围上理解，IPC 大组的范围包括其下面所属的所有小组的范围。但是，IPC 大组所涉及的文献量仅包含该大组本身的分类号所包括的属于其分类范围但不属于任何从属小组的文献量，其每个从属小组的文献量包括该小组所含的某一特定技术领域的文献量。

1. 专利文献完全相关的检索方法

某产业技术组所对应的某个分类号与该技术组完全相关，即该分类号的专利文献全部属于该技术组，这种相关关系称作专利文献完全相关。

具有这种相关关系的产业技术组，仅用其对应的分类号检索就可确定相关专利文献量。在检索系统中，用分类号检索与产业相关的中国专利数量。

以节能环保产业的三级技术组 SE0305（造纸机废热利用）为例，其对应的一个分类号为 D21F5/20（废热回收）。从 D21F5/20 的类名可知，其所包括的所有专利文献仅仅是关于造纸机废热回收的，因此分入 D21F5/20 的

专利文献全部属于 SE0305。用 D21F5/20 在数据库中检索，命中的文献全部是与 SE0305 相关的专利文献。

又例如，新能源产业生物质燃料下设的三级技术组 EB0401（生物质固体燃料），其对应的一个分类号为 C10L5/44（基于植物物质的固体燃料）。从 C10L5/44 的类名可知，其所包括的所有专利文献仅仅是基于植物物质的固体燃料，因此分入 C10L5/44 的专利文献全部属于 EB0401。用 C10L5/44 在 CPRS 数据库中检索，命中 399 篇文献，全部是与 EB0401 相关的专利文献。

2. 专利文献部分相关的检索方法

某产业技术组所对应的某个分类号与该技术组部分相关，即该分类号的专利文献部分属于该技术组，这种相关关系称作专利文献部分相关。具有这种相关关系的产业技术组，需要将 IPC 分类号结合适当的关键词进行检索，从而确定与技术组相关的文献量。检索流程如图 4.1 所示。

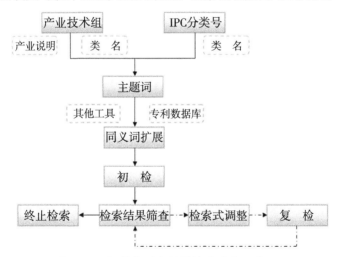

图 4.1　相关专利文献量检索流程示意图

在进行检索之前，要认真分析已知信息，选择合适的检索途径，制订合适的检索策略，具体步骤如下。

第一步：深入分析技术主题，确定检索用的主题词及其同义词。

主题分析是进行专利检索的第一步，检索效率的高低首先取决于主题分析的优劣。主题分析是一种典型的描述性内容分析，所谓描述性内容分析是将技术内容准确分解并提炼出来❶。实际上，它是根据检索需求，对技

❶　李建荣等 . 专利文献与信息［M］. 北京：知识产权出版社，2002.

术内容进行分析，从中提炼出主题概念，剖析主题结构的过程，其目的是在适当的深度上分析掌握技术的中心内容，从概念上加以提炼、压缩，以便选择一组恰当的主题词。

先根据产业技术组的名称、产业说明并结合对应IPC的类名，初步确定出最能说明该技术内容及其技术内涵的主题词及部分同义词。从对应分类号中进行提炼时，特别需要注意分类表中的各种附注和参见、优选注释以及各小组之间的关系。然后，利用中国专利文献词表、常用科技词典、百度百科等工具扩展中文同义词。

以三级技术组SE0302（发动机余热、余压利用）为例，其产业说明：包括蒸汽机、燃气轮机及内燃机等的余热、余压利用，在对照表中该三层产业对应的一个IPC分类号为F02C7/08（燃烧前加热供给空气的，如用排出气体）。该分类位置所属小类为燃气轮机，故选取关键词的时候不必提取燃气轮机。根据名称、产业说明和IPC类名等所提炼出来的关键词包括余热、余压、废气、预热、排气、排出气体和尾气等。

第二步：扩展同义词。

先利用若干已知的主题词进行初步检索，找到若干篇文献，然后阅读这些文献的摘要、权利要求书等。阅读的目的一是为了进行筛选，通过筛选，能够最准确地判断该专利是否与所检索的技术主题有关，以确定检索的初步效果，及早发现问题。二是为了获取有关信息，找出它们所涉及的该技术主题的其他表述或同义词、近义词。为了避免因主题词的遗漏而造成漏检的情况，还应快速浏览仅用对应的分类号检索出来的文献，将相关主题词增加为同义词。

还以三级技术组SE0302（发动机余热、余压利用）为例，阅读摘要和权利要求书后扩展的其他表述或同义词，包括热能回收、热能再利用、能源再生、回热、废气循环等。

第三步：相关专利文献初检。

在检索系统中，先用与产业技术相关的分类号进行检索，然后利用初步确定的主题词及其同义词进行检索，分类号与主题词的检索结果在检索系统中进行"与"的运算从而确定与产业技术相关的专利文献。

特别需要说明的是，编制检索提问式时，由于要避免选用词组或短语去表达复杂的概念，因此一个技术主题要由多个主题词组配表达。能反映这种组配关系的是主题词之间的逻辑关系，如运用布尔逻辑算符"AND""OR""NOT"等❶。例如，不直接利用长词"热能再利用"进行检索，以避免在检索过程中会造成很大程度漏检，因此构建检索式的时候组配成"热能 AND 再利用"的形式。

第四步：复检。

复检的过程是一个根据前面检索结果，不断动态调整、不断完善主题词及其表达的过程。基本检索要素的表达与数据库之间实际可能存在偏差，基本要素的表达可能不够全面、不够准确，以及数据库标引等的系统误差都会造成漏检和检索结果噪声大的问题，因此要通过人工参与不断重新确定基本要素的表达。

具体而言，是将初检命中的专利文献进行快速浏览，如果命中文献的相关性较大且数量较少，则可以考虑扩充同义词，重复检索，直到相关文献数量和相关性达到合理范围；如果初检命中的专利文献相关性较低，则重新考察同义词，调整检索式进行检索，直到相关性达到合理范围。

最后将根据上述筛查过程所确定的检索提问式，即该分类号对应的最终的完整的检索提问式。用此检索提问式进行检索，得出的检索结果通常是相对最完整的。

第五步：基于相关专利文献量的验证。

经过上述检索后，如果某分类号中与产业相关专利文献量偏低，则需要重核对该分类号与产业技术组对应关系的正确性，或者分类号是否存在录入错误。

通过"IPC+ 关键词"的检索形式获取专利文献只是最为简单的形式，检索过程中，还可适当结合申请人、另一 IPC 分类号等等其他要素进行检索。总之，需要确保检索结果不漏检并且噪声低（即兼顾查全率及查准率），检索式尽量完善、全面，尽量减少后续的人工筛选工作，实现数据库将来的数据自动更新，进而提高专利数据库的使用效果。

（二）产业技术组代码标记

某产业技术组与 IPC 分类号的对应关系为一对一，则其对应 IPC 分类号检索出的专利文献量就是该产业技术组的相关专利文献量；将检索命中

❶ 李建荣等．专利文献与信息［M］．北京：知识产权出版社，2002.

的与产业技术组相关的中国专利文献导出，并标记该产业技术组的产业技术组代码。

产业技术组与 IPC 分类号的对应关系为一对多，则需要将所有 IPC 分类号下的相关专利文献在检索系统中进行"或"的运算，以去除重复计算的专利文献量，确定出与产业技术组相关的专利文献数量；将去重后的与相关中国专利文献导出，并标记该产业技术组的产业技术组代码。

一篇专利文献可能对应多个产业技术组代码，从数据库里导出的专利文献包括以下字段：申请号、公开号、授权号、申请日期、公开日期、授权日期、名称、摘要和分类号等。

三、IPC 分类号的横、纵向权值

为了全面反映各个 IPC 分类号与产业技术组的相关程度，以及产业技术组相关文献在各 IPC 分类号中的分布情况，本书在形成对照表的同时，还计算了两类权值，分别命名为横向权值及纵向权值。

横向权值是某一 IPC 分类号中与产业技术组相关的专利文献数量占该分类号所属的所有专利文献数量的比重。

上述相关专利文献的检索方法中提到的专利文献完全相关，其横向权值应该是 100%；专利文献部分相关，其横向权值应该小于 100%。横向权值越大，该分类号与产业技术组的相关性越大。

纵向权值是某一 IPC 分类号中与产业技术组相关的专利文献数量占到该产业技术组所有相关专利文献数量的比重。

由于一篇文献具有多个分类号，因此纵向权值相加的结果将大于等于100%。纵向权值可以反映出在产业技术组对应的多个分类号中，各个分类号为该产业技术组贡献的相关文献量比例，从而直观地反映出该产业技术组中某一技术主题的发展程度。

以节能环保产业的 SE0106（建筑保温成型构件）为例进行说明：从表 4.1 和图 4.2 中可知，E04C1/41 为由隔绝材料和承重混凝土、石料或石类材料组成的块状或其他形状的建筑构件，如保温砖、保温砌块等，横向权值达到了 94.37%，说明该分类号与 SE0106 密切相关。E04C2/284、E04C2/288、E04C2/292、E04C2/296 为含有隔绝材料的建造房屋部件用的较薄形构件，其中部分是复合保温板、多功能复合板，横向权值分别达到

81.37%、79.04%、59.05%、72.97%，与 SE0106 较为相关。E04C1/40 为由
不同材料构成的建筑构件，其中仅有少部分是保温砖、隔热预制块，横向
权值仅有 43.57%，与 SE0106 相关性较低。由此可见，横向权值能直观地表
现出分类号与产业技术组的相关性。

表 4.1　SE0106 对照表和文献量统计表

产业技术组代码	产业名称	IPC分类号	IPC全部中国专利文献数量	与产业相关的中国专利数量	IPC全部中国专利文献数量	横向权值（%）	纵向权值（%）
SE0106	建筑保温成型构件	E04C1/40	1198	522	2106	43.57%	24.79%
		E04C1/41	568	536		94.37%	25.45%
		E04C2/284	848	690		81.37%	32.76%
		E04C2/288	353	279		79.04%	13.25%
		E04C2/292	210	124		59.05%	5.89%
		E04C2/296	148	108		72.97%	5.13%

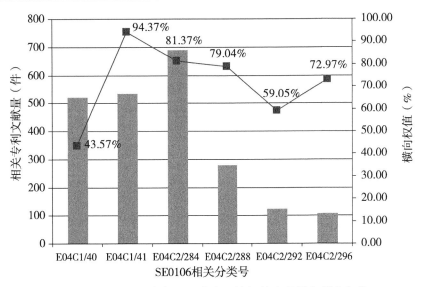

图 4.2　SE0106 对应 IPC 分类号的相关文献和横向权值

从图 4.3 中可知，E04C1/40 和 E04C1/41 的纵向权值为 24.79% 和 25.45%，
其技术内容都为保温砖、保温砌块、隔热预制块等，也就是保温砖、保

温砌块、隔热预制块约占建筑保温成型构件的50.24%，发展程度最好，技术最为成熟，是比较传统的保温成型构件。E04C2/284、E04C2/288、E04C2/292、E04C2/296的纵向权值为32.76%、13.25%、5.89%、5.13%，其技术内容都为复合保温板等，也就是复合保温板等约占建筑保温成型构件的49.76%，其发展程度与保温砖、保温砌块、隔热预制块接近，技术也较为成熟；但在复合保温板中，又分为由隔绝材料和混凝土、石料或石类材料组成的复合保温板（E04C2/288）、由隔绝材料和金属层组成的复合保温板（E04C2/292）、由隔绝材料和非金属的或非特定的材料层组成的复合保温板（E04C2/296），这三类建筑保温成型构件的发展较慢。由此可见，纵向权值可以直观地反映出某一技术在其所属的产业技术组中的发展程度。

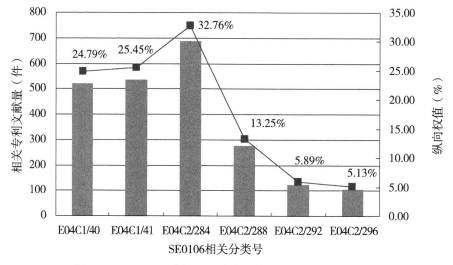

图4.3　SE0106对应IPC分类号的相关献量和纵向权值

第二节　战略性新兴产业专利数据深加工

为了丰富战略性新兴产业专利数据库的数据字段、提升数据质量、扩展数据库的应用前景，进一步对检索出来的战略性新兴产业专利文献进行了深加工工作。深加工工作，简单来说，是用一个凝练且结构化的记录来表述专利说明书中所有重要的信息，并通过人工标引确保信息的精确性和一致性。专利数据深加工是信息资源建设的重要内容，主要内容包括以下七个方面：名称改写、摘要改写、关键词标引、IPC再分类、实用专利分类、引文标引、专利申请人机构代码标引。在本书中，针对主要影响数据库使用效果的名称改写、摘要改写、关键词标引、引文标引做详细介绍。

一、名称和摘要改写

名称、摘要改写时遵循整体性原则、客观性原则、独立性原则、规范性原则。整体性原则是指摘要及名称的改写应当以发明或者实用新型专利说明书公开的全部内容为基础；客观性原则是指摘要及名称的改写应当客观地体现发明或者实用新型专利说明书中公开的信息；规范性原则是摘要及名称的改写应当采取统一规范的类目格式；独立性原则是指摘要及名称的改写应当分别独立地提供技术信息。

（一）名称改写

改写后的名称是指发明和实用新型专利说明书的清楚、简明的概括性主题，它能使读者迅速地了解专利说明书的主要内容，从而确定是否需要阅读摘要和说明书。

改写后的名称除体现发明或实用新型所公开的技术主题，以及权利要求书中其他的技术主题类型外，还尽可能体现了发明中体现技术改进的技术特征，以及该技术主题的特定用途或特殊功能。其中，技术特征指申请人提出的有关结构、步骤和成分等方面的主要技术改进。

（二）摘要改写

改写后的摘要是专利说明书中所公开技术内容简要而准确的概括性表述，能使读者迅速而准确地了解专利说明书中公开的技术内容所涵盖的技术主题及主要技术特征，从而确定是否需要阅读说明书。摘要的改写以说明书为依据，权利要求书作为参考。改写后的摘要仅以提供技术信息为目的，不考虑其他用途。

摘要改写主要是对通用类目进行改写，通用类目包括"要解决的技术问题和有益效果""技术方案""用途或技术领域""附加信息"和"摘要附图"。对于医药、化学、生物及农业等领域的摘要，可以在通用类目的基础上增加部分特殊类目，特殊类目包括"活性""作用机制"和"给药"。

1.要解决的技术问题和有益效果

要解决的技术问题是指发明或者实用新型所要解决的现有技术中存在的技术问题；有益效果是指由构成发明或者实用新型的技术改进直接带来的或者由其必然产生的技术效果。当专利说明书中技术效果的信息较多时，可对其进行归纳概括，某些不重要的间接效果或附加效果可以不必撰写。但"要解决的技术问题和有益效果"类目应当至少体现核心方案技术主题的发明点带来的技术效果信息，其体现方式可以是要解决的技术问题方式，也可以是有益效果方式。

2.技术方案

技术方案是对要解决的技术问题所采取的利用了自然规律的技术手段的集合，技术手段通常是由技术特征来体现的。技术方案类目分为"发明点""核心方案"和"其他独立权利要求的信息"三个部分。

（1）发明点。

发明点是发明或者实用新型针对要解决的技术问题，或达到其声称的发明目的或技术效果所采取的技术改进。技术方案类目的发明点部分通常对应的是核心方案中的技术改进，是在阅读说明书的基础上对核心方案的技术改进的提炼。发明点提炼要求采用概括、简洁、易懂的语言描述技术的改进，使读者在最短的时间了解本发明或实用新型的创新之处。

描述时，在阅读说明书全文的基础上，针对要解决的技术问题，或达到其声称的发明目的或技术效果，确定所采取的技术改进，然后对确定的技术改进行内容概括和整理，采用本领域技术人员容易理解的方式体现技术改进信息，具体使用结构、成分、步骤和工作原理等特征进行表述。

（2）核心方案。

核心方案是针对要解决的技术问题所采取的技术解决方案，体现了说明书的核心内容。改写时，根据权利要求书的提示和指引，在通读说明书全文的基础上，针对要解决的技术问题，或达到其声称的发明目的或技术效果，确定所采取的技术改进后，以技术改进为核心，采用本领域的通用技术语言展开描述，以此作为核心内容。

在撰写核心方案时，如果概括出来的核心方案过于上位，借助于实施例有助于理解和（或）实施例中的信息更有助于检索时，核心方案中应体现实施例的内容。例如，专利说明书涉及的是一种液体喷射装置，且以喷墨打印机作为液体喷射装置的一个实施方式，改写时使用液体喷射装置进行描述会导致核心方案概括的过于上位。因此，在撰写核心方案时，需要进一步体现实施例，即体现喷墨打印机这一技术信息。

3. 用途或技术领域

用途是发明或者实用新型公开的技术方案在不同领域的实际应用，可以通俗地理解为"用在哪里"和（或）"用来做什么"。一般情况下，本类目应基于专利说明书中明确公开的用途信息进行撰写。例如，如果专利说明书的技术方案中明确记载的是一种安装在汽车上的某种天线，则用途可以写为"用于汽车"；又如，某申请为"一类异喹啉化合物及其盐的制备方法和应用"，用途类目可写为"异喹啉化合物用于治疗心脏病"。

4. 附加信息

附加信息是指其本身不代表对现有技术的贡献，但有可能对检索有用的技术信息。

5. 摘要附图

对于发明专利的摘要，用文字不足以清楚、完整地描述技术方案的，应该使用摘要附图，实用新型专利摘要必须使用摘要附图。

6. 特殊类目

活性类目用于描述化学物质或者生物实体的生物活性。例如，对金黄色葡萄球菌有抑制作用；具有祛湿止痛、活血化瘀之功效。

作用机制类目用于描述化学物质或者生物实体的初始反应及其中间各环节，包括化合物和药物组合物的作用机理以及中药复方的处方解析。

给药类目包括给药途径、给药剂量、给药方案以及农业化学应用方法。

二、关键词标引

关键词标引是指将技术方案中的重要信息用通用的技术词汇标引出来。关键词标引的目的是为了提高专利文献检索的查准率和查全率，进而提高检索的效率。

（一）标引的原则

为了提高查准率和查全率，关键词标引必须做到准确、适度、规范。

"准确"是指关键词与专利文献的技术主题及其内容相符合。"适度"

是指关键词的标引深度要适中，标引深度体现为与专利文献相关程度高的关键词的数量。关键词过少，查全率就会降低；关键词过多，查准率就会降低。"规范"是指关键词应为常用的科技术语。不同的技术人员可能用不同的技术术语描述同一个事物、同一个技术概念，所以要提高查全率，还必须注意用词的统一、规范。

为了使关键词符合准确、适度、规范的要求，就应同时遵循客观原则、整体原则、重点原则和规范原则。

1. 客观原则

客观原则是指关键词能够准确、如实地反映专利文献的技术主题及其内容，而不是凭借猜测或想象。

2. 整体原则

抽取的词汇应能概括地揭示专利文献中的技术主题及其内容，体现对检索有用的信息。

3. 重点原则

关键词是对专利文献中重要的技术概念的反映，对于不重要的或没有实质性内容的技术概念应当舍弃。

4. 规范原则

为了提高检索的查全率和查准率，就要保证标引用词和检索用词的一致性，而应当使用最常用的科技词汇来表述专利文献中的技术概念。关键词标引时应从概念层次上对词汇进行规范，将原文中不恰当的词汇修改准确，将个性化的表达方式转变成本领域通用的描述方式。

（二）标引流程

1. 阅读理解

阅读专利文献的摘要、权利要求书和说明书，理解发明创造的技术主题及其内容。通过阅读理解，迅速地把握对表述技术主题相对重要的单元或片段，在这些单元或片段中进一步重点理解相对重要的技术概念，最后通过对信息的分析和组织，形成对技术主题的概括性描述。

2. 分析与提炼

选择最充分表述技术主题的重要技术信息，并从中提炼出技术概念。为了规范主题分析与提炼的过程，增强一致性，需要将一个完整的技术主题解析成若干个重要方面，包括技术领域、技术方案和其他对检索有用的信息等。

其中，在主题名称类目记录反映技术领域的技术概念，以及在技术方案类目记录反映发明点的技术概念，体现发明点时，应从检索者的角度出发，根据改写后摘要中的发明点，从结构／步骤／成分特征等角度出发体现事物的特征；其他对检索有用的信息应记录主题名称和技术方案没有包括的对反映技术主题特别重要的信息，如特定用途、功能信息、要解决的技术问题和技术效果。上述三个类目中记录的信息是对技术概念的描述，一般来说，是词汇的形式，也可以是短语等。这些对概念的描述还要经过规范化处理，才能形成最终的标引用词。

3. 概念规范化

对技术概念进行规范化处理，就是将选取的技术概念用规范化的词汇进行重新描述。在词汇的转化过程中，重要的不是词汇层面的转化，而是要通过词汇的转化，来实现概念的重新描述。概念规范化和信息的选取是相互促进的，而不是截然分开的。

在信息选取时，可以根据本领域的常识加以判断，初步选择有利于规范化处理的概念表达形式。在规范化时，也可能会发现选取的信息不能最确切地表述技术主题，此时就应进一步细化选取的信息。规范化后，最终用于标引的关键词有以下两类：①叙词，词表中规定用于表达技术主题的词汇。②自由词，是指没有收录到词表中的词汇。

4. 词表修订

对关键词进行规范化处理时要用到叙词表，叙词表（又称为主题词表，简称词表）是中国专利技术开发公司自主开发的专利文献词表，主要用于专利数据的关键词标引。其收录了117084条叙词，同义词的数量为110364，且部分叙词对应了IPC分类号。该软件可以用于检索时扩展中文同义词。叙词表是将自然语言转换为规范化的系统语言的术语控制工具，是概括由自然语言优选出的语义相关、族性相关的学科术语所组成的一种规范化动态词典。词表选择的叙词为常用的科技词汇，即符合"常用性"和"科技性"原则。

在使用词表标引的基础上，也要保证词表常态化的修订和管理。依据词表选择词汇的"常用性""科技性"原则，在关键词标引的整个环节中，将发现的问题及时反馈，由词表维护人员归类整理后，统一加以修订。

（三）数据深加工完整改写示例

表 4.2　数据深加工完整改写示例

改写类目		改写前	改写后
名称		双层夹砂植树法	砂子覆盖树苗根部且填土后再覆盖砂子的双层夹砂植树法
摘要	要解决的技术问题和有益效果	双层夹砂植树法，包括有以下步骤：将树苗放入树坑中，保持树苗处于竖直状态，用砂子将树苗的根部覆盖；填土至接近地表处，踩实，浇透水；待水渗完后，再覆盖一层砂子，将树坑填至与地面一平；在树苗基部周围培土成堆状、并拍紧。本发明提供的双层夹砂植树法，在新栽林木的根际营造出一种保水透气性能兼备、水气条件稳定的土壤环境，从而可大幅度地促进树木根系的生长，提高植物快速汲取水分和养分的能力，提高成活率和生长速度。本发明提供的双层夹砂植树法尤其适用于土壤黏度较高的地区	提供一种双层夹砂植树法，改善树木根部的透气性，提高土壤水分的稳定性，有利于树苗的生根、成活和生长
	技术方案		发明点： 　　双层夹砂植树法，用砂子覆盖树苗根部，填土浇水后，再覆盖一层砂子。 核心方案： 　　双层夹砂植树法，将树苗（3）放入树坑（1）中，保持树苗处于竖直状态，用砂子（2）将树苗的根部覆盖，处在树坑中上部的砂子的厚度为 2~3mm；填土（4）至接近地表处，踩实，浇透水；待水渗完后，再覆盖一层砂子（5），将树坑填至与地面持平；在树苗基部周围培土（6）成堆状、并拍紧，对树苗加设支护（7）
	用途		用于土壤黏度较高的地区植树，例如杨树、水杉
关键词			砂；覆盖；苗木；填土；浇水；培土；杨树；水杉；根系；双层夹砂；植树造林；植树；树坑；支撑杆；支护

三、引文标引

引文标引是对中国发明专利申请的实质审查过程中引用的对比文件清单，以及专利申请人提交的专利申请文件中提及的文献，进行统一规范标引，丰富引文字段信息，建立文献之间的引证和被引证关系，方便检索人员进行相关文献的追踪检索。引文包括专利文献和非专利文献，其中，专利文献包括一次专利文献和二次专利文献，非专利文献包括图书、多卷书、丛书、学位论文、科技报告、论文集、会议录、报告文集、连续出版物中发表的文献、非专利电子文献以及技术标准、协议等。

（一）标引原则

参考引文的标引应遵循统一性原则和客观性原则。统一性原则是指参考引文的标引应当按照本指南采取统一的格式。客观性原则包括参考引文的标引应当客观体现参考引文原有的信息和格式；对于标引要素中明确列出但参考引文中没有的信息，可以不进行标引。

当公开文献中发明人引文中的信息不够完整，或者信息明显错误，以至影响到参考引文的确定时，可以不对该参考引文进行标引。对于可以改正的明显的错误信息，要进行修改，并对修改后的参考引文进行标引。

（二）标引步骤

第一步：确定参考引文类型。

1. 一次专利文献

标引要素包括一次专利文献标识，包括三项内容：专利文献的国家、地区或政府间组织的代码（通常所称的国别），专利文献号／专利申请号／优先权申请号，专利文献种类标识代码；公布日／申请日／优先权申请日，采用8位数字按公历标识年月日（YYYY-MM-DD）；相关内容，包括相关页码／图形编号等标识。

2. 二次专利文献

标引要素包括广义的二次专利文献标识，包括三项内容：专利文献的国家、地区或政府间组织的代码，专利文献号，专利文献种类标识代码；对应的一次专利文献的公布日，采用8位数字按公历标识年月日（YYYY-

MM-DD）；广义的二次专利文献的类型，例如，在圆括号"（ ）"中用 AB 表示文摘。如果从数据库中检索得到的，注明数据库名称，必要时标明介质类型及来源，介质类型在方括号中标明，如〔online〕、〔CD-ROM〕；如果从专利出版物中获得，注明出版物名称以及卷期号等。

3.图书、多卷书、丛书、科技报告等类型的非专利文献

标引要素包括作者、题名；出版者、出版日期；相关内容包括相关页码、图形编号或表号等标识。三者可以同时存在，也可以只有其中一项或两项。如果为多卷书或多册书，须在页码前标出卷册号。

4.论文集、会议录、报告文集等类型的非专利文献

标引要素包括作者、题名、文集编者或会议主办者、文集或会议名称、出版者、出版日期、相关内容；相关内容包括相关页码、图形编号或表号等标识，如果为多卷或多册书，须在页码前标出卷册号。

5.连续出版物中发表的文献

标引要素包括作者、题名、连续出版物名称、发行日期、卷期号，以及包括相关页码、图形编号或表号等标识的相关内容。

6.非专利电子文献

标引要素包括作者、题名及介质类型、检索日期（CD-ROM 载体的可不标）及检索来源。

7.技术标准、协议等非专利文献

标引要素包括代码，有些情况下包括制定标准的机构；题名，必要时需注明版本；公布日期，如果可以得知年月即标明年月，如果从代码中可以得到日期则可不标。

第二步：判断引文信息是否完整，是否有明显的错误，根据客观性原则进行处理。

第三步：按照规定进行标引。

（三）引文标引示例

表4.3、表4.4是发明人专利文献引文与审查员专利文献引文的填写示例。

表 4.3　发明人专利文献引文（发专）表格项的填写示例

序号	国别、专利文献号／申请号／优先权号、文献种类标识代码	公布日／申请日／优先权日（YYYY-MM-DD）	相关内容	申请文件类型	其他
1	CN1064892A	1992-09-30	说明书第20-50 页，图 8		
2	SU1511467A	1989-09-30			（AB）. World Patents Indexes［online］, Questel/Orbit

表 4.4　审查员专利文献引文（审专）表格项的填写示例

序号	相关度	国别、专利文献号／申请号／优先权号、文献种类标识代码	公布日／申请日／优先权日（YYYY-MM-DD）	相关内容	其他
1	A	EP0531601A1	1993-03-17	全文	
⋮	⋮	⋮	⋮	⋮	⋮

发明人非专利文献引文（发非专）表格项的填写示例，如表 4.5 与表 4.6 所示。

表 4.5　图书、多卷书、丛书、科技报告、论文集等格式

序号	作者	题名	文集编者或会议主办者	文集或会议名称	出版者	出版日期	相关内容	其他
1	赵凯华	电磁学			高等教育出版社	1985	第 587-590 页	
2	丁世文，等	多层双向水箱减振结构的地震模拟试验		第四届全国地震工程会议论文集		1994-08	P.23	

表 4.6　续出版物中发表的文献格式

序号	作者	题名	连续出版物名称	发行日期	卷期号	相关内容	其他
1	DROP J G	Integrated Circuit Personalization at the Module Level	IBM tech	1974	17（5）	P.1344–1345	

表 4.7 与表 4.8 是审查员非专利文献引文（审非专）表格项的填写示例。

表 4.7　图书、多卷书、丛书、科技报告、论文集等格式

序号	相关度	作者	题名	文集编者或会议主办者	文集或会议名称	出版者	出版日期	相关内容	其他
1	X	曹天生	中国宣纸（第 1 版）			中国轻工业出版社	1993–07–31	P.84–89	
2	Y	王志亮	采煤刮板输送机铲板槽帮的拓扑优化分析		河北工业大学硕士学位论文		2005–12–31	P.30–35	

表 4.8　连续出版物中发表的文献格式

序号	相关度	作者	题名	连续出版物名称	发行日期	卷期号	相关内容	其他
1	X	郑健，等	绿云生发酊的制备	山东中医杂志	2001–06–01	20（6）	P.369	
2	A	姜德生，等	光纤 Bragg 光栅传感器在土木工程中的应用	河南科技大学学报（自然科学版）	2003–06–30	24（2）	P.86–88	

第三节　战略性新兴产业专利数据深加工的意义

战略性新兴产业专利数据深加工工作是在阅读权利要求书、说明书全文的基础上，按照一定的标引规则，对技术信息和其他有用信息进行提炼、整理，完成对技术内容的改写，从多个方面、多个角度为用户提供专利有

价值信息的工作。数据深加工的目的在于浏览方便、获取信息快捷，同时在以战略性新兴产业专利数据库做基础来搭建领域或行业专题数据库时，可以提高专利检索的效率、质量。

一、数据深加工的意义

专利文献由于蕴含丰富和宝贵的技术、法律和商业信息，它的有效传播、开发和利用方式是知识产权领域的研究热点。但原始专利文献因其撰写风格和水平存在差异，术语使用和著录信息不规范等问题，大量有价值的信息隐藏在专利文献中未被充分体现，使公众在使用时面临检索、分析和阅读上的困难。因此，通过将战略性新兴产业专利数据进行深加工，打造深度标引的二次专利文献数据，对战略性新兴产业专利数据的应用具有非常重要的意义。战略性新兴产业专利数据的深度标引，其目的在于通过对专利文献的深度加工获得比原始摘要更准确地传达技术信息的效果，其主要作用在于能够更为有效地应用于战略性新兴产业的相关专利检索和技术分析中。

战略性新兴产业专利数据深加工的重要意义在于提高专利文献的检索性和浏览省时性。一方面，通过对战略性新兴产业专利文献进行结构化的标引，提高了数据质量，丰富了检索入口；另一方面，采用概括、简洁的语言对专利文献中的重要技术信息重新进行梳理得到的深加工摘要，可读性得到显著增强，便于检索人员和分析人员根据实际需要选择阅读某些类目的内容，提高阅读的效率。目前，完成数据深加工后的战略性新兴产业专利数据除在战略性新兴产业专利大数据智能化信息服务平台应用外，还被应用在 S 系统的 CNABS 数据库中。战略性新兴产业专利数据在 CNABS 数据库中提供了 23 个深加工数据检索字段，与原始数据相比，检索入口更加丰富，使用更为方便；特别是利用特色检索字段可以更为准确、快速地找到所需的战略性新兴产业专利文献。特色检索字段例 "EFFECT" 字段对应于数据深加工的 "要解决的技术问题和有益效果" 类目，如果涉及效果、功能性检索要素时，准确地检索到目标文献，可以避免大量检索噪声的产生；"USE" 字段对应于数据深加工的 "用途" 类目，代表了发明或实用新型的技术方案在不同领域的实际应用，使得用户可以采用此字段直接检索涉及用途信息的检索要素，提高检索效率。

为了检测战略性新兴产业专利深加工数据的标引质量，评价数据深加工工作的价值，量化深加工数据在战略性新兴产业专利信息利用方面的作用，需要对战略性新兴产业专利深加工数据在检索性及浏览省时性方面的价值开展评价。

二、评价方法

（一）评价对象

以 S 系统中的 CNABS 数据库为评价平台、CPRSABS 数据库为对比平台，在两个数据库中分别进行检索，对比检索结果，进行查全率、查准率、省时性分析，评价战略性新兴产业专利深加工数据在检索性及浏览省时性方面的价值。CNABS 数据库中主要深加工数据涉及字段及索引见表 4.9。鉴于战略性产业数据库主要是利用了深加工改写后的名称、摘要和关键词字段，故检索性评价主要围绕这几个字段展开。

表 4.9　CNABS 数据库中主要深加工数据涉及字段及索引

序号	字段名称	索引名称	字段中文全称	对应的深加工类目
1	CP_TI	CP_TI	标题（CPDI❶）	名称
2	CP_AB	CP_AB	摘要（CPDI）	摘要
3	EFFECT	EFFECT	解决的技术问题和有益效果	要解决的技术问题和有益效果
4	TECH	TECH	技术方案	技术方案
5	USE	USE	用途或技术领域	用途
6	MDAC	MDAC	药物－活性	活性
7	MDDE	MDDE	药物－给药	给药
8	MDEF	MDEF	药物－作用机制	作用机制
9	ATTACH	ATTACH	附加信息	附加信息
10	CP_KW	CP_KW	关键字（CPDI）	关键词

（二）指标选择

在检索策略一定的情况下，查全率、查准率和省时性的改进不仅代表

---

❶　CPDIABS 即为中国专利深加工数据库

了检索结果的提高，还代表了检索过程中节省的时间和精力，这也是专利检索人员最为关注的指标。选用实质审查中用到的 X、Y、A 类文献的查全率、查准率作为评价标准，将使检索结果更明确、评价结果更权威。因此，本书采用 XYA 查全率、XYA 查准率及浏览的省时性这三个指标对深加工标引意义进行描述。图 4.4 为评价指标树。

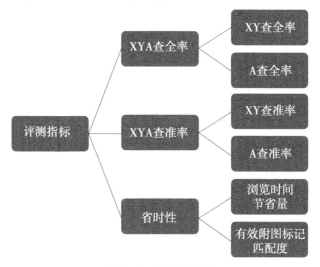

图 4.4　评价指标树

（三）指标计算方式

1. 查全率（RXYA）

查全率 =（数据库中检索出的 XYA 文献量 / XYA 文献总量）× 100%。

其中，XYA 文献量 /XYA 文献总量是指 X、Y、A 类文件去重后得到的文件数量，下同。

XYA 包括 XYERA 类文献以及外国同族可作为 XYA 类文献的中国申请。

2. 查准率（PXYA）

查准率是衡量信息检索系统检出文献准确度的尺度。

查准率 =（使用深加工数据 / 原始数据所检索到的 XYA 文献量 / 所检索的全部文献量）× 100%。

为了进一步反映所检出的文献的类型不同，对全部数据还采取了分项指标进行评测。其中 XYA 的查全率中分项设置 XY 查全率、A 查全率；XYA 的查准率中分项设置 XY 查准率、A 查准率。

3.省时性

省时性设置"有效附图标记匹配度"和"浏览时间节省量"两个指标。

有效附图标记匹配度＝摘要附图标记出现在摘要中的数量／摘要附图标记的数量 ×100%。

浏览时间节省量（min）＝原始数据字数 /500－深加工摘要字数 /500。

考虑到深加工摘要提供的信息与原始数据提供信息的匹配度，原始数据字数统计范围包括名称、技术领域、背景技术和发明内容部分，浏览时间按照 500 字 /min 计算。

三、评价过程

评价的具体过程包括：

（1）从战略性新兴产业专利数据库中选取 6 个案例，且这 6 个案例在本领域已经实质审查完成，其 X 或 Y 类对比文献存在于被评测数据库中；

（2）构建检索式；

（3）通过 S 系统的引证与被引证查询器或 CNABS 中的引文相关字段查询该案例的 XY 类对比文献；

（4）在 CNABS 数据库中使用深加工字段和常规字段分别进行检索，或者在 CNABS 数据库、CPRSABS 数据库中分别使用深加工字段和常规字段进行检索，得到检索结果；其中，在 CNABS 数据库采用不同字段分别检索，以及在 CNABS 数据库、CPRSABS 数据库分别检索，均采用相同的检索策略进行；

（5）对比检索结果，得到基于不同数据源获得的 XY 类或 XYA 类对比文献的数量；

（6）针对该检索结果进行检索性分析，并计算查全率、查准率、省时性。

四、评价结果分析

（一）评价案例 –1

案例 –1 属于化学领域，利用关键词在 CNABS 数据库和 CPRSABS 数据库的摘要字段进行检索。检索结果显示，在 CNABS 数据库中，相对于 CPRSABS 数据库，在深加工数据中改写后的核心方案中补充了发明信息（R 为二乙烯三胺、三乙烯四胺、四乙烯五胺、间苯二胺、异佛尔酮二胺、二氨基二苯基甲烷的本体）及优选方案（胺类扩链剂为异佛尔酮二胺），使得能够通过在深加工数据中的摘要检索到 X 类文献和 A 类文献。

案件信息	
申请号	CN201110382645
发明名称	一种端氨基聚氨酯的制备方法
原始 IPC	C08G18/66，C08G18/48，C08G18/42，C09D175/12，C08G18/10，C08G18/75，C08G18/32

检索过程	
CPRSABS 数据库	1.CPRSABS 11762（二异氰酸酯 OR 多异氰酸酯）/AB 2.CPRSABS 50088（聚乙二醇 OR 聚丙二醇 OR 聚氧乙烯 OR 聚氧丙烯 OR 环氧乙烷 OR 环氧丙烷 OR 聚醚二元醇 OR 聚醚多元醇 OR 聚酯二元醇 OR 聚酯多元醇）/AB 3.CPRSABS 171 异佛尔酮二胺 /AB 4.CPRSABS 6036531 PD<20111128 OR PROD<20111128 5.CPRSABS 1 1 AND 2 AND 3 AND 4
CNABS 数据库	1.CNABS 13932（二异氰酸酯 OR 多异氰酸酯）/CP_AB 2.CNABS 57840（聚乙二醇 OR 聚丙二醇 OR 聚氧乙烯 OR 聚氧丙烯 OR 环氧乙烷 OR 环氧丙烷 OR 聚醚二元醇 OR 聚醚多元醇 OR 聚酯二元醇 OR 聚酯多元醇）/CP_AB 3.CNABS 313 异佛尔酮二胺 /CP_AB 4.CNABS 6033354 PD<20111128 5.CNABS 9 1 AND 2 AND 3 AND 4

检索结果		
	CPRSABS	CNABS
XY 文件	无	CN200810020807
未检索到的	CN200810020807 CN201010022473 CN200810016869	CN201010022473 CN200810016869
A 文件	无	CN200910273122
未检索到的	CN201010182843 CN200910273122 CN200880103371	CN201010182843 CN200880103371

（续表）

评测结果		
	CPRSABS	CNABS
XY 查全率	0.00%	33.33%
XY 改善率	—	
A 查全率	0.00%	33.33%
A 改善率	—	
总查全率	0.00%	33.33%
总改善率	—	
XY 查准率	0.00%	11.11%
XY 改善率	—	
A 查准率	0.00%	11.11%
A 改善率	—	
总查准率	0.00%	22.22%
总改善率	—	
省时性		
	原始数据	深加工数据
有效附图标记匹配度	无	无
有效附图标记匹配度改善率	无	
浏览平均用时（min）	6.30	1.02
浏览时间节省量（min）	5.28	

（二）评价案例 -2

案例 -2 属于电学领域，利用分类号、关键词在 CNABS 数据库和 CPRSABS 数据库的 IPC 分类、名称、摘要字段进行检索。检索结果显示，本案例的 XY 类文件和 A 类文件各有 3 篇，在 CNABS 中能够检索到全部 6

篇对比文件，而在 CPRSABS 中未能检索到 XY 类对比文件 CN01103535。未能检索到该对比文件的原因是，该对比文件的原始摘要中描述了较多的背景技术和有益效果信息："目前日本各大公司推出眼镜式电视，竞争的方向在于减轻机子重量和提高清晰度，但可惜还是平面的。本发明的目的在于使专业或家用摄像机加装本装置后可以轻松地将任意的景色拍成立体效果，再用经改装后的'平面—立体'两用眼镜式电视观看，犹如置身于其中"，但是缺少"图像""影像"等必要的技术概念信息，而本案例的检索式所涉及的关键词均来自于技术特征，因此未能在 CPRSABS 中检索到该对比文件。而在 CNABS 中经过深加工后的数据中包含了"图像""影像"技术概念，因此在 CNABS 中能够检索到该对比文件。

案件信息	
申请号	CN201010194656
发明名称	立体影像撷取及播放装置
原始 IPC	H04N13/00，G03B31/00，G03B35/08
CPRSABS 数据库	1.CPRSABS 10272 H04N13/IC 2.CPRSABS 36876 立体 /TI 3.CPRSABS 19633 （（投影 OR 电视）AND 图像）/AB 4.CPRSABS 175822 （（图像 OR 影像）AND（撷取 OR 提取））/AB OR 摄像 /AB 5.CPRSABS 4460352 PD<20100607 OR PROD<20100607 6.CPRSABS 22 1 AND 2 AND 3 AND 4 AND 5 7.CPRSABS 54726（三维 OR "3D"）/TI 8.CPRSABS 63819 投影 /AB 9.CPRSABS 51 1 AND 5 AND 7 AND 8
CNABS 数据库	1.CNABS 10409 H04N13/GK_IC/SQ_IC 2.CNABS 18365 立体 /CP_TI 3.CNABS 21542 （（投影 OR 电视）AND 图像）/CP_AB 4.CNABS 96409 （（图像 OR 影像）AND（撷取 OR 提取））/CP_AB OR 摄像 /CP_AB 5.CNABS 4460858 PD<20100607 6.CNABS 35 1 AND 2 AND 3 AND 4 AND 5 7.CNABS 26240（三维 OR "3D"）/CP_TI 8.CNABS 40591 投影 /CP_AB 9.CNABS 55 1 AND 5 AND 7 AND 8

（续表）

检索结果		
	CPRSABS	CNABS
XY 文件	CN98123342 CN200820205398	CN98123342 CN01103535 CN200820205398
未检索到的	CN01103535	无
A 文件	CN200410092189 CN02826027 CN200510072788	CN200410092189 CN02826027 CN200510072788
未检索到的	无	无
评测结果		
	CPRSABS	CNABS
XY 查全率	66.67%	100.00%
XY 改善率	50.00%	
A 查全率	100.00%	100.00%
A 改善率	0.00%	
总查全率	83.33%	100.00%
总改善率	20.00%	
XY 查准率	9.09%	8.57%
XY 改善率	−5.72%	
A 查准率	5.88%	5.45%
A 改善率	−7.31%	
总查准率	6.94%	6.74%
总改善率	−2.88%	
省时性		
	原始数据	深加工数据
有效附图标记 匹配度	2.34%	61.68%

（续表）

省时性		
有效附图标记匹配度改善率	2535.90%	
浏览平均用时（min）	3.50	0.80
浏览时间节省量（min）	2.70	

（三）评价案例 -3

案例 -3 属于机械领域，利用分类号、关键词在 CNABS 数据库和 CPRSABS 数据库的 IPC 分类、名称、摘要字段进行检索。检索结果显示，对于 XY 类文献，在 CPRSABS 数据库中检索，命中 5 篇 XY 类文献，缺失 CN01103984，在 CNABS 数据库中命中 5 篇文献，而缺失 CN00100898。

经分析，在 CNABS 数据库中缺失 CN00100898 的原因在于改写后的摘要及关键词中均未出现与弹性或弹簧相关的词汇，而在文献 CN00100898 的从属权利要求中其实提到压力调节装置包括一弹性元件，且该弹性元件为弹簧。

案件信息	
申请号	CN02102555
发明名称	嵌合式墨水匣负压调节气袋及其组装方法
原始 IPC	B41J2/175

检索过程	
CPRSABS 数据库	1.CPRSABS 6645 B41J2/175/IC 2.CPRSABS 69185 /TI 弹性 OR 弹力 OR 弹簧 OR 簧件 OR 伸缩簧 OR 弹件 OR 弹动件 OR 簧片 OR 片簧 OR 弹片 3.CPRSABS 945954 /AB 弹性 OR 弹力 OR 弹簧 OR 簧件 OR 伸缩簧 OR 弹件 OR 弹动件 OR 簧片 OR 片簧 OR 弹片 4.CPRSABS 152033 /TI 大气 OR 空气 OR 气体 5.CPRSABS 825319 /AB 大气 OR 空气 OR 气体

（续表）

检索过程	
CPRSABS 数据库	6.CPRSABS 844416 /TI 调节 OR 可调 OR 调控 OR 调整 OR 控制 OR 负压 OR 压力 7.CPRSABS 4057133 /AB 调节 OR 可调 OR 调控 OR 调整 OR 控制 OR 负压 OR 压力 8.CPRSABS 4146 /TI 墨盒 OR 墨液室 OR 墨水盒 OR 墨水匣 OR 墨箱 OR 墨匣 9.CPRSABS 6328 /AB 墨盒 OR 墨液室 OR 墨水盒 OR 墨水匣 OR 墨箱 OR 墨匣 10.CPRSABS 948002 2 OR 3 11.CPRSABS 830718 4 OR 5 12.CPRSABS 4085325 6 OR 7 13.CPRSABS 7137 8 OR 9 14.CPRSABS 48 10 AND 11 AND 12 AND 13 15.CPRSABS 1305011 PD<2003-08-13 OR PROD<2003-08-13 16.CPRSABS 20 15 AND 14 17.CPRSABS 212 10 AND 12 AND 13 18.CPRSABS 1018862 PD<2002-01-28 OR PROD<2002-01-28 19.CPRSABS 12 18 AND 17 20.CPRSABS 28 19 AND 16
CNABS 数据库	1.CNABS 506713 /CP_AB 弹性 OR 弹力 OR 弹簧 OR 簧件 OR 伸缩簧 OR 弹件 OR 弹动件 OR 簧片 OR 片簧 OR 弹片 2.CNABS 470676 /CP_AB 大气 OR 空气 OR 气体 3.CNABS 2116907 /CP_AB 调节 OR 可调 OR 调控 OR 调整 OR 控制 OR 负压 OR 压力 4.CNABS 140543 /CP_TI 弹性 OR 弹力 OR 弹簧 OR 簧件 OR 伸缩簧 OR 弹件 OR 弹动件 OR 簧片 OR 片簧 OR 弹片 5.CNABS 661874 /CP_TI 调节 OR 可调 OR 调控 OR 调整 OR 控制 OR 负压 OR 压力 6.CNABS 105765 /CP_TI 大气 OR 空气 OR 气体 7.CNABS 4385 /CP_AB 墨盒 OR 墨液室 OR 墨水盒 OR 墨水匣 OR 墨箱 OR 墨匣 8.CNABS 2617 /CP_TI 墨盒 OR 墨液室 OR 墨水盒 OR 墨水匣 OR 墨箱 OR 墨匣 9.CNABS 2143269 3 OR 5 10.CNABS 509846 1 OR 4 11.CNABS 476260 2 OR 6 12.CNABS 4405 7 OR 8 13.CNABS 67 9 AND 10 AND 11 AND 12 14.CNABS 992957 PD<2003-08-13 15.CNABS 26 13 AND 14 16.CNABS 210 9 AND 10 AND 12 17.CNABS 799410 PD<2002-01-28 18.CNABS 28 16 AND 17 19.CNABS 46 15 AND 18

（续表）

检索结果		
	CPRSABS	CNABS
XY 文件	CN00135955 CN00136841 CN01125165 CN00133881 CN00100898	CN00135955 CN00136841 CN01125165 CN01103984 CN00133881
未检索到的	CN01103984	CN00100898
A 文件	CN00201268	CN00201268 CN99218646 CN99103202 CN98116197
未检索到的	CN99218646 CN99103202 CN98116197	无
评测结果		
	CPRSABS	CNABS
XY 查全率	83.33%	83.33%
XY 改善率	0.00%	
A 查全率	25.00%	100.00%
A 改善率	300.00%	
总查全率	60.00%	90.00%
总改善率	50.00%	
XY 查准率	25.00%	19.23%
XY 改善率	−23.08%	
A 查准率	8.33%	14.29%
A 改善率	71.43%	
总查准率	21.43%	19.57%
总改善率	−8.67%	

（续表）

省时性		
	原始数据	深加工数据
有效附图标记匹配度	0.00%	42.73%
有效附图标记匹配度改善率	—	
浏览平均用时（min）	5.48	0.77
浏览时间节省量（min）	4.71	

（四）评价案例-4

案例-4 也属于机械领域，利用分类号、关键词在 CNABS 数据库和 CPRSABS 数据库的 IPC 分类、名称、摘要字段进行检索。检索结果显示，对比文献 CN201021852Y（申请号 CN200720010458）是 CPRSABS 数据库没有检索到，而在 CNABS 中检索到的 Y 类文献，分析其原因主要在于其摘要经过深加工改写后，增加了从属权利要求的内容，因此增加了查全率。

案件信息	
申请号	CN201110452000
发明名称	菲涅尔式聚光反射器及菲涅尔式太阳能热水系统
原始 IPC	G02B5/08，F24J2/10，F24J2/38，G02B7/182
检索过程	
CPRSABS 数据库	1.CPRSABS 379（（（（（条形 OR 条状 OR 条型）S 多）OR 菲涅尔 OR 菲涅耳）AND 反射）AND 太阳）/AB 2.CPRSABS 1572691（跟踪 OR 追日 OR（角度 AND（调整 OR 调节 OR 改变））OR 旋转 OR 转动）/AB 3.CPRSABS 70606（F24J2 OR H02S OR H02N6）/IC 4.CPRSABS 118 1 AND 2 AND 3 5.CPRSABS 27 4 AND PD<20120613

（续表）

检索过程	
CNABS 数据库	1.CNABS 302（（（（（条形 OR 条状 OR 条型）S 多）OR 菲涅尔 OR 菲涅耳）AND 反射）AND 太阳）/CP_AB 2.CNABS 673018（跟踪 OR 追日 OR（角度 AND（调整 OR 调节 OR 改变））OR 旋转 OR 转动）/CP_AB 3.CNABS 78288（F24J2 OR H02S OR H02N6）/IC 4.CNABS 83 1 AND 2 AND 3 5.CNABS 46 4 AND PD<20120613

检索结果

	CPRSABS	CNABS
XY 文件	CN200710047309	CN200710047309 CN200720010458
未检索到的	CN200720010458 CN200710093980	CN200710093980
A 文件	CN201010188124	CN201010188124 CN200980145771 CN201120211990
未检索到的	CN200980145771 CN201120211990	无

评测结果

	CPRSABS	CNABS
XY 查全率	33.33%	66.67%
XY 改善率	100.00%	
A 查全率	33.33%	100.00%
A 改善率	200.00%	
总查全率	33.33%	83.33%
总改善率	150.02%	
XY 查准率	3.70%	4.35%
XY 改善率	17.56%	

（续表）

评测结果		
A 查准率	3.70%	6.52%
A 改善率	76.22%	
总查准率	7.41%	10.87%
总改善率	46.69%	
省时性		
	原始数据	深加工数据
有效附图标记匹配度	18.42%	67.98%
有效附图标记匹配度改善率	269.06%	
浏览平均用时（min）	3.92	0.78
浏览时间节省量（min）	3.14	

（五）评价案例 -5

案例 -5 属于医药领域，利用关键词在 CNABS 数据库和 CPRSABS 数据库的名称、摘要字段进行检索。检索结果显示，Y 类专利文献 CN200610075039、CN200610125937 在 CPRSABS 未检索到的原因是，文献原始的摘要只提到红花提取物为活性成分，并没有具体到羟基红花黄色素 A，故检索不到。

A 类文献 CN02111976、CN200510122821 的原因与上面类似，原始摘要中只说明活性成分为红花提取物、丹参的活性成分，而没有说明活性物质具体是什么，故检索不到；而 CNABS 摘要中加工中补充了具体的活性物质羟基红花黄色素 A、丹参素，可通过检索式检索到。

案件信息	
申请号	CN200810031973
发明名称	一种药物组合物及其治疗冠心病的用途
原始 IPC	A61K31/351，A61P9/10，A61K9/08，A61K31/192

（续表）

检索过程	
CPRSABS 数据库	XY 检索式： 1.CPRSABS 3241（冠心病 OR 心脑血管）/TI 2.CPRSABS 10577（冠心病 OR 心脑血管）/AB 3.CPRSABS 10654 1 OR 2 4.CPRSABS 36 羟基红花黄色素 A/TI 5.CPRSABS 99 羟基红花黄色素 A/AB 6.CPRSABS 99 5 OR 4 7.CPRSABS 110（丹参素 OR 丹参酸甲 OR 丹参酸 A）/TI 8.CPRSABS 297（丹参素 OR 丹参酸甲 OR 丹参酸 A）/AB 9.CPRSABS 297 8 OR 7 10.CPRSABS 362（阿魏酸 OR 当归素）/TI 11.CPRSABS 1032（阿魏酸 OR 当归素）/AB 12.CPRSABS 1037 10 OR 11 13.CPRSABS 10 6 AND 9 14.CPRSABS 9 6 AND 12 15.CPRSABS 9 9 AND 12 16.CPRSABS 26 13 OR 14 OR 15 17.CPRSABS 11 3 AND 16 A 类文献检索式： 1.CPRSABS 3241（冠心病 OR 心脑血管）/TI 2.CPRSABS 10577（冠心病 OR 心脑血管）/AB 3.CPRSABS 10654 1 OR 2 4.CPRSABS 505（羟基红花黄色素 A OR 丹参素 OR 丹参酸甲 OR 丹参酸 A OR 阿魏酸 OR 当归素）/TI 5.CPRSABS 1399（羟基红花黄色素 A OR 丹参素 OR 丹参酸甲 OR 丹参酸 A OR 阿魏酸 OR 当归素）/AB 6.CPRSABS 1404 5 OR 4 7.CPRSABS 109 3 AND 6 8.CPRSABS 1251454 PD<20080801 OR PROD<20080801 9.CPRSABS 59 7 AND 8
CNABS 数据库	XY 检索式： 1.CNABS 3940（冠心病 OR 心脑血管）/CP_TI 2.CNABS 12514（冠心病 OR 心脑血管）/CP_AB 3.CNABS 12562 1 OR 2 4.CNABS 30 羟基红花黄色素 A/CP_TI

（续表）

检索过程	
CNABS 数据库	5.CNABS 97 羟基红花黄色素 A/CP_AB 6.CNABS 97 5 OR 4 7.CNABS 118（丹参素 OR 丹参酸甲 OR 丹参酸）/CP_TI 8.CNABS 327（丹参素 OR 丹参酸甲 OR 丹参酸）/CP_AB 9.CNABS 327 8 OR 7 10.CNABS 372（阿魏酸 OR 当归素）/CP_TI 11.CNABS 832（阿魏酸 OR 当归素）/CP_AB 12.CNABS 832 10 OR 11 13.CNABS 10 6 AND 9 14.CNABS 12 6 AND 12 15.CNABS 18 9 AND 12 16.CNABS 38 13 OR 14 OR 15 17.CNABS 20 3 AND 16 A 类文献检索式： 1.CNABS 3940（冠心病 OR 心脑血管）/CP_TI 2.CNABS 12514（冠心病 OR 心脑血管）/CP_AB 3.CNABS 12562 1 OR 2 4.CNABS 511（羟基红花黄色素 A OR 丹参素 OR 丹参酸甲 OR 丹参酸 A OR 阿魏酸 OR 当归素）/CP_TI 5.CNABS 1211（羟基红花黄色素 A OR 丹参素 OR 丹参酸甲 OR 丹参酸 A OR 阿魏酸 OR 当归素）/CP_AB 6.CNABS 1211 5 OR 4 7.CNABS 267 3 AND 6 8.CNABS 3131201 PD<20080801 9.CNABS 143 7 AND 8

检索结果		
	CPRSABS	CNABS
XY 文件	CN200610026793 CN200510044272	CN200610026793 CN200610075039 CN200510044272 CN200610125937
未检索到的	CN200610075039 CN200610125937	无

检索结果		
A 文件	CN200610128647 CN200410065378	CN200610128647 CN200410065378 CN200510122821 CN02111976
未检索到的	CN200510122821 CN02111976	无
评测结果		
	CPRSABS	CNABS
XY 查全率	50.00%	100.00%
XY 改善率	100.00%	
A 查全率	50.00%	100.00%
A 改善率	100.00%	
总查全率	50.00%	100.00%
总改善率	100.00%	
XY 查准率	18.18%	20.00%
XY 改善率	10.01%	
A 查准率	3.39%	2.80%
A 改善率	−17.40%	
总查准率	6.78%	5.59%
总改善率	−17.55%	
省时性		
	原始数据	深加工数据
有效附图标记匹配度	无	无
有效附图标记匹配度改善率	无	

（续表）

省时性		
浏览平均 用时（min）	10.11	0.87
浏览时间 节省量（min）	9.24	

（六）评价案例 -6

案例 -6 也属于医药领域，利用关键词在 CNABS 数据库和 CPRSABS 数据库的摘要字段进行检索。检索结果显示，在 CPRSABS 数据库未检索到 Y类文献 CN200710304711 和 A 类文献 CN201110078254、CN201010151524，分析其原因是，文献原始摘要中只说明为治疗某种疾病的组合物，并没有包含全部的组分信息，用中药组分作为关键词检索时，组分信息不全的文献检索不到。

案件信息	
申请号	CN201210076336
发明名称	一种治疗痤疮的中药组合物
原始 IPC	A61K36/708，A61K35/32，A61P17/10

检索过程	
CPRSABS 数据库	1.CPRSABS 4425（痤疮 OR 粉刺 OR 青春痘）/AB 2.CPRSABS 75（茯苓 AND 夏枯草 AND 山茱萸）/AB 3.CPRSABS 2064（（川军 OR 大黄）AND 丹参）/AB 4.CPRSABS 166（蒲公英 AND 夏枯草 AND 黄芩）/AB 5.CPRSABS 74（山茱萸 AND 丹参 AND（元胡 OR 延胡索））/AB 6.CPRSABS 9（水牛角 AND 天花粉 AND 茯苓）/AB 7.CPRSABS 175（黄芩 AND（川军 OR 大黄）AND 天花粉）/AB 8.CPRSABS 2506（2 OR 3 OR 4 OR 5 OR 6 OR 7） 9.CPRSABS 95 1 AND 8 10.CPRSABS 6402853 PD<20120315 OR PROD<20120315 11.CPRSABS 44 9 AND 10

（续表）

检索过程	
CNABS 数据库	1.CNABS 3324（痤疮 OR 粉刺 OR 青春痘）/CP_AB 2.CNABS 70（茯苓 AND 夏枯草 AND 山茱萸）/CP_AB 3.CNABS 1797（（川军 OR 大黄）AND 丹参）/CP_AB 4.CNABS 135（蒲公英 AND 夏枯草 AND 黄芩）/CP_AB 5.CNABS 70（山茱萸 AND 丹参 AND（元胡 OR 延胡索））/CP_AB 6.CNABS 20（水牛角 AND 天花粉 AND 茯苓）/CP_AB 7.CNABS 180（黄芩 AND（川军 OR 大黄）AND 天花粉）/CP_AB 8.CNABS 2183（2 OR 3 OR 4 OR 5 OR 6 OR 7） 9.CNABS 74 1 AND 8 10.CNABS 6399710 PD<20120315 11.CNABS 52 10 AND 9

检索结果

	CPRSABS	CNABS
XY 文件	CN200810102910 CN200910012977	CN200810102910 CN200710304711 CN200910012977
未检索到的	CN200710304711	无
A 文件	CN02117205	CN02117205 CN201110078254 CN201010151524
未检索到的	CN201110078254 CN201010151524	无

评测结果

	CPRSABS	CNABS
XY 查全率	66.67%	100.00%
XY 改善率	50.00%	
A 查全率	33.33%	100.00%
A 改善率	200.00%	

（续表）

评测结果		
总查全率	50.00%	100.00%
总改善率	100.00%	
XY 查准率	4.55%	5.77%
XY 改善率	26.81%	
A 查准率	2.27%	5.77%
A 改善率	154.19%	
总查准率	6.82%	11.54%
总改善率	69.21%	

省时性		
	原始数据	深加工数据
有效附图标记匹配度	无	无
有效附图标记匹配度改善率	无	
浏览平均用时（min）	3.18	0.68
浏览时间节省量（min）	2.50	

五、综合评价结果

（一）查全率和查准率

综合典型案例评测，得到涉及 CNABS 深加工数据 /CPRSABS 的查全率和查准率的综合评价表，见表 4.10 至表 4.15。

表 4.10 总查全率（CPRSABS/CNABS）

案例编号	总查全率（CPRSABS/CNABS）		
	CPRSABS	CNABS	改善率
案例 -1	0.00%	33.33%	-
案例 -2	83.33%	100.00%	20.00%
案例 -3	60.00%	90.00%	50.00%
案例 -4	33.33%	83.33%	150.02%
案例 -5	50.00%	100.00%	100.00%
案例 -6	50.00%	100.00%	100.00%
平均	46.11%	84.44%	83.13%

注：改善率＝（CNABS–CPRSABS）/CPRSABS（以下各表均同）

表 4.11 XY 查全率（CPRSABS/CNABS）

案例编号	XY 查全率（CPRSABS/CNABS）		
	CPRSABS	CNABS	改善率
案例 -1	0.00%	33.33%	-
案例 -2	66.67%	100.00%	50.00%
案例 -3	83.33%	83.33%	0.00%
案例 -4	33.33%	66.67%	100.00%
案例 -5	50.00%	100.00%	100.00%
案例 -6	66.67%	100.00%	50.00%
平均	50.00 %	80.56%	61.12%

表 4.12 A 查全率（CPRSABS/CNABS）

案例编号	A 查全率（CPRSABS/CNABS）		
	CPRSABS	CNABS	改善率
案例 -1	0.00%	33.33%	-
案例 -2	100.00%	100.00%	0.00%

（续表）

案例编号	A 查全率（CPRSABS/CNABS）		
	CPRSABS	CNABS	改善率
案例 –3	25.00%	100.00%	300.00%
案例 –4	33.33%	100.00%	200.00%
案例 –5	50.00%	100.00%	100.00%
案例 –6	33.33%	100.00%	200.00%
平均	40.27%	88.89%	120.74%

表 4.13 总查准率（CPRSABS/CNABS）

案例编号	总查准率（CPRSABS/CNABS）		
	CPRSABS	CNABS	改善率
案例 –1	0.00%	22.22%	–
案例 –2	6.94%	6.74%	–2.88%
案例 –3	21.43%	19.57%	–8.67%
案例 –4	7.41%	10.87%	46.69%
案例 –5	6.78%	5.59%	–17.55%
案例 –6	6.82%	11.54%	69.21%
平均	8.23%	12.76%	55.04%

表 4.14 XY 查准率（CPRSABS/CNABS）

案例编号	XY 查准率（CPRSABS/CNABS）		
	CPRSABS	CNABS	改善率
案例 –1	0.00%	11.11%	–
案例 –2	9.09%	8.57%	–5.72%
案例 –3	25.00%	19.23%	–23.08%
案例 –4	3.70%	4.35%	17.56%
案例 –5	18.18%	20%	10.01%

案例编号	XY 查准率（CPRSABS/CNABS）		
	CPRSABS	CNABS	改善率
案例 –6	4.55%	5.77%	26.81%
平均	10.09%	11.51%	14.07%

表 4.15 A 查准率（CPRSABS/CNABS）

案例编号	A 查准率（CPRSABS/CNABS）		
	CPRSABS	CNABS	改善率
案例 –1	0.00%	11.11%	–
案例 –2	5.88%	5.45%	–7.31%
案例 –3	8.33%	14.29%	71.43%
案例 –4	3.70%	6.52%	76.22%
案例 –5	3.39%	2.80%	–17.40%
案例 –6	2.27%	5.77%	154.19%
平均	3.93%	7.66%	94.91%

（二）省时性

采用"浏览时间节省量"和"有效附图标记匹配度"两个指标来评价深加工数据的省时性。

1. 浏览时间节省量

通过字数统计与阅读时间的换算，阅读原始专利文献得到目标信息的时间与阅读深加工数据得到目标信息的时间进行对比。

浏览时间节省量（min）= 原始数据字数 /500 – 深加工摘要字数 /500

考虑到深加工摘要提供的信息与原始数据提供信息的匹配度，原始数据字数统计范围包括名称、技术领域、背景技术和发明内容部分，浏览时间按照 500 字 /min 计算。

综合各领域的典型案例评价，得到涉及浏览时间节省量的综合评测表，见表 4.16。

表 4.16　浏览时间节省量

案例编号	浏览时间节省量		
	原始数据浏览用时（min）	深加工数据浏览用时（min）	节省量（min）
案例 -1	6.30	1.02	5.28
案例 -2	3.50	0.80	2.7
案例 -3	5.48	0.77	4.71
案例 -4	3.92	0.78	3.14
案例 -5	10.11	0.87	9.24
案例 -6	3.18	0.68	2.5
平均	5.42	0.82	4.60

2. 有效附图标记匹配度

有效附图标记匹配度 = 有效附图标记数 / 附图标记总数，有效附图标记指摘要中标引的附图标记与所选摘要附图中的附图标记之间重合的数目。有效附图标记匹配度越高，表示结合摘要附图进行阅读的可读性越高。

综合各领域典型案例评价，得到涉及有效附图标记匹配度的综合评价表，见表 4.17。

表 4.17　有效附图标记匹配度

案例编号	有效附图标记匹配度		
	原始数据	深加工数据	改善率
案例 -1	无	无	无
案例 -2	2.34%	61.68%	2535.90%
案例 -3	0.00%	42.73%	NA
案例 -4	18.42%	67.98%	269.06%
案例 -5	无	无	无
案例 -6	无	无	无
平均	6.92%	57.46%	730.35%

（三）总体评价

通过对查全率、查准率和省时性综合评价可以看出，与 CPRSABS 数据库相比，利用 CNABS 数据库的深加工数据通过相同检索式进行检索，XYA 查全率（即总查全率）提高了 83.13%（注：提高的百分比采用改善率数值来表示，下同），其中，XY 查全率提高了 61.11%，A 查全率提高了 120.69%；XYA 查准率（即总查准率）提高了 54.98%，其中，XY 查准率提高了 14.06%，A 查准率提高了 94.91%。

在浏览性方面，通过字数统计与阅读时间的换算，与阅读原始专利文献得到目标信息的时间相比，阅读深加工数据得到目标信息的时间，平均每篇节省近 5 分钟。同时，对于有摘要附图的专利文献，相比于原始摘要而言，深加工摘要的有效附图标记匹配度提高了 7.3 倍（730.35%）左右，表明深加工摘要结合摘要附图进行阅读的可读性很高。

中国专利深加工数据的价值重点表现之一，为了提高专利文献的检索性和浏览省时性。一方面，通过对中国专利文献进行结构化的标引，提高了数据质量，丰富了检索入口。另一方面，摘要采用概括、简洁的语言对专利文献的技术信息重新进行了梳理，可读性得到了显著增强，便于检索人员根据实际的需要选择阅读某些类目的内容，提高阅读的效率。

综上所述，通过对深加工数据的类目及检索字段进行评测，采用深加工名称、深加工摘要进行检索，可以有效缩小检索范围，提高查全率和查准率，且深加工数据通过结构化的标引以及摘要中附图标记的标注，节省了浏览时间。

第四节　小　　结

本章以战略性新兴产业与国际专利分类的对照表为基础，检索确定了战略性新兴产业相关的专利文献，并对检索出的专利文献进行了产业技术组代码标记和深加工标引工作。

专利文献的检索分为两种方式，一种是产业技术组与其对应 IPC 分类号所属的专利文献完全相关，用对应的分类号检索就可确定相关专利文献量；另一种是产业技术组与其对应 IPC 分类号所属的专利文献部分相关，是将 IPC 分类号结合适当的关键词进行检索，从而确定与产业技术组相关的文献量。为了全面反映各个 IPC 分类号与产业技术组的相关程度，以及产业技术组相关文献在各 IPC 分类号中的分布情况，还计算了横向权值及纵向权值。横向权值，即某一 IPC 分类号中，与产业技术组相关的专利文献数量所占的比重；纵向权值，即某一 IPC 分类号与产业技术组相关的文献数量，占到所有与产业技术组相关的文献数量的比重。

战略性新兴产业专利文献的深加工工作，包括名称改写、摘要改写、关键词标引、IPC 再分类、实用专利分类、引文标引、专利申请人机构代码标引。同时本章对战略性新兴产业专利数据深加工的意义进行了简单陈述，利用深加工标引之后的数据进行检索评测显示，采用深加工名称、深加工摘要、深加工关键词进行检索，可以有效缩小检索范围，提高查全率和查准率。此外，深加工数据通过结构化的标引以及摘要中附图标记的标注，节省了浏览时间。

第五章　战略性新兴产业专利数据库的质量控制

　　战略性新兴产业专利数据库的质量是数据库构建的核心，因此构建过程与研究方法的质量控制是保证数据库质量必不可少的环节之一，而且必须贯穿于对照表的建立、专利文献检索及深加工的每个步骤中。在对照表建立环节，质量控制以预控为主、加强过程管理，重点在于策划，要明确目标、建立合理的组织架构，做好各种软硬性基础的保障工作，提升研究过程管理的系统性与科学性。在研究实施过程，把握好资料采集、技术组划分、技术分组与 IPC 对照、对照表验证、技术组代码标记这些节点，保证各项工作的规范性、数据的准确性和结果的正确性。在专利文献检索环节，为保证检索结果的准确性，利用查准率、查全率对检索式进行验证并持续调整，直到两个指标满足要求；数据深加工环节也遵循全面质量管理的科学程序，全面质量管理是以产品质量为核心，建立了一套科学、严谨、高效的质量体系。

第一节　对照表的质量控制和验证方法

　　战略性新兴产业与国际专利分类对照表是获得战略性新兴产业专利数据的基础，对照表质量的高低将直接影响后续的专利文献检索及专利数据统计分析的结果，进而影响相关政策的制定。在建立战略性新兴产业与国际专利分类对照表的过程中，按照《GB/T 19001—2008 质量管理体系要求》的要求，采用过程质量管理方法，充分策划研究过程所需的活动和资源，同时注重实施过程的系统管理，确保对照研究的实用、全面和准确。

一、对照表建立过程中的质量控制

过程是一组将输入转化为输出的相互管理或相互作用的活动，产品是过程的结果，过程的输出质量即产品质量取决于过程的输入、活动、结构等因素，控制这些因素即可控制输出质量。战略性新兴产业与国际专利分类表的对照研究也是按一系列经策划的、相互影响的、相互依赖的过程进行的。在对照研究过程中，根据数据库构建的质量需求，确定了包括管理职责、资源配置、对照表构建和验证测量在内的所有过程及其子过程，理顺了各过程的执行顺序和相关关系，确定了各过程应符合的要求和执行规范，对关键过程设置了质量控制节点进行效果验证，并根据所得结果采取措施不断改进对照质量。

（一）策划

1. 明确研究目标

建立科学、准确和规范的战略性新兴产业与国际专利分类对照表。

2. 成立对照研究工作组

建立战略性新兴产业与国际专利分类对照表研究实施组织结构，成立战略性新兴产业对照研究工作组，围绕任务目标，明确研究人员的职责定位。

3. 确定资源保障

确保研究工作有效实施的资源投入，具体包括①人力资源：按照人员专业、队伍精干、技术全面的基本原则，确定了研究人员的资格和能力要求；对参与人员开展业务、技能、制度、规范等培训，使其熟练掌握课题各阶段的实施方法，掌握检索系统、分类综合查询系统、专利信息分析系统等工具的使用方法，掌握各阶段研究成果的标准化填写方法等；②设施保障：购置若干工具书、专业书籍、研究报告等材料，给所有研究人员开通 S 系统账号、配置专利分析系统等。

4. 建立沟通机制

沟通是研究工作顺利实施的润滑剂，注重研究实施过程中的上下、内外沟通，建立例会制度，实现资料共享，常态化召开主题研讨会，充分利用邮件、即时通讯软件等工具。

5.制订研究计划

基于研究目标，识别研究实施的各个过程，采取阶段交付的思路，制订详细的研究计划，尤其明确主要任务完成的时间节点及管理措施。

6.明确操作规范

充分讨论并确定了技术路线图，明确了包括技术组划分、技术组与IPC对照等过程的操作规范和具体要求。

（二）实施研究

1.资料采集、前期调研

查阅战略性新兴产业的相关资料，包括与产业相关的国家政策性文件、行业发展规划、省市相关规划、国家及行业标准、调研报告、学术论文、专业书籍、现有的产业和分类对照体系等。前期充分的调研保证了研究方向和方法的正确。

2.技术组划分

严格按照产业技术组划分的六大原则和逐级划分方法完成技术组的设置。对于形成的技术组，通过外出实地调研、参加展览会、召开业务研讨会、邀请技术专家评审等方式，从技术组覆盖的全面性、是否符合产业分类习惯、范围是否清楚、是否交叉、等级程度是否合理、是否有利于统计分析等角度进行了验证。

3.技术组与IPC对照

选择目前国内数据较全的数据库进行检索统计，严格按照对照方法规定的步骤，围绕产业技术组所确定的技术范围，综合运用分类号统计等手段，确保对照的IPC分类号全面、准确。

4.对照表验证

对照完成后，一方面，由各领域分类专家进行逐项审核验证；另一方面，根据对照表进行专利文献检索，通过对检索出的文献进行浏览、相关性分析，验证对照关系是否可靠，同时将对照表中的IPC分类号进行计算机批量校验，确保了分类号格式、版本的准确；将对照表中类名、产业说明进行了错别字校验，确保表达方式无误。此部分的详细分析参见本节第二部分"对照表的可靠性验证"。

5. 技术组代码标记

项目组根据战略性新兴产业与国际专利分类的对照关系,针对每个技术组,在 CNABS 中检索确定与产业相关的专利文献,对检索出的相关文献进行技术组代码标记,同时根据实际检索结果,进一步验证了对照关系是否全面、准确。

6. 产业技术组与国家统计局战略性新兴产业分类对照

在深入研究国家统计局战略性新兴产业分类的技术组概念及范围、编码方式的基础上,完成了产业技术组与国家统计局战略性新兴产业分类的对照,并从国家统计局战略性新兴产业分类出发,反向验证了产业技术组的设置是否全面。

7. 示例性分析及对照查询系统的建立

以对照表为桥梁对战略性新兴产业进行了专利分析,将初步形成的分析结果与该领域已有的专利分析报告中的结论进行了对比研究,以进一步验证对照表结果的全面、准确性。

构建对照表查询数据库时,一方面按照用户要求的格式对整体对照表基础数据进行了编码,并用计算机软件进行了格式校验,确保了数据规范、准确;另一方面,围绕客户需求和对照表实际应用场景,充分论证了系统需求,严格按照软件开发程序完成了软件编制。

二、对照表的可靠性验证

基于对照关系的特点和相关文献量,选取节能环保产业的 SP0501(气体的辐射污染治理技术)、SW0301(废玻璃的回收利用)两个产业组的对应关系进行可靠性验证,验证过程将参照《GBT 2828.1—2012 计数抽样检验程序》确定数据范围、样本量,进行人工浏览。验证方法和分析结果如下。

(一)SP0501(气体的辐射污染治理技术)产业组

选取 SP0501 产业组下对应的国际专利分类号 G21F9/02 进行验证。SP0501 的类名:气体的辐射污染治理技术。产业说明:指对于气体的辐射污染进行治理的方法和设备。G21F9/02 的类名:处理气体的(处理放射性污染材料;及其去污装置)。从类名的比对上可初步判断 SP0501 与

G21F9/02 的对应关系正确。

由 G21F9/02 的类名可知，该分类号下的所有专利文献仅仅是关于处理放射性污染气体的方法和装置的，因此分入 G21F9/02 的专利文献全部属于 SP0501。下面对 G21F9/02 所属的以 CNABS 为数据源的中国专利文献进行分析，以此验证对应关系的可靠性。按照人工浏览的比例，检索日期确定为 1985 年至 2012 年 5 月 31 日。具体检索信息如下。

数据库：中国专利全文检索系统

数据范围：1985 年至 2012 年 5 月 31 日公开的且分入 G21F9/02 的全部中文专利文献

检索式：

（001）　　F PD 19850101>20120531 <hits：6682837>

（002）　　F IC G21F00902 <hits：44>

（003）　　J 1*2 <hits：44>

对命中的 44 篇专利文献进行人工浏览，并对技术主题作了标引，统计分析结果如图 5.1 和图 5.2 所示。44 篇专利文献中，与气体的辐射污染治理技术相关的文献共 44 篇，相关度达到了 100%。由上面的论述可知，G21F9/02 与 BF0105 的对应关系为完全相关，横向权值达到 100%。

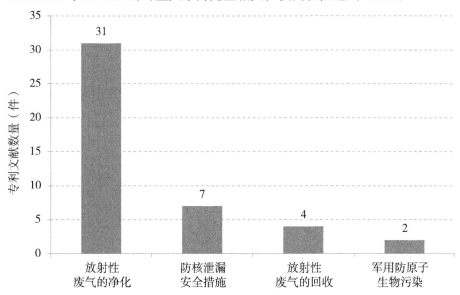

图 5.1　G21F9/02 中文专利文献数量统计图

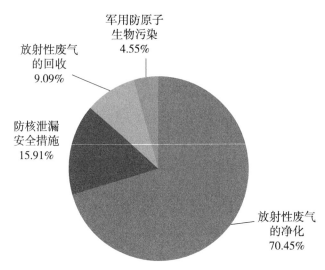

图 5.2　G21F9/02 中文专利技术分布图

（二）SW0301（废玻璃的回收利用）产业组

选取 SW0301 产业组下对应的国际专利分类号 C03C6 进行验证。SW0301 的类名：废玻璃的回收利用。产业说明：指回收并利用废弃的玻璃的技术和方法。C03C6/00 的类名：玻璃配合料组成。C03C6/00 及其下位点组的文献范围包括废玻璃的回收利用等相关技术内容。

C03C6/00 及其下位点组的文献范围还包括由矿渣制备玻璃、由冶金渣制备玻璃等，因此需要用关键词剥离回收并利用废弃的玻璃的技术和方法。下面对 C03C6/00 及其下位点组所属的以中国专利全文检索系统为数据源的中国专利文献进行分析，以此验证对应关系的可靠性和产业技术组代码标记的准确性。具体检索信息如下。

数据库：中国专利全文检索系统

检索式：

（001）　　F PD 19850101>20120531 <hits：6682837>

（002）　　F IC C03C006 <hits：308>

（003）　　F KW 旧玻璃＋废玻璃＋弃玻璃＋玻璃渣＋糟＋屑＋残＋尾料＋再生＋循环利用＋再利用＋再使用＋重新使用＋二次利用＋二次使用＋回收＋收回＋回用＋再循环＋脚料＋下角料**❶**＋碎玻璃＋玻璃纤维废丝＋玻

---

❶　此处检索式中采用"下角料"是"下脚料"的补充检索，确保查全率。

璃碎料＋玻璃废料＋玻璃弃料＋玻璃碎渣＋玻璃弃渣 <hits：221259>

（004）　　J 1*2 <hits：260>

（005）　　J 3*4 <hits：71>

通过检索命中文献 71 篇，对命中的 71 篇中文专利文献进行人工浏览，并对每篇专利文献的技术主题作了标引，统计分析结果如图 5.3 和图 5.4 所示。

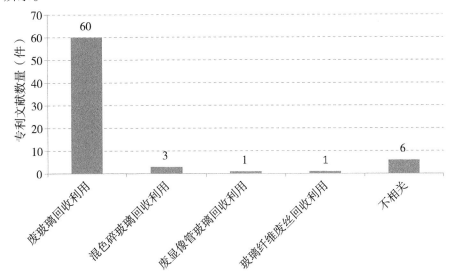

图 5.3　C03C6/00 及其下位点组中标记 SW0301 的中文专利文献数量统计图

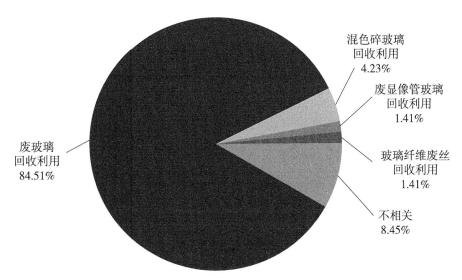

图 5.4　C03C6/00 及其下位点组中标记 SW0301 的中文专利技术分布状况

图中数据显示，71 篇专利文献中，与废玻璃的回收利用相关的文献共 65 篇，相关度达到了 92%。经过关键词剥离后命中的文献应该与 SW0301 完全相关，本验证例里却出现了 8% 的噪声，需要具体分析噪声出现的原因。

从表 5-1 中可知，这 6 篇噪声文献的技术主题与废玻璃的回收利用无关。有 3 篇文献中的产品为"玻璃渣"，与检索关键词"玻璃渣"一致，因此作为噪声被检出，但在相关领域的专利文献中"玻璃渣"大多数情况是指"废玻璃渣"，而作为产品的情况较少出现，因此"玻璃渣"作为关键词是合适的。有 2 篇文献的摘要中出现了"再利用""回收"这样的技术效果词语，而其对应的专利说明书并未涉及相关内容，属于特殊案例。此外，还有 1 篇文献的原始分类号不正确，按照相关专利文献不能分入 C03C6/00 或其下位点组中，由于用关键词对文献进行剥离是针对特定分类号下的相关文献的，因此，该文献作为噪声被检出。

表 5.1　验证例 SW0301 噪声文献

申请号	发明名称	申请日	技术内容	被检出原因分析
201010117132	利用陶瓷抛光砖污泥制备微晶玻璃的方法	2010-2-23	微晶玻璃制备方法	摘要中提及技术效果资源化"再利用"
201010210979	一种高硼乳白玻璃日用餐具及生产工艺制作方法	2010-6-28	玻璃餐具及生产方法	摘要中提及技术效果次品和废料可"回收"
201010230962	一种垃圾焚烧飞灰电熔处理方法	2010-7-20	垃圾焚烧飞灰电熔处理方法	制得的产品出现"玻璃渣"
201010233444	一种新型铬渣无害化处理方法	2010-7-22	铬渣无害化处理方法	制得的产品出现"玻璃渣"
201110029554	一种等离子体气化生活垃圾与生物质发电的方法和装置	2011-1-27	生活垃圾与生物质发电的方法	原始分类号错误
93109586	仿石材微晶玻璃及其生产方法	1993-8-10	仿石材微晶玻璃	制得的产品出现"玻璃渣"

噪声文献的出现，是由于个别文献的特殊情况造成的，检索使用的关键词是合适的，92% 的相关度也在可控的范围内。SW0301 与 C03C6/00 及其下位点组的对应关系正确。

由于 C03C6/00 及其下位点组中的文献用关键词进行了剥离，需要验证使用的关键词是否准确和全面，因此对 C03C6/00 及其下位点组中被剥离的文献进行标引和抽样分析。被剥离的文献共 189 篇，抽取其中于 2011 年至 2012 年申请的 56 篇文献进行分析，抽样率 30%。

对命中的 56 篇中文专利文献进行人工浏览，并对每篇专利文献的技术主题作了标引，统计分析结果如图 5.5 和图 5.6 所示。

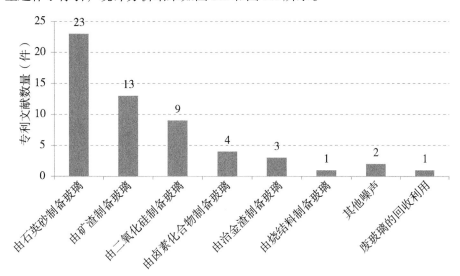

图 5.5　C03C6/00 及其下位点组中被剥离文献的数量统计图

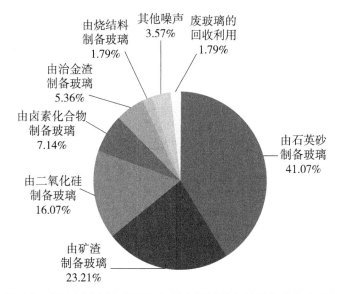

图 5.6　C03C6/00 及其下位点组中被剥离文献的技术分布状况

从图中可知被剥离的 56 篇文献中，55 篇与废玻璃的回收利用无关，应该被剥离。有 1 篇是属于废玻璃的回收利用的范围，列表见表 5.2。

表 5.2 验证例 SW0301 漏检文献

申请号	发明名称	申请日	技术内容
201010249152	一种处理废旧含铅玻璃的方法	2010-8-9	废旧含铅玻璃的处理方法

上述文献涉及废旧含铅玻璃的处理，废旧含铅玻璃一词用所含组分对废玻璃进行了限定，检索时没有使用相应的关键词。考虑到具体的废玻璃组分在检索时不可能穷举，漏检的文献量也在可控的范围内，因此本验证例中使用的关键词较为准确和全面。

第二节 检索式的验证及完善

在对照表构建完成后，为获取与技术组相关的专利文献，需要针对每个技术组的产业定义、技术边界构建检索式。为了确保检索式的查全率和查准率，须对检索式进行验证及完善，从而保证战略性新兴产业专利数据库的质量。检索式验证及完善的主要工作在于检验检索式的合理性。若检索式不合格，则对现有检索式进行修改及完善，使修改后检索式的查准率及查全率满足要求。

一、操作步骤

检索式验证及完善操作规程的具体操作步骤如下。

（一）查准率的验证

1. 确定样本量

选择检索数据库，将待验证检索式在检索数据库中进行检索，得到检索结果共 N 项。若 N ≤ 50 项，则对所有检索结果进行人工浏览以确定其相关性；若 N>50 项，则根据《GBT 2828.1—2012 计数抽样检验程序》，见表 5.3 所示，确定样本量 Y（人工浏览量）。在确定样本量过程中，可以通过选取公开时间段，并构建相应检索式，使检索结果大于 Y 即可。

表 5.3　样本量的确定

检索结果（N）	样本量（Y）
51~90	13
91~150	20
151~280	32
281~500	50
501~1200	80
1201~3200	125
3201~10000	200
10001~35000	315
35001~150000	500
150001~500000	800
500001 及以上	1250

2. 人工浏览确定相关性

对样本数据中的每篇专利文献进行人工阅读确定其与技术主题的相关性，统计与技术主题相关的专利文献数量 B1。

3. 计算查准率

查准率 P1=B1/A × 100%（保留两位小数）。

（二）查全率的验证

1. 确定重要申请人

将待验证检索式在检索数据库中进行检索，得到检索结果，通过统计申请人排名，选取排名靠前的非自然人申请人为重要申请人。若选取一个重要申请人无法满足国标所规定的样本量（该样本量通过表 5.3 确定，与查准率验证一样），可选取多个重要申请人。

2. 确定母样本检索式

利用选取的重要申请人构建母样本检索式，若重要申请人的专利申请只分布在特定技术领域，则直接用申请人确定母样本数据集，否则还需要结合上位分类号或关键词来确定母样本数据集。需要注意的是，母样本的检索式检索策略须与待验证的检索式不同，否则所计算的查全率不准确。母样本的人工浏览量同样由检索结果所对应的样本量（依据国标）确定。

3. 人工筛选确定母样本

利用母样本检索式进行检索得到检索结果，通过人工浏览确定与主题相关的全面的、准确的母样本 A，并提取出相应的公开号（PN 号）。

4. 确定子样本

用待验证检索式与所提取的公开号进行"逻辑与"运算确定子样本（即待验证检索式的检索结果中落在母样本范畴内的专利文献），得到子样本 B，漏检的专利数量 C=A−B。

5. 计算查全率

查全率 R=（B/A）×100%。

（三）分析查准率及查全率

根据所计算的查全率及查准率确定检索式是否合格。若查全率和查准率均达到了要求，则不用对检索式进行修改；若查全率或查准率任意一个未达到要求，则要对检索式进行修改及完善。

待验证检索式若不合格，分析不相关的专利或漏检的专利，查找噪声及漏检原因，并调整检索式，边调整边验证，直至修改后的检索式查全率及查准率均达到要求。

二、案例分析

（一）基本案情

技术主题：压水堆。

技术定义：压水堆是指使用加压轻水（即普通水）作冷却剂和慢化剂，且水在堆内不沸腾的核反应堆。

需要验证的中文检索式：

G21C/IC AND（压水堆 OR 加压轻水 OR 压水反应堆 OR 压水核反应堆 OR 压水式反应堆 OR 压水式核反应堆）/TI；

G21/IC AND（压水堆 OR 加压轻水 OR 压水反应堆 OR 压水核反应）/TI

（二）检索式验证步骤

1. 查准率验证

随机选取公开时间段：20130201-20130430，20140201-20140430，20150201-20150430

（1）母样本检索式：（（G21C/IC AND（压水堆 OR 加压轻水 OR 压水反应堆 OR 压水核反应堆 OR 压水式反应堆 OR 压水式核反应堆）/TI）OR（G21/IC AND（压水堆 OR 加压轻水 OR 压水反应堆 OR 压水核反应堆）/TI））AND（（PD ≥ 20130201 AND PD ≤ 20130430）OR（PD ≥ 20140201 AND PD ≤ 20140430）OR（PD ≥ 20150201 AND PD ≤ 20150430））；

（2）母样本检索结果为 A1，A1=52；

（3）对母样本中的每篇专利文献进行阅读，确定其与技术主题的相关性，并将与技术主题相关的专利文献作为子样本 B1，B1=34；

（4）查准率：P1=B1/A1 × 100%=34/52 × 100%=65.38%；

（5）查准率验证结果：不合格；

（6）修改后的检索式：（G21C1 OR G21C3 OR G21C5 OR G21C7 OR G21C11 OR G21C13 OR G21C15 OR G21C19 OR G21C21 OR F16B OR F16F OR F16J13 OR F16J15 OR F16L）/IC AND（压水堆 OR 加压轻水 OR 压水反应堆 OR 压水核反应堆 OR 压水式反应堆 OR 压水式核反应堆 OR 压水型反应堆 OR 压水型核反应堆）/TI；

（7）修改依据：分类号 G21 范围过大，将不在产业组技术范畴内的小类分类号进行删除，其中 G219（结构上和反应堆相结合的紧急保护装置），属于核应急装置范畴，G21C17（监视；测试）应属于核辐射安全与监测装置范畴，G21D（核发电厂）属于百万千瓦级先进压水堆核电站成套设备范畴，G21F（X 射线，γ 射线、微粒射线或粒子轰击的防护；处理放射性污染材料；及其去污染装置）属于核设施退役与放射性废物处理和处置装置范畴，对分类号进行细化，以降低噪声；

（8）二次验证选取的公开时间段：20100201-20100830，20110201-20110830，20120201-20120830；

（9）二次验证母样本检索式：（G21C1 OR G21C3 OR G21C5 OR G21C7 OR G21C11 OR G21C13 OR G21C15 OR G21C19 OR G21C21 OR F16B OR

F16F OR F16J13 OR F16J15 OR F16L）/IC AND（压水堆 OR 加压轻水 OR 压水反应堆 OR 压水核反应堆 OR 压水式反应堆 OR 压水式核反应堆 OR 压水型反应堆 OR 压水型核反应堆）/TI AND（（PD ≥ 20100201 AND PD ≤ 20100830）OR（PD ≥ 20110201 AND PD ≤ 20110830）OR（PD ≥ 20120201 AND PD ≤ 20120830））；

（10）二次验证母样本检索结果为 A2，A2=50；

（11）二次验证对母样本中的每篇专利文献进行阅读确定其与技术主题的相关性，并将与技术主题相关的专利文献作为子样本 B2，B2=48；

（12）二次验证查准率：P2=B2/A2 × 100%=48/50 × 100%=96.00%；

（13）二次验证查准率验证结果：合格。

2. 查全率验证

（1）确定重要申请人：根据技术定义及待验证检索式，经检索并统计申请人排名，确定重要申请人为中国核动力研究设计院；

（2）构建母样本检索式：中国核动力研究设计院 /PA AND 压水 /TI；

（3）人工筛选上述结果集合里的相关数据形成母样本 A，并得到数据件数 A=45；

（4）子样本检索式：（（G21C/IC AND（压水堆 OR 加压轻水 OR 压水反应堆 OR 压水核反应堆 OR 压水式反应堆 OR 压水式核反应堆）/TI）OR（G21/IC AND（压水堆 OR 加压轻水 OR 压水反应堆 OR 压水核反应堆）/TI））AND（CN103871507A OR CN203026168U OR CN102543225A OR CN203026157U OR CN1921027A OR CN103903656A OR CN101154472B OR CN204010700U OR CN203026160U OR CN103871496A OR CN103871508A OR CN102758825A OR CN103489488A OR CN103871494A OR CN202282168U OR CN103898368A OR CN101740151A OR CN103854709A OR CN103871499A OR CN104464841A OR CN204242595U OR CN203026159U OR CN101770822B OR CN203026164U OR CN103474106A OR CN202650566U OR CN203026158U OR CN203325479U OR CN103474104A OR CN202650563U OR CN103470668A OR CN202948739U OR CN103871528A OR CN101752015A OR CN204596428U OR CN103474102A OR CN202736503U OR CN104952492A OR CN204087818U OR CN203067942U OR CN103047481A OR CN203026163U OR CN105280257A OR CN202646706U OR CN103470767A）/PN；

（5）子样本检索式的检索结果形成子样本 B1，并得到数据件数 B1=29；

（6）漏检专利数量 C=A−B1=18；

（7）查全率：R1=（B1/A）×100%=29/45×100%=64.44%；

（8）查全率验证结果：不合格；

（9）修改后的检索式：（G21C1 OR G21C3 OR G21C5 OR G21C7 OR G21C11 OR G21C13 ORG21C15 OR G21C19 OR G21C21 OR F16B OR F16F OR F16J13 OR F16J15 OR F16L）/IC AND（压水堆 OR 加压轻水 OR 压水反应堆 OR 压水核反应堆 OR 压水式反应堆 OR 压水式核反应堆 OR 压水型反应堆 OR 压水型核反应堆）/TI；

（10）修改依据：关键词（压水型反应堆、压水型核反应堆）导致漏检，对关键词进行扩展；分类号（F16F3/04、F16L3/06）导致漏检，对 IPC 进行扩展；

（11）二次验证子样本检索式：（G21C1 OR G21C3 OR G21C5 OR G21C7 OR G21C11 OR G21C13 OR G21C15 OR G21C19 OR G21C21 OR F16B OR F16F OR F16J13 OR F16J15 OR F16L）/IC AND（压水堆 OR 加压轻水 OR 压水反应堆 OR 压水核反应堆 OR 压水式反应堆 OR 压水式核反应堆 OR 压水型反应堆 OR 压水型核反应堆）/TI AND（CN103871507A OR CN203026168U OR CN102543225A OR CN203026157U OR CN1921027A OR CN103903656A OR CN101154472B OR CN204010700U OR CN203026160U OR CN103871496A OR CN103871508A OR CN102758825A OR CN103489488A OR CN103871494A OR CN202282168U OR CN103898368A OR CN101740151A OR CN103854709A OR CN103871499A OR CN104464841A OR CN204242595U OR CN203026159U OR CN101770822B OR CN203026164U OR CN103474106A OR CN202650566U OR CN203026158U OR CN203325479U OR CN103474104A OR CN202650563U OR CN103470668A OR CN202948739U OR CN103871528A OR CN101752015A OR CN204596428U OR CN103474102A OR CN202736503U OR CN104952492A OR CN204087818U OR CN203067942U OR CN103047481A OR CN203026163U OR CN105280257A OR CN202646706U OR CN103470767A）/PN；

（12）二次验证子样本检索式的检索结果形成子样本 B2，并得到数据件数 B2=44；

（13）二次验证查全率：R2=（B2/A）×100%=44/45×100%=97.78%；

（14）二次验证查全率再次验证结果：合格。

第三节 数据深加工过程的质量控制

为了确保战略性新兴产业专利文献信息的精确性和一致性，在数据深加工工作过程中，采用全面高效的质量管理体系进行系统的质量控制。质量管理体系以实现质量目标为出发点，注重发挥领导作用，坚持全员参与原则，以过程管理方法实施全面、及时与规范的质量控制，消除质量问题，并对数据深加工过程进行循环持续改进。

数据深加工的质量管理采用覆盖深加工工作全流程的过程管理方法，全流程包括质量目标及相关加工规则的策划；执行过程中的人员培训管理、人工标引过程及机器辅助校验；数据深加工后流程的质量检查、分析与反馈。分析与反馈是对发现的问题或不足寻找合理的解决措施及提高方向，由相应的职能部门及人员执行质量提高方案，以达到质量控制的目的。数据深加工质量管理体系示意图如图 5.7 所示。

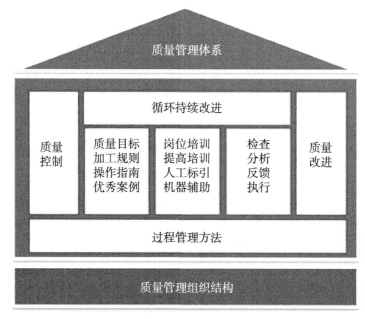

图 5.7 数据深加工质量管理体系示意图

一、策划

为满足数据库要求，结合信息产品质量要求以及相关法律、法规的要求，在明确质量方针的框架下，建立数据深加工质量目标。为确保质量目标的实现，在相关职能和层次上建立各层级质量目标，并尽可能规定可测量的指标。数据深加工质量目标按期完成度 100%、产品合格率 >98.5%。

为了保证深加工后数据的质量，促进专利文献中有效信息提取的规范化，保证加工的准确性和一致性，提供高质量的专利文献深加工数据，制定了《专利文献数据深加工标引规则》，对发明专利公开文本的说明书的名称、摘要、关键词、IPC、实用专利分类、参考引文、专利申请人机构代码的深加工做出了规定，还给出了标引中特殊情况的处理方式。为了便于深加工工作的规范化和具体化，对《专利文献数据深加工标引规则》进行具体规则的解读，制定了《数据深加工操作指南》，进一步明确了名称、摘要、关键词、IPC、实用专利分类、参考引文、专利申请人机构代码的具体操作规范，是数据深加工人员进行数据深加工的依据和标准。

二、执行

数据深加工工作的执行过程是质量管理体系的核心步骤，涉及数据深加工岗位人员的培训、人工标引过程及机器辅助校验环节。

（一）培训

为保障数据深加工产品的标引质量，根据专利数据深加工的专业需求配备具备相应岗位能力的人员，并根据《员工培训计划》进行岗位培训、提高培训及扩展培训，确保相关人员满足任职要求，使其具备专业能力，并胜任其所从事的工作，从而保证数据深加工的质量复合要求。

1. 岗位培训

对新进入数据深加工岗位的员工进行数据深加工基础知识及岗位知识培训，使其熟练掌握《专利文献数据深加工标引规则》和《数据深加工操作指南》，并且能够将深加工操作指南中的知识熟练运用到人工标引的实践中，此外还会进行系统操作方面的培训。培训采用集中培训和导师辅导相配合的形式，结合深加工操作指南知识回顾、案例研讨、答疑等方式，使其尽快熟练掌握深加工人工标引的基本策略，培训结束后通过考核的形式对培训效果进行评测。

2. 提高培训

在员工具备数据深加工基础知识和掌握一定数据深加工实践经验之后，进行知识融合、加工技巧的提高培训。培训内容是将数据深加工操作指南与案例深加工密切结合，通过实际案例提高员工的标引技巧与基础知识的掌握程度，总结上岗初期出现的质量问题，同时根据前期工作情况纠正员工对基础知识中的重要概念理解有偏差或运用不合理等现象，交流标引思路，增强质量意识。

3. 扩展培训

除岗位培训和提高培训之外，还对从事数据深加工的员工进行扩展培训，以此提高员工的综合素质与专业技能。扩展培训的内容包括专利法普及培训、检索培训、专利分析培训等。

（二）人工标引

人工标引是数据深加工工作的核心环节。人工标引的质量通过前期科学规划、统一标准制定、业务能力培养得以保障，在此基础上还需要对人工标引过程的执行情况进行监控，进一步确保数据深加工获得的数据产品的质量。人工标引即通过人工阅读专利文献说明书，根据《专利文献数据深加工标引规则》和《数据深加工操作指南》的要求，提取专利文献说明书中的名称、摘要、关键词、IPC、实用专利分类、参考引文等重要的有价值信息，形成规范的数据产品。通过对员工的在岗时间、阶段性任务量完成情况、标引结果的实时监测达到人工标引过程质量监控的目的。此外，在标引过程中和标引完成后，采用计算机辅助校验的方法对信息提取结果和数据产品进行系统校验监测，对发现的质量问题进行及时修正，使数据深加工产品满足质量标准的要求。

三、检查

为了保障专利数据深加工产品的质量，需要依照《数据深加工操作指南》制定《数据深加工重点质检代码表》，对数据深加工产品进行多级检查，统一加工标准。多级质量控制包括员工互检、室级抽检、部级质检及公司质检，各级质量控制分别制定相应的质量控制计划，采取随机、动态抽样的方式定期抽取数据样本进行质量检测，形成质量校验单。定期对公司质检结果、部级质检结果、室级抽检结果进行统计与分析，形成质量管理报告，提出改进措施和质量预警，并对质量控制计划进行动态调整。

四、改进

改进包括对数据深加工产品中问题数据的改进和对数据深加工问题环节的改进。一方面，员工对多级质量控制环节中发现的问题进行分析与反馈，严格按照《专利文献数据深加工标引规则》和《数据深加工操作指南》的要求，对有问题的标引结果进行修改。另一方面，基于质量检查环节提出的改进措施和质量预警，针对易出现问题的人工标引环节和数据流转环节进行改进，并对员工进行质量培训。质量培训是对多级质检分析出的质量情况进行学习，灌输质量意识，对常犯、易犯问题进行归纳和解剖，找出问题的潜在诱因，对下一阶段的质量控制提出预警，有针对性地提高整体质量。

第四节　小　　结

本章首先介绍了对照表构建过程中的质量控制和验证方法，重点介绍了对照表研究的策划及实施过程。采用过程质量管理方法，以客户需求为出发点，识别并充分策划实施研究所需的活动和资源，注重实施过程的系统管理，以确保对照研究的实用、全面和准确。本章以示例的方式对对照结果进行了验证，通过选取两个产业组的对应关系完成可靠性验证。利用检索式得到检索结果，通过人工浏览专利文献以确定相关性的方式验证对照关系是否正确、可靠。经验证，战略性新兴产业与国际专利分类对照表中产业技术组的划分合理，对照关系严谨可靠，对照方法本身符合质量控制的要求。

检索式的验证与完善确保了数据库中数据的准确性和权威性。验证的过程从查准率和查全率两方面入手，并详细介绍了所采用的查准率及查全率验证方法及操作步骤。对于验证结果不佳的检索式进行针对性的重构或调整，直至检索式的查全率和查准率均达到要求，从而确保战略性新兴产业专利数据库的质量。最后通过一个实例，按照步骤要求展示了验证和完善的全过程。

数据深加工工作按照策划、执行、检查和改进的闭环形式实施全面质量管理。全面质量管理包括方针和目标的确定以及活动计划的制订。通过具体运作，实现计划中的内容，总结执行计划的结果，明确效果，找出问题。对检查的结果进行处理，成功的经验要加以肯定，模式化或者标准化以适当推广，失败的教训要加以总结，以免重现。

第六章　战略性新兴产业专利数据智能化信息服务平台

基于战略性新兴产业分类与国际专利分类对照表，结合关键词检索，从全球专利数据资源中筛选战略性新兴产业相关中外专利文献，形成战略性新兴产业专利数据库，进而建立战略性新兴产业专利大数据智能化信息服务平台。该平台集智能导航、检索查询、统计分析等功能于一体，战略性新兴产业专利数据已按产业分类进行了标引，社会公众可快速、简单、准确、高效地获取战略性新兴产业专利信息，极大降低了战略性新兴产业专利数据和使用难度的门槛，有助于促进战略性新兴产业专利信息的传播利用。

第一节　建设战略性新兴产业专利数据智能化信息服务平台的意义

一、战略性新兴产业发展需要专利信息支撑决策

战略性新兴产业体现了新兴科技与新兴产业的深度融合，其以创新为主要驱动力。世界各国高度重视战略性新兴产业的培育和发展，充分运用专利制度保护创新和激励创新的作用，激发创新活力、配置创新资源、化解发展风险、推动创新成果产业化和市场化。做好专利信息工作是培育和发展战略性新兴产业的重要抓手，是抢占未来竞争制高点的首选策略。而且随着互联网、物联网、社交媒体、移动互联网等新一代信息技术的融合发展，整个社会已进入了大数据时代。基于战略性新兴产业专利大数据的智能化信息服务平台的重要价值不仅在于拥有海量的有价值数据信息，更

在于能够对数据进行充分挖掘、深度分析，进而对产业现状和发展趋势做出判断，以支撑国家、产业、企业科学决策。

专利数据作为大数据中的一种，具有与新技术联系紧密、产业领域覆盖范围广、内容信息丰富、数据翔实准确、数据获取方便等优势，并集技术、经济、法律信息于一体。从专利数据中挖掘出的专利信息，既记载了技术创新的最新成果，也反映了各技术领域进步的发展历程；既记载了专利权信息，也反映了专利权人的特征；既记载了重大技术基础，也反映了技术成熟度和技术经济活动情况；既记载了某一时期某一技术领域存在的技术问题，也反映了解决这些问题的不同技术路线；既记载了创新技术的本身，也反映了与其相关技术的联系以及应用情况。专利信息是技术创新的基础性、战略性信息资源。在大数据时代，充分利用专利信息资源，将专利信息分析与产业运行决策深度融合，利用专利信息导航战略性新兴产业发展，对于认清产业发展态势、找准转型方向、明确升级路线、实现科学发展，具有重要的决策支撑作用。

二、解决大数据时代专利信息利用两大矛盾

拥有专利数据并不等于拥有了应用、处理专利数据的能力。从海量专利数据中获取信息、汲取知识，实现数据价值升华的路径主要包括专利数据检索、数据处理、统计分析三个阶段。当前，专利数据表现出数据量大、增长速度快、利用难度大等特征，在专利信息利用过程中，数据鸿沟与能力不足并存。具体而言，信息量迅速增长与有价信息快速检索的矛盾、检索工具和数据分析专业性强与普通用户难以掌握的矛盾，伴随着专利数据检索、处理、统计分析整个过程，严重影响了专利信息在促进技术创新、支撑产业决策的作用。

（一）数据鸿沟：信息量迅速增长与有价信息快速检索的矛盾

在浩如烟海的专利海洋中快速、全面、准确地获取专利数据是专利信息利用的基础。最近几十年来，专利数据量急剧增长。据统计，当前全球专利文献量已经达到1亿件，30年间增长了一倍，而且倍增周期不断缩短。信息量的增长并不意味着用户获取信息能力的增长，无序的信息资源不仅无助于信息资源的利用，反而会加剧信息增长与使用的矛盾。基于

现有专利文献的信息组织方式所提供的数据入口，人们检索查询所用的主题词、分类号检索工具，查准率难以保证，不能获得用户实际所需的检索结果。

例如，国际专利分类是为专利文献量身定做的分类体系，通过多达7万多个点组的等级体系来组织编排专利文献。但随着近年来专利文献量的急剧增长，一些IPC技术组中堆积了过多的文献。不完全统计表明，文献量达到千篇以上的IPC技术组近千个，给专利信息检索带来了极大困难。

原始专利数据不能满足有价值信息快速获取的需要。尽管专利法及其实施细则对专利文献的结构及形式有明确要求，但申请人撰写专利申请文件时，水平参差不齐，表述随意，术语使用不规范，所提供的名称和文摘信息含量低，反映发明创造的技术内容等有价信息隐藏在专利文献中未被充分体现。

（二）能力不足：检索工具和数据分析专业性强与普通用户难以掌握的矛盾

1.普通用户难以掌握专利文献高效检索工具IPC分类

国际专利分类是目前最重要的、全世界通用的专利文献高效检索工具。世界各国专利审查员在专利审查检索过程中，均以IPC分类作为主要检索工具。但是IPC分类表及分类规则比较复杂，专业化程度高，编排系统庞大，分级高度细化，没有经过专业培训的普通用户难以掌握这种高效检索工具。

2.普通用户最为熟悉的自然语言难以确保检索效果

自然语言由于符合日常表达习惯，是普通用户最为熟悉的检索语言。但利用自然语言检索时，由于语言表达方式的多样化，存在一词多义、一义多词等现象。尽管专利法一般都要求在同一份专利申请中代表同一特征的技术术语应该一致，并且应该尽可能使用科技术语，但不同专利文献中表达相同概念的用语可能大相径庭，而且存在大量的非正规表达方式。例如，计算机中使用的"存储器"，在中文专利文献中可能叫"寄存器""贮存器""缓存器""缓冲器""存储单元""存储体""存储装置""存储设备""记忆体"（港澳台用语）和"记忆棒"（港澳台用语）等，有时还简称为"内存""外存""缓存""主存"或"辅存"，或者直接用

"ROM""RAM""DRAM""SRAM""CACHE"等缩写表示。

面对上述问题，要想提高自然语言检索效果，必须扩展关键词的各种拼写形式，确保表达形式上的准确和完整；扩展关键词的各种同义词、近义词、反义词等，确保表达意义上的准确和完整；扩展检索要素，从技术特征、技术问题或技术效果、主要用途等方面综合检索，确保表达角度上的准确和完整。这种检索方式对构造检索表达式的水平要求高，一般只有经过专业培训的检索人员才能掌握；对普通用户而言，这种检索方式应用难度大，难以确保检索查全、查准率。

3. 普通用户难以达到专利数据处理分析所要求的技能

在获取检索结果后，通常不能直接对所形成的数据样本集进行统计分析，还需要进行包括数据采集、数据清理、数据标引在内的数据处理工作。例如，根据后续分析的需要，从数据样本集中采集反映时间、空间、主体、技术、法律状态等字段信息，去除噪声数据、重复数据，对数据项的格式和内容进行统一规范；为了满足深入分析的需要，还需要进行再次标引、提取额外的数据项。数据处理是专利信息分析的重要环节，要求分析人员掌握丰富的专利知识，例如，要熟悉专利文献著录项目、各国专利文献规范等。普通用户在从事专利分析时尽管有了一定的专利基础，但与专利分析所要求的能力仍有差距。

专利数据中承载着时间、空间、主体和技术四个维度的信息，专利分析角度通常涉及总量、趋势、内容和关联等方面。开展专利分析时，需要围绕分析目的，选择对应的信息要素再配以合适的分析角度，经过深度挖掘和缜密剖析，以可视化的形式呈现结果，从中获取有价值的技术、商业情报。对于普通用户而言，选择哪种要素，如何组合，从哪个角度入手，如何解读分析结果，这些问题的解决高度依赖专利工作技能，对普通用户而言是一个难以逾越的门槛。

总之，为了解决目前因数据鸿沟和能力不足带来的专利信息利用困难，降低专利数据获取和使用难度的门槛，使社会公众可快速、简单、准确、高效地获取所需信息，促进专利信息的传播利用，建设基于互联网的集智能导航、检索查询、统计分析等功能于一体的战略性新兴产业专利信息服务平台具有重大意义。

第二节　战略性新兴产业专利数据智能化信息服务平台介绍

一、平台特点

战略性新兴产业专利大数据智能化信息服务平台（以下简称"战新产业平台"）是以战略性新兴产业专利数据库为数据基础，结合中国专利深加工数据、中国专利引文数据等数据资源，采用国际专利分类—主题词一体化词表、专利申请人机构代码表等辅助工具和多种先进的数据分析处理技术构建而成，具有基于互联网方式的集智能导航、检索查询、统计分析等多种功能，主要面向战略性新兴产业相关企业。

战新产业平台基于独特的数据资源、强大的支撑工具和先进的数据处理技术，实现了专利的检索、查询、统计、挖掘和分析的智能化，使社会公众可快速、简单、准确、高效地获取所需信息。尤其是对于普通用户，在不改变用户习惯、不增加用户负担的情况下，用普通用户最熟悉的检索方式，可以获得检索专家级别的检索效果。具体来讲，战新产业平台具备以下几个特点。

（一）通过产业专题库实现产业导航检索

该平台的基础数据采用战略性新兴产业专利数据库，该数据库构建了七大战略性新兴产业三级分类体系，并建立了战略性新兴产业与国际专利分类对照表，从而打通了产业到技术的信息获取路径。

战略性新兴产业专利数据库在广度方面，涵盖了全部七大战略性新兴产业。在深度方面，设置了三级分类体系，通过等级式分解将战略性新兴产业范畴逐步细化。从表 6.1 可看出七大战略性新兴产业共细分形成一级产业技术组 48 个、二级产业技术组 250 个、三级产业技术组 1238 个，每一层产业均独立形成了专题数据库。战略性新兴产业相关用户可以直接使用各层产业专题库，节省了检索时间。

该平台围绕七大战略性新兴产业三级分类体系，设置了导航检索模块，提供一站式快捷检索服务，直接单击即可快速准确得到产业相关的专利检索结果,无须复杂的检索过程,适用于各种用户。

表 6.1   战略性新兴产业专利数据库中各级产业技术组数量 (单位:个)

战略性新兴产业	一级产业技术组	二级产业技术组	三级产业技术组
新一代信息技术	9	47	196
高端装备制造	5	26	134
新材料	6	39	205
生物	6	28	197
新能源汽车	10	39	148
新能源	6	27	122
节能环保	6	44	236
总计	48	250	1238

(二)专利深加工数据提供丰富检索入口

该平台的战略性新兴产业专利数据库采用经过人工深度标引的高附加值专利深加工数据。围绕深加工数据结构,设置了相应索引和字段,使该平台相对于采用原始专利数据的现有专利信息服务平台,除具有申请号、申请日、公开公告号、公开公告日、发明人、申请人等基本检索入口外,还增加 11 项涉及主题词、专利分类、代码三个方面的更为细致的检索入口。该平台独有的检索入口及其特色说明见表 6.2。

表 6.2   战新产业平台独有的检索入口及其特色说明

类别	基本检索入口（原始数据）	该平台检索入口（深加工数据）	
		索引名称	特色说明
主题	原始名称	1 改写后的名称	原始名称因信息量较少通常不具有检索性。改写后的名称增加了体现技术改进、功能用途等方面的技术信息,可作为快速检索入口
	原始摘要	2 改写后的摘要	经过结构化改写、丰富技术细节、规范术语表达等深度标引工作,改写后的摘要信息密度大,相对于原始摘要,提高了检索查全、查准率

186

（续表）

类别	基本检索入口（原始数据）	该平台检索入口（深加工数据）		
		索引名称		特色说明
主题		3	技术问题	作为结构化摘要的细分内容，技术问题、用途、技术方案提供了不同角度的检索入口，综合运用这些入口能有效提高检索查全率、查准率
		4	用途	
		5	技术方案	
		6	发明点	针对技术问题的技术改进信息，利用该入口能够实现精准检索
	关键词	7	关键词	人工深度提取并依据国际专利分类—主题词—词化词表进行规范化处理，有效提高检索查全率、查准率
分类	IPC 分类	8	IPC 细分类	相对于 IPC，平均细分程度提高 3~5 倍，极大提高了检索精准度
		9	实用专利分类	从行业应用角度检索专利文献的高效工具
代码		10	机构代码	克服了申请人名称表述不一致、不规范的缺陷，从申请人角度检索时，利用机构代码有效提高查全率和查准率
		11	引文	可以查询专利文献引用、被引用信息，既提供了追踪检索的渠道，又是专利引证分析的基础

（三）数据关联性强、拓展分析深度广度

战略性新兴产业专利数据库包含了经过深加工的专利引文数据，因此战新产业平台可以提供基于专利引文数据的高端专利信息分析服务。

专利分析过程中，如果没有专利引证数据，对于经过检索查询获得的数据集，各个数据元素之间仅是通过共同的外部特征聚类在一块，数据之间彼此没有关联，专利分析只能是从数据量的角度挖掘规律。而引入专利引证数据后，各个数据元素之间不仅可以通过外部特征聚类，而且通过数据之间彼此的引证关联，可以建立各种技术之间的关联网络，可以清晰地梳理技术路线，寻找技术起源和主要节点，评估技术影响力，测度知识扩

散、衡量技术与科学的关联等。其中，基于被引频次的影响力分析，有助于从海量专利中快速筛选核心专利、确定核心技术，可以为专利质量、提供客观量化的参考指标。

技术创新上的承前启后形成了专利引证，从中可以看出技术发展脉络。更为重要的是，专利引证图谱中的每一个技术节点背后都是创新主体，由此形成的创新主体网络本质上是一种社会网络，从中可以挖掘竞争态势、竞争策略、竞争对手与合作伙伴等经济信息。通过战新产业平台的信息挖掘功能，即时挖掘战略性新兴产业相关的经济、贸易等数据，将专利信息与市场、政策、贸易等信息相结合，可以"跳出专利看专利"，实现多层次的信息融合，拓展专利信息分析广度。

（四）实现检索四大兼容，降低入口难度

借助于国际专利分类—主题词一体化词表和申请人机构代码表，实现了检索四大兼容，能够自动地为用户构造专业、有效的检索式，降低了数据入口难度，使普通用户无须经过专业化检索培训，直接使用最熟悉的自然语言检索，就可获得与专业检索人员同样效果的检索结果。

具体而言，普通用户无须掌握国际专利分类，也无须对检索词进行形式、意义、角度上的扩展，直接使用普通用户最熟悉的自然语言检索，通过该平台后台设置的国际专利分类—主题词一体化词表，自动进行同近义扩展、不同语种扩展并直接转换获得 IPC 分类号，后台综合运用主题词和分类号自动构建检索式进行匹配检索。由此，可实现国际专利分类和主题词检索之间的兼容，规范受控语言和自然语言检索之间的兼容、中外不同语种专利信息检索的兼容，降低了普通用户获取专利信息的难度。

从专利申请人的角度检索时，用户无须考虑同一机构的不同名称，通过该平台设置的专利申请人机构代码表，后台自动进行同一机构不同名称的扩展检索，实现了同一机构不同称谓之间的兼容，方便了使用者，提高了查全率。

（五）检索结果相关度推荐、浏览模式丰富

战新产业平台通过在深加工数据更为精细的数据字段中进行位置匹配，再配以引证推荐等手段，可以将检索结果按语义相关度进行智能排序。一方面，通过测量用户查询的关键词在深加工结构化文摘中出现的频率和位

置。例如，检索出的文摘中的技术方案中含有的查询关键词个数越多，相关性越大；查询的关键词如果出现在诸如深加工名称、发明点等重要字段上，则相关性越大。由此，通过判断关键词本身在结构化摘要中的重要程度来对专利文献与用户查询要求的相关度做出测量，将检索结果按相关性大小进行排序，这是从文献自我认可的角度进行相关度推荐。另一方面，通过引证文献进行超链分析，以被引用次数衡量技术的重要程度作为检索结果的相关度排序依据，将多次被引用的专利文献作为高相关度文献，这是从被他人认可角度进行相关度推荐。两种推荐模式的结合，提高了检索结果相关度推荐的准确度。

专利信息服务平台根据用户查询词，返回检索结果供用户浏览时，现有专利信息服务平台因原始标题信息含量过少，只能提供摘要、全文两种浏览模式，用户选择余地小，信息浏览量大；该平台基于深加工数据，利用增加了大量技术信息的标题和结构化标引中提炼形成的发明点、核心方案字段，又增加了三层浏览模式，用户可以直接利用标题进行浏览，减少阅读量，提高浏览效率。

（六）引入多种数据处理技术，实现内容分析

战新产业平台在后台中运用了自然语言处理、聚类、关联分析、文本挖掘、机器学习、可视化等多种数据处理技术，使专利信息分析的数据内容从文献特征项深入信息内容本身，有效支撑了各类分析需求。

（七）预设功能模块，还可灵活组合分析要素

战新产业平台的专利信息分析系统，采取功能模块化设置，并且可以通过自由配置，实现面向不同层次的应用需求。

面向普通用户，该平台围绕各类分析情境，吸收借鉴了国内外成熟的分析理论和研究成果，预设了多种统计分析模块，满足基本分析需求。面向高级用户，该平台设置了开放式分析入口，用户围绕分析要素，按需灵活组合，满足高级分析需求。

（八）实现在线统计分析和结果可视化显示

用户利用战新产业平台完成检索后，后台将自动完成各类数据处理工作，形成可进行统计分析的样本集，用户可直接进行在线统计分析，实现

了检索到统计分析的无缝衔接。

针对统计分析结果，本平台能够形成各种直观、形象的数据图表，除了常规的折线图、柱状图、条形图、雷达图、气泡图等之外，还能形成功效矩阵、引证图谱、技术热力图等图表。

二、功能介绍

战新产业平台提供专利检索、引证分析、产业导航、专利评估等服务。

（一）专利检索

专利检索模块依托特有的人工深度标引的专利数据、专利分类—主题词一体化词表、申请人机构代码表等核心数据资源和自主技术路线的专利语义检索引擎，能够为用户提供专利智能检索、相似专利检索、表格检索、专利分析和在线翻译等服务。

专利检索模块具有以下特点：自动识别检索概念动态扩展形成检索式，精准提供技术解决方案；通过深加工的摘要、创新点、技术问题、用途、CPC 等增值的精细化检索入口，提高查全率和查准率；基于智能主题词库的同近义词、上下位词和相关词，以及申请人机构代码进行扩展选择，降低检索式构建难度；检索结果可按相关度和被引次数排序，关联显示专利评估结果、专利引证信息、同族文献信息、专利交易信息，提高浏览效率；支持公开号、申请号的批量检索，批量下载的检索结果可无缝接入"专利信息分析系统"进行统计分析。

（二）引证分析

引证分析依托引文数据库为用户提供全球专利的引证、被引证检索统计分析，帮助用户快速掌握技术路径发展脉络、技术创新核心专利和源头专利、评估技术影响、筛选高价值专利、掌握竞争态势、观测技术扩散和知识流动。战新产业平台能实现发明人和审查员的专利与非专利引文的检索、实现专利被后续引用情况，同族专利被全球专利引用情况的检索，实现期刊论文、图书被中国专利引用情况的检索。

（三）产业导航

产业导航依托产业分类与专利分类映射对照体系，从全球海量专利中筛选出战略性新兴产业相关专利数据，解决社会大众不了解专利分类体系而影响其专利检索和浏览效率低的问题，助力创新主体直接从战略性新兴产业出发导航检索获取专利信息，及时掌握战略性新兴产业技术创新动向和竞争态势全景。该平台实现七大战略性新兴产业的分层次专利导航检索。

（四）专利评估

专利评估依托专利大数据评估统计数据库和市场验证前后全方位量化统计指标，面向企业高校院所专利运营管理机构、投资机构、资产评估机构等，以行业为参照系，提供量化统计数据辅助专利价值评估、专利实力调查和专利运营决策。

第三节　战略性新兴产业专利数据库在平台中的应用

一、战略性新兴产业专利导航

从全球专利数据资源中筛选形成的战略性新兴产业专利数据库在战新产业平台中主要以产业导航的形式体现，围绕七大战略性新兴产业三级分类体系，为1238个三级产业设置了导航检索模块，提供一站式快捷检索服务，直接单击即可快速准确得到产业及其子产业相关的专利检索结果，无须复杂的检索过程，适用于各类用户。下面以生物产业为例进行介绍（图6.1）。

图6.1　战略性新兴产业七大产业专利导航界面

生物产业下设 6 个一级产业，分别为生物农业、生物环保、生物医学工程、生物制造工艺、生物基材料、生物医药，每个产业的数据是指目前所收录的该产业的专利数量，如图 6.2 所示。以"生物农业"为例，单击该产业，可看到生物农业下包括 6 个二级产业，分别为生物育种、生物芯片在农业中的应用技术、水产养殖、生物农药、生物肥料、生物饲料及添加剂，如图 6.3 所示。

图 6.2　生物产业专利导航界面

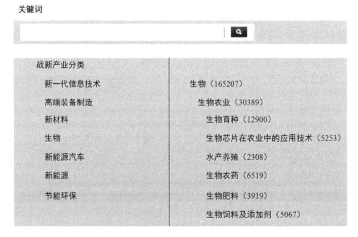

图 6.3　生物农业专利导航界面

以二级产业"生物育种"为例，单击该产业，可看到生物育种包括 6 个三级产业，分别为植物转基因育种、植物分子标记辅助育种、植物组织工程育种、植物诱变育种、植物杂交育种、动物新品种的繁育，如图6.4所示。

　　以三级产业"植物转基因育种"为例，单击该产业，可看到植物转基因育种包括4个细分产业（四级产业），分别为植物原生质体融合育种、使用载体的植物转基因育种、其他引入外来DNA的植物转基因育种、其他植物转基因育种，如图6.5所示。需要说明的是，并不是所有三级产业均进行了四级细分，根据行业及产业特点，对于不便细分、足够精细的三级产业不进行进一步的细分。

图6.4　生物育种专利导航界面

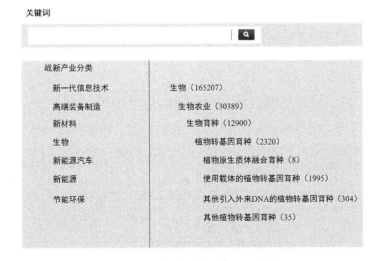

图6.5　植物转基因育种专利导航界面

　　若要对产业进行专利统计分析，可单击产业进入统计分析界面（专利信息分析系统），直接进行专利统计分析，关于分析步骤、分析维度、结果获取等将在其他章进行详细介绍。

　　对于战略性新兴产业各个产业下的专利可进行概览，包括基本专利信息、摘要、附图、权利要求等，如图6.6~图6.8所示。

图 6.6　专利概览界面（一）

图 6.7　专利概览界面（二）

摘要　　权利要求　　互动　　评估

本发明涉及一种实现半导体聚合物图形化的方法，包括如下步骤：在基板上形成半导体聚合物薄膜；用紫外光通过具有图形的掩模对半导体聚合物薄膜受光照的部分体现出不同于未受光照部分的光学和电学特性，从而在聚合物薄膜上获得通过光学和电学特性来体现与掩模图形一致的点阵或者图案；其中所述半导体聚合物分子主链上含有碳碳双键或碳碳叁键。本发明方法在光刻过程中不需要使用溶剂来清洗聚合物薄膜，具有受外界加工条件、时间等因素影响小，容易控制，成品率高等优越性；使用本发明方法获得的点阵或图案具有极高的分辨率。本发明还涉及应用该方法制备的发光器件、薄膜晶体管器件和电子记忆体器件。

图 6.8　专利概览界面（三）

二、战略性新兴产业专利统计分析

构建战略性新兴产业专利数据库的主要目的之一在于对战略性新兴产业进行宏观统计分析，在战新产业平台集成了专利信息分析系统，通过检索历史调用检索结果可直接进行时间、地域、主体、技术、质量和区域等六个维度的分析 ❶（图 6-9）。

图 6.9　战新产业平台专利分析维度

（一）专利信息分析系统介绍 ❷

面对大量的专利数据，要高效进行多角度全方位的分析，就必须利用合适的专利分析工具，专利分析工具的好坏将直接影响到专利分析的效率与准确性。现有的专利分析工具一般分为两类：一类是专利分析软件，专门针对专利数据的特点而研制开发的工具；另一类是常用的数据分析工具，其可以利用数据分析功能来进行专利分析，例如 excel 软件。

---

❶　马天旗 . 专利分析 – 方法、图表解读与情报挖掘［M］. 北京：知识产权出版社，2015.

❷　审查业务管理部 . 专利分析实务手册［M］. 北京：知识产权出版社，2012.

专利分析工具的作用在于，将检索到的数据项进行处理以输出可使用的图表或可用于制作图表的数据。中国专利技术开发公司开发的专利信息分析系统因其高效、准确、可靠被大多数专利分析人员所使用。下面从系统功能、数据处理、操作流程、主题三个方面进行介绍。

1. 系统功能

在专利信息分析系统的进入界面中，输入用户名和密码后，即进入专利信息分析系统的主界面。在整个操作界面中，主要的操作功能和按钮都集中在界面的左上部，主要包括以下三个部分。

（1）数据部分：包括"数据导入""专题管理""数据管理"三个子部分，主要用于将数据导入专利信息分析系统、专题的处理及数据的标引等；

（2）分析部分：包括"专利数量分析""专利质量分析""发展趋势分析""专利引文分析""专利同族分析"五个部分。该部分主要是利用导入的专利数据进行各维度的专利数据分析和专利数据挖掘，并生成统计分析图表；

（3）其他部分：包括"文件""系统管理""帮助"等部分。

此外，在上述各菜单中一些常用功能也以快捷的方式存在于整个操作界面的左部，可直接单击使用，与其使用菜单的功能完全相同。

2. 数据处理

数据处理是专利信息分析系统使用的基础，系统在导入专利数据之后才能完成专利信息分析、挖掘的功能。数据处理包括数据导入或导出及数据清理两个步骤。数据的导入或导出主要由菜单"数据导入"下的各子菜单完成。一般情况下，数据的导入或导出由模板来完成。当需要导入中文的 CPRS 专利数据时，必须要建立 CPRS 专利数据的模板，之后才可以使用该模板将专利文献的各种信息导入专利信息分析系统中以便进一步处理。

（1）模板导入或导出。

针对不同文献格式的数据可能保存不同的文献特征信息，可向专利信息分析系统导入多种文献格式的数据，因而提出了文献数据模板的概念。模板的作用是用户可以根据文献的不同格式灵活设置和调整文献字段格式，保存导入专利文献的相关特征信息，从而对该种专利文献进行数据导入。在专利信息分析系统中，可以新建、编辑、删除与导入或导出模板。

用于数据导入或导出的模板可以新建，可以在已有的模板上编辑，也可以通过导入的方式将已有的通用模板导入。确定模板之后，就可以利用这些模板来导入数据。在专利信息分析系统中，已经保存了 CPRS 和 WPI 等通用模板，专利分析人员可以直接使用。对于其他格式的数据，专利分析人员可以根据格式设置相应的模板来导入 txt、excel、xml 等格式的文件。

需要指出的是，当导入的专利文献格式发生变化后与保存的模板的字段格式不同时，会导致该文献专利无法正常导入。此时，需要对模板中变化的字段格式进行调整，即对模板中的相应字段进行编辑。当一个模板已经不再使用或者该模板的变动太多时，可以选中该模板名称进行删除。用户还可以导入已有的模板或将系统中存在的模板导出。

（2）数据清理。

数据导入后，专利信息分析系统会提示用户是否对数据进行清理。数据清理的目的是对导入的不符合数据库规范的数据项进行清理和更正，如果选择"是"，则专利信息分析系统会立刻开始进行数据清理；如果选择"否"，可以稍后单击"数据导入"按钮，选择"数据清理"功能进行数据清理。数据清理时，对于 EPODOC、WPI 等英文数据项，可以只勾选"从申请号中提取申请日""从优先权中提取国省""清理申请人信息以及填写申请人类型""根据专利公开化填写地区分布、五局分布和授权信息"，随后单击"开始清理"按钮即可。数据清理后的数据可用于进一步的专利统计分析。

3. 操作流程

在导入数据并清理后，即可利用专题中的各种专利信息进行专利分析。下面以常见的专利申请量分析为例，给出常规的专利分析操作流程。

（1）首选选择"专利数量分析"下的"专利申请量分析"子菜单，会出现一个界面。

（2）出现的界面的左半部主要有"选择专题""选择横轴""选择纵轴"等部分，右半部的上部为输出的统计数据部分，下部为直接生成的分析图表部分。一般情况下，首先选择一个专题，并选择分析的横轴和纵轴的坐标。例如，在进行专利申请量分析时，横纵选择申请日，并全选出现的各年代，纵轴可以不选。

（3）在选择好的专题和横、纵轴后，单击"分析统计"按钮即可得到分析结果。

（4）上述获得的图片可通过"导出图像"按钮将图像导出，存储成JPEG 格式，以便后续使用。

此外，也可将分析得到的统计数据通过"导出数据"按钮将数据导出为 excel 的格式，以便后续使用上述数据进行进一步的分析和利用。

在实际操作中，通过专题的建立、导出、合并、比较可实现更多维度更为全面的专利分析，下面着重介绍一下专题处理的相关步骤。

（1）专题的建立与导出。

在导入一组专利数据后即建立了一个专题，通过"专题管理"菜单下的"专题显示与拆分"来查看。在"专题名称"下拉项中选择一个专题名字，再单击左上角的"显示专题"，即可查看该专题的专利文献的各种信息。此时，可通过单击该对话框上部的"导出 excel"和"导出文本文件"将该专题的数据导出。

此外，也可通过"检索数据"按钮设定一定检索条件来得到某一专题数据中的部分数据。例如，选择检索权利要求项中含有关键词"图像"的数据，当单击"增加"和"确定"后，即将权利要求中包含"图像"两个字的专利文献检索出来，检索得到的文献数量将减少。此时，可将检索得到的专利数据拆分出来，得到一个新的专题。其操作过程：在单击"拆分专题"按钮后，出现一个对话框，提示输入新的主题名称；在输入专题名称后，新的专题拆分成功，并出现一个对话框，来提示是否删除原专题中的这部分数据；如果单击"是"，则删除这部分数据，相当于利用之前检索条件将原有的专题拆分成两个互相没有交集的专题；如果选择"否"，则保留原有专题中的这部分数据，即相当于原有主题保持不变，检索拆分出来的这部分专利数据再单独成为一个新的专题。当然，在实际操作中，可根据实际情况来进行选择上述不同的专题拆分方式。

（2）主题合并与数据拼接。

专利信息分析系统提供了不同专题中的不同字段的数据拼接功能，包括用一个专题的一个字段覆盖另一个专题的一个字段，将一个专题的字段追加到另一个专题的一个字段中。

①功能界面。

单击菜单中的"专题管理"下的子菜单"专题数据更新"进入专题库数据和字段拼接功能，进入该功能后将弹出对话框。其中，"被更新的专题"表示需要对其进行数据替换或追加的专题，"更新源专题"表示提供数据来源的专题。

②数据追加。

举例说明数据追加的方法，比如现需要将 test-2 中的"自定义项 1"追加到 text-1 的"自定义项 1"中。操作过程如下。

第一步：将 test-1 选择为被更新的专题，字段名称选择"自定义项 1"；

第二步：将 test-2 选择为更新源专题，字段名称选择"自定义项 1"；

第三步："选项"一栏中选择第三个，即"标引字段信息合并（仅限标引字段）"。

test-1 中自定义项 1 的原始数据为"技术分支 1"，经过该操作后，test-2 中自定义项 1 中的内容"技术分支 4"被追加到 test-1 的自定义项 1 中，合并结果为"技术分支 1；技术分支 4"。

③覆盖性数据替换。

举例说明覆盖性数据替换的方法。例如，现需要将 test-1 中的"自定义项 7"中的"功效 2"替换为 test-2 中"自定义项 6"中的"功效 1"。操作过程如下。

第一步：将 test-1 选择为被更新的专题，字段名称选择"自定义项 7"；

第二步：将 test-1 选择为更新源专题，字段名称选择"自定义项 6"；

第三步："选项"一栏中选择第二个，即"字段数据复制（覆盖被更新专题已存在的数据）"；

第四步：单击"更新"，软件将自动进行字段复制操作，随后提示"更新成功"。可以看出，经过该操作后，test-1 中自定义项 7 的原始数据为"功效 2"已经被 test-2 中自定义项 6 中的内容"功效 1"取代，字段复制的结果为"功效 1"。

④非覆盖性数据替换。

举例说明非覆盖性数据替换的方法。比如，test-2 专题中部分记录的"自定义项 7"中存在有效数据（"用途 1"），但部分数据为空。现需要使用 test-1 专题中的"自定义项 5"中的"法律状态 1"对 test-2 的"自定义项 7"进行更新，更新过程中需要保留 test-2 中的"自定义项 7"中的原有的非空数据项"用途 1"。操作如下。

第一步：将 test-2 选择为被更新的专题，字段名称选择"自定义项 7"；

第二步：将 test-1 选择为更新源专题，字段名称选择"自定义项 5"；

第三步："选项"一栏选择第一个，即"字段数据复制（不覆盖被更新专题已存在的数据）"；

第四步：单击"更新"，软件将自动进行字段复制操作，随后提示"更新成功"。经过该操作后，test-2 中原有的"自定义项 7"的原始数据"用途 1"仍然被保留，而"自定义项 7"为空的数据记录的"自定义项 7"已经被 test-1 专题的"自定义项 5"中的"法律状态 1"更新。

（3）专题的比较。

专题的比较功能可以比较两个专题之间数据的异同，可通过调用"专题管理"菜单下的"专题比较"子菜单来实现该功能。在标签"两个专题中的相同专利""第一个专题中的不同专利"和"第二个专题中的不同专利"中，可查看这两个专题比较的详细结果。这些标签中分别给出了包含在两个专题中的相同的专利的详细信息，以及这两个专题中不同的专利的详细信息。

（4）常见问题的处理方法。

专利信息分析系统常见的问题有导入数据问题或在导入的过程中异常终止。一般情况下，出现这种问题的主要原因在于待导入的数据与使用的模板不匹配，解决的方法是建立与待导入的数据完全兼容的模板，然后使用该模板重新导入数据。如果仍然存在问题，可将问题的数据暂时删除，待将其他数据导入后，再导入有问题的数据，之后可通过专题合并的方式将专利数据合并。

上述是对专利信息分析系统的基本功能的介绍，在战略性新兴产业平台中进行专利分析时，可直接调用专利信息分析系统分析各项功能。对于在平台中构建好的专题数据库，无须进行数据处理、专题建立、合并等步骤，可直接进行专利分析。

（二）专利统计分析维度

1. 时间分析

时间分析包括申请日分析、公开日分析、授权日分析，可分别从年份、月份、日增长率角度进行统计，并自动生成年份趋势图及统计表格 ❶。

下面以"薄膜晶体管"为例对时间分析维度进行介绍。通过关键词"薄膜晶体管"在战略性新兴产业平台中进行智能检索，平台后台自动进行关键词扩展及 IPC 扩展检索，检索结果为 43235 件。在申请日按年分析中，起始日期选择 1995 年，结束日期选择 2018 年，还可根据实际分析需求，设置过滤条件，包括公开日、专利类型、区域选择、IPC 分类号、人员选择，如图 6.10 所示。

图 6.10　申请日分析参数选择

选择完分析参数后，单击确认，战略性新兴产业平台自动生成图表，如图 6.11 及表 6.3 所示。从图 6.11 可以看出，1995—2018 年，薄膜晶体管专利申请先后经历了萌发期、发展期、回落期和爆发期。1995—1999 年为萌芽期，该期间薄膜晶体管处于早期研发阶段，平均每年的专利申请量非常低，未超过 200 件。到 2000 年左右，薄膜晶体管技术取得了重大突破，并得到了快速发展，2000—2006 年薄膜晶体管的专利申请量呈稳定增长态势。但是因金融危机及集成电路市场的影响，从 2007 年开始，薄膜晶体管专利申请量进入了回落期，直至 2011 年才开始回升。随着集成电路及显示

---

❶　甘绍宁．战略性新兴产业发明专利授权统计报告［M］.北京：知识产权出版社，2015.

器技术突飞猛进，薄膜晶体管技术在 2011 年进入黄金爆发期，专利申请量得到了快速增长，并在 2013 年达到历史最高水平，2014—2018 年申请量有所下降，是因为该时间段申请的专利还未全部公开。

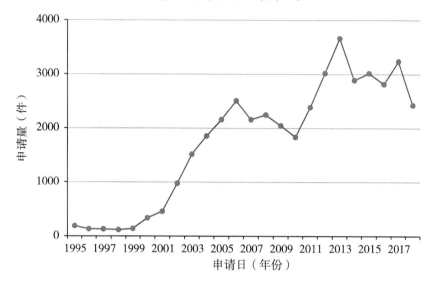

图 6.11 1995—2018 年薄膜晶体管专利申请情况分析

表 6.3 1995—2018 年薄膜晶体管专利申请情况

序号	申请日	申请量（件）
1	1995 年	191
2	1996 年	134
3	1997 年	132
4	1998 年	119
5	1999 年	140
6	2000 年	336
7	2001 年	457
8	2002 年	975
9	2003 年	1516
10	2004 年	1855
11	2005 年	2156
12	2006 年	2508

（续表）

序号	申请日	申请量（件）
13	2007 年	2156
14	2008 年	2244
15	2009 年	2044
16	2010 年	1833
17	2011 年	2385
18	2012 年	3018
19	2013 年	3662
20	2014 年	2887
21	2015 年	3015
22	2016 年	2814
23	2017 年	3237
24	2018 年	2427

　　在时间分析维度，除了对申请日进行分析之外，还可进行公开日及授权日分析，如图6.12、表6.4及图6.13、表6.5所示。从趋势上看，薄膜晶体管专利申请公开情况及授权情况与专利申请情况基本一致。

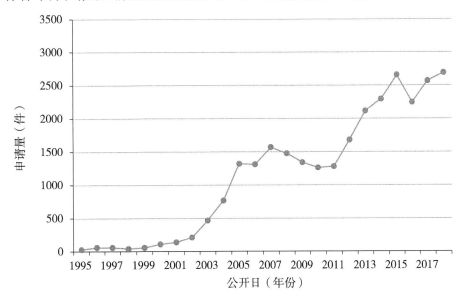

图 6.12　1995—2018 年薄膜晶体管专利申请公开情况分析

表 6.4　1995—2018 年薄膜晶体管专利公开情况

序号	公开日	申请量（件）
1	1995 年	31
2	1996 年	61
3	1997 年	61
4	1998 年	42
5	1999 年	56
6	2000 年	108
7	2001 年	137
8	2002 年	211
9	2003 年	467
10	2004 年	766
11	2005 年	1320
12	2006 年	1311
13	2007 年	1568
14	2008 年	1477
15	2009 年	1341
16	2010 年	1261
17	2011 年	1281
18	2012 年	1680
19	2013 年	2114
20	2014 年	2294
21	2015 年	2655
22	2016 年	2245
23	2017 年	2568
24	2018 年	2690

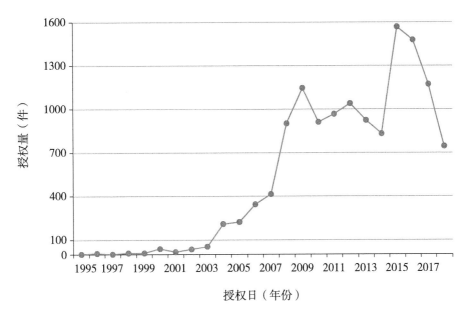

图 6.13 1995—2018 年薄膜晶体管专利授权情况分析

表 6.5 1995—2018 年薄膜晶体管专利授权情况

序号	授权日	授权量（件）
1	1995 年	0
2	1996 年	6
3	1997 年	0
4	1998 年	8
5	1999 年	8
6	2000 年	38
7	2001 年	16
8	2002 年	35
9	2003 年	53
10	2004 年	209
11	2005 年	223

（续表）

序号	授权日	授权量（件）
12	2006 年	344
13	2007 年	414
14	2008 年	901
15	2009 年	1146
16	2010 年	911
17	2011 年	966
18	2012 年	1040
19	2013 年	923
20	2014 年	831
21	2015 年	1568
22	2016 年	1477
23	2017 年	1172
24	2018 年	745

2. 区域分析

区域分析包括国别分析及省份分析。国别分析包括国别分布分析、国别专利类型、国别趋势分析、申请人国别分析。国别分布分析包括申请国国别分布及公开国国别分布。省份分析包括省份分布分析、省份专利类型、省份趋势分析。

下面以"薄膜晶体管"为例对区域分析维度进行介绍。通过关键词"薄膜晶体管"在战新产业平台中进行智能检索，平台后台自动进行关键词扩展及 IPC 扩展检索，检索结果为 43235 件。对检索结果进行申请来源国分析，即国别分布，统计结果如图 6.14 及表 6.6。可以看出，在中国申请的薄膜晶体管专利主要来源于中国申请人，占半数以上；有近 18.89% 的薄膜晶体管专利由日本人申请，韩国在中国申请的薄膜晶体管专利为 6649 件，占比 15.38%。此外，美国在中国也申请了一定量的专利，占比为 2.68%。

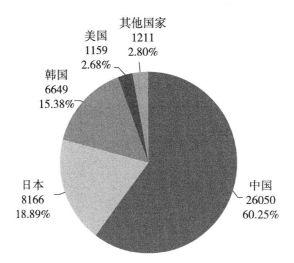

图 6.14　薄膜晶体管专利申请来源国分析

表 6.6　薄膜晶体管专利申请国别分布情况

序号	国别	申请数量（件）	占比
1	中国	26050	60.25%
2	日本	8166	18.89%
3	韩国	6649	15.38%
4	美国	1159	2.68%
5	其他国家	1211	2.80%

　　国别分析中可对主要来源国进行申请趋势分析，选择申请量靠前的国家：中国、韩国、日本及美国，这些国家 1995—2018 年在中国申请的薄膜晶体管专利情况如图 6.15 及表 6.7 所示。

表 6.7　薄膜晶体管中国专利主要来源国申请情况

序号	申请日	中国（件）	日本（件）	韩国（件）	美国（件）
1	1995 年	3	7	181	0
2	1996 年	1	9	113	6
3	1997 年	3	6	112	6
4	1998 年	3	9	99	1
5	1999 年	3	26	96	6
6	2000 年	25	21	276	4

（续表）

序号	申请日	中国（件）	日本（件）	韩国（件）	美国（件）
7	2001 年	51	47	301	28
8	2002 年	164	227	508	23
9	2003 年	439	349	634	43
10	2004 年	498	627	578	73
11	2005 年	627	679	658	104
12	2006 年	894	857	595	62
13	2007 年	887	502	592	97
14	2008 年	1109	374	655	54
15	2009 年	1056	252	550	100
16	2010 年	914	286	504	54
17	2011 年	1496	365	354	69
18	2012 年	2106	376	368	87
19	2013 年	2946	380	213	61
20	2014 年	2417	183	136	77
21	2015 年	2495	279	123	63
22	2016 年	2323	286	103	49
23	2017 年	2751	339	63	46
24	2018 年	2220	137	39	19

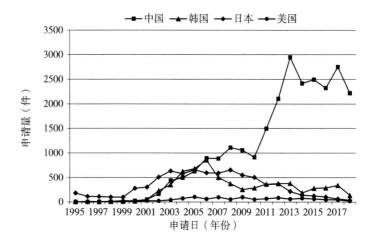

图 6.15　薄膜晶体管中国专利主要来源国申请趋势分析

区域分析中除了国别分析之外，还可进行各种维度的省份分析，因篇幅限制，在此不作详细介绍。

3. 主体分析

主体分析是从申请人和发明人两个维度进行分析，申请人分析包括申请人排序分析、申请人趋势分析，发明人分析包括发明人排序分析、发明人专利类型、发明人趋势分析、发明人国别分析。

下面仍以"薄膜晶体管"为例对主体分析维度进行介绍。通过关键词"薄膜晶体管"在战略性新兴产业平台中进行智能检索，平台后台自动进行关键词扩展及 IPC 扩展检索。对检索结果进行申请人排名分析，统计结果如图 6.16 及表 6.8。可看出，京东方科技集团股份有限公司以 6355 件专利申请量排名榜首，株式会社半导体能源研究所、深圳市华星光电技术有限公司、友达光电股份有限公司分别以 2458 件、2304 件、2153 件专利申请量位居第二至第四位。值得注意的是，日韩企业株式会社半导体能源研究所、乐金显示有限公司、三星电子株式会社、三星显示有限公司、夏普株式会社、LG.菲利浦 LCD 株式会社占据前十中的五个席位。

图 6.16　薄膜晶体管专利申请人排名前十情况

表 6.8　薄膜晶体管专利申请人排名前十统计表

序号	申请人	申请量（件）	百分比
1	京东方科技集团股份有限公司	6355	29.64%
2	株式会社半导体能源研究所	2458	11.46%
3	深圳市华星光电技术有限公司	2304	10.75%
4	友达光电股份有限公司	2153	10.04%
5	乐金显示有限公司	1939	9.04%
6	北京京东方光电科技有限公司	1765	8.23%
7	三星电子株式会社	1619	7.55%
8	三星显示有限公司	1101	5.14%
9	夏普株式会社	955	4.45%
10	LG.菲利浦 LCD 株式会社	791	3.69%

由图 6.17 及表 6.9 显示的是薄膜晶体管专利发明人排名情况可知，日本发明人山崎舜平以 1160 件专利申请量高居首位。

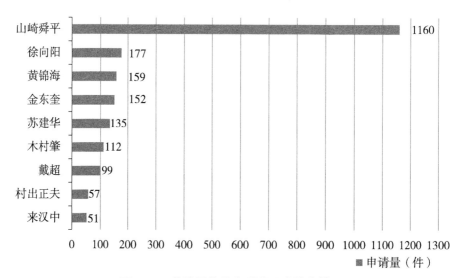

图 6.17　薄膜晶体管专利发明人排名情况

表 6.9　薄膜晶体管专利发明人排名前十统计表

序号	发明人	申请量（件）
1	山崎舜平	1160
2	徐向阳	177
3	黄锦海	159
4	金东奎	152
5	苏建华	135
6	木村肇	112
7	戴超	99
8	村出正夫	57
9	来汉中	51

4. 技术分析

技术分析主要是从国际专利分类号的角度进行分析，分为 IPC 主分类分析及 IPC 分类分析，两者均从分类构成、分类趋势、申请人、发明人等维度进行分析。

下面仍以"薄膜晶体管"为例对技术分析维度进行介绍。技术分析一般情况下以国际专利分析为基础进行的分析，通过量化分析 IPC 分类号来获取技术面貌。由图 6.18 及表 6.10 显示的是薄膜晶体管专利主 IPC 分类号

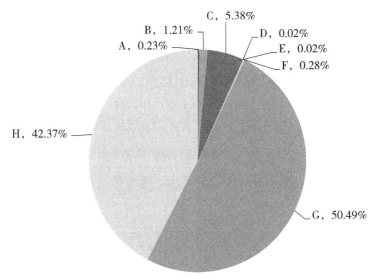

图 6.18　薄膜晶体管专利主 IPC 分类号统计情况

的统计情况可看出，薄膜晶体管主要集中在 G 部及 H 部，两大部分占比达 92.8% 以上。当然，战新产业平台还可以按需对 IPC 分类号的大类、中类、小类及大组、小组分析。

表 6.10　薄膜晶体管专利主 IPC 分类号统计结果

序号	IPC 分类（大部）	申请数量（件）
1	A	98
2	B	511
3	C	2265
4	D	8
5	E	10
6	F	116
7	G	21258
8	H	17840

5. 质量分析

质量分析包括专利类型分析及引文分析，专利类型分析包括专利类型构成、专利类型趋势、专利类型申请人、专利类型 IPC 分析。引文分析主要进行树状图分析。

以"薄膜晶体管"为例对技术分析维度进行介绍。通过关键词"薄膜晶体管"在战略性新兴产业平台中进行智能检索，平台后台自动进行关键词扩展及 IPC 扩展检索，检索结果为 43235 件。这些专利中，发明公开数量为 29297 件，占比 67.76%，发明授权数量为 11175 件，占比为 25.85%，实用新型专利数量为 2763 件，占比 6.39%。具体见图 6.19 和表 6.11。

表 6.11　薄膜晶体管专利类型分析

序号	专利类型	申请数量（件）	百分比
1	发明公布	29297	67.76%
2	发明授权	11175	25.85%
3	实用新型	2763	6.39%

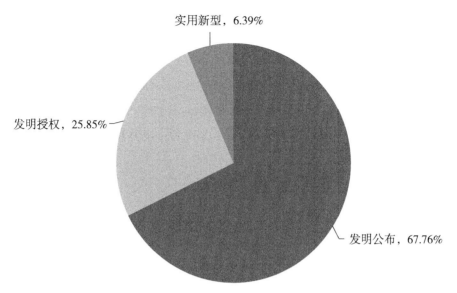

图 6.19　薄膜晶体管专利类型分析

第四节　小　　结

　　本章首先从"战略性新兴产业发展需要专利信息支撑决策"及"解决大数据时代专利信息利用两大矛盾"两个角度阐述了建设战略性新兴产业专利数据智能化信息服务平台的意义。充分利用专利信息资源，将专利信息分析与产业运行决策深度融合，利用专利信息导航战略性新兴产业发展，对于认清产业发展态势、找准转型方向、明确升级路线、实现科学发展，具有重要的决策支撑作用。建设基于互联网的集智能导航、检索查询、统计分析等功能于一体的战略性新兴产业专利信息服务平台，能使社会公众可快速、简单、准确、高效地获取战略性新兴产业相关专利信息。

　　其次，本章介绍了战略性新兴产业专利数据智能化信息服务平台的特点：建立了产业专题库、能实现产业导航检索、检索入口丰富、数据关联性强、实现检索四大兼容、浏览模式丰富、引入多种数据处理技术、可灵活组合分析要素等。在平台功能方面，提供专利检索、引证分析、产业导航、专利评估等服务。

　　最后，本章重点介绍了战略性新兴产业专利数据库在平台中的应用，主要体现在战略性新兴产业专利导航及专利统计分析两个方面。在战略性新兴产业专利导航方面，围绕七大战略性新兴产业三级分类体系设置了导航检索模块，提供一站式快捷检索服务，直接单击即可快速、准确得到产业相关的专利检索结果。在战略性新兴产业专利统计分析方面，战新产业平台可借助专利信息分析系统，并基于战略性新兴产业专利数据库开展宏观统计分析，可直接进行时间、地域、主体、技术、质量、区域六个维度的分析。

第七章　战略性新兴产业专利数据库的应用

　　战略性新兴产业专利数据库的构建响应了国家关于加快培育和发展战略性新兴产业的政策要求，可以满足国家战略性新兴产业发展规划中对加强战略性新兴产业专利分析及动向监测的需要。战略性新兴产业专利数据库的应用具有重要意义，是实现产业专利数据的检索、分析和可视化的基础。首先，政府能够利用战略性新兴产业专利数据转化为专利指标来评估、监控产业发展状况，定量衡量战略性新兴产业的创新态势，通过建立科学、规范、可行的战略性新兴产业统计调查体系，为政策制定提供客观依据，有的放矢地支持和引导战略性新兴产业的快速健康发展；其次，战略性新兴产业专利数据库可以为企业和科研机构提供专利数据资源服务和专利情报支持，围绕战略性新兴产业特定领域开展知识产权信息检索和专利信息分析工作，直接反映特定领域的技术创新程度，有助于企业和科研机构有针对性的增加科技研发力度和增强自主创新能力，还可以全面了解特定区域、特定竞争对手的专利分布状况与发展趋势；最后，方便个人申请人查询战略性新兴产业相关的专利技术，了解产业技术成果的发展状况，学习、借鉴他人的专利技术，提高研发起点，进而提高个人在战略性新兴产业方面的创新力度和创新起点，并有助于提高个人对知识产权的保护意识，避免知识产权纠纷。本章以"十二五"期间的专利数据为统计基础，对战略性新兴产业专利数据库的应用进行介绍。

第一节　战略性新兴产业专利数据库在宏观统计方面的应用

　　战略性新兴产业是我国转变经济发展方式、调整产业结构的重要力量，引导未来经济社会发展,体现了新兴科技与新兴产业的深度融合。在新兴产业领域,知识产权成为各国竞争的焦点,世界主要国家纷纷加快部署,推进新兴产业快速发展。《"十二五"国家战略性新兴产业发展规划》中明确指出,要针对产业发展的薄弱环节和瓶颈制约,有效发挥政府的规划引导、政策激励和组织协调作用;要加强相关战略性新兴产业的统计和监测,加强形势分析,及时发布产业发展信息。而以专利数据为基础的专利指标直接反映了技术创新的程度,通过对相关技术领域的专利数据进行统计和分析,可以定量衡量战略性新兴产业的创新态势,寻找发展中存在的问题与薄弱环节,有的放矢地支持和引导战略性新兴产业的发展。专利数据具有与新技术联系紧密、产业领域覆盖范围广、内容信息丰富、数据翔实准确、数据获取方便等优势,以专利为指标建立战略性新兴产业创新状况的统计监测机制是必然选择。

建立战略性新兴产业创新状况的统计监测机制具有重要意义 ❶。第一,有利于产业调控。大力发展战略性新兴产业发展的根本目的和表现形式是产值、增速以及对工业经济的拉动作用;建立科学完善的统计监测指标体系,能够反映产业发展进程与发展现状,总结发展经验,更好地为相关部门进行宏观决策与调控提供相对科学的依据。第二,有利于技术创新。加大科技攻关力度,突破并掌握核心关键技术,加快形成以企业为主体、市场为导向、产学研相结合的技术创新体系,是战略性新兴产业发展的核心环节。通过统计监测,对推动产业技术创新能力提升,具有重要的支撑作用。第三,有利于资源配置。通过统计监测,能够为开展产业评估,厘清各地区比较优势,有利于各地区找准自身定位,扬长避短,在市场主导下合理调配资源,实现错位竞进,确保战略性新兴产业良性集聚、健康成长、协调发展。第四,有利于产业融合。战略性新兴产业特点之一是与其他产业的高度融合。通过统计监测,关注战略性新兴产业与其他产业间的延伸性融合效应,对于掌握产业演进规律,带动相关产业发展壮大,促进经济快速发展,具有积极的意义。

通过战略性新兴产业专利数据库的应用,可以从专利大数据层面清晰

---

❶ 王鹏,王丽丽,王基伟.加快建立规模以上工业战略性新兴产业统计监测指标体系[J].中国战略新兴产业,2017(29):54~57.

反映战略性新兴产业的创新能力、发展状况和发展趋势，为在一段时期内追踪监测战略性新兴产业专利发展态势提供数据支持，可探索建立以专利为指标的战略性新兴产业创新状况的统计监测机制；进而推进战略性新兴产业知识产权工作，加强战略性新兴产业知识产权集群式管理。利用战略性新兴产业专利数据库能够完成统计监测数据项，包括申请/授权总量、申请/授权量逐年变化趋势、国内外申请/授权量及占比、区域及省市申请/授权量分布、国外在华申请/授权量的国别分布、申请人类型及排名等。通过这些数据项不仅可以对战略性新兴产业的总体情况进行统计检测，还可以对七大战略性新兴产业中具体产业、二级产业及三级产业的专利发展状况进行统计检测，可以很好地满足统计上测算战略性新兴产业发展规模、结构和速度的需要，便于国家战略性新兴产业发展规划进行宏观监测和管理，还适用于各地区、各部门开展战略性新兴产业统计监测。

一、战略性新兴产业总体情况

利用战略性新兴产业专利数据库可对战略性新兴产业专利申请总体情况进行分析。总体情况包括战略性新兴产业整体逐年申请量变化趋势、战略性新兴产业国内申请及国外在华申请分布情况、战略性新兴产业全球发明专利申请的国别分析，以及七大产业专利申请占比等。此外，还可以从同样分析角度对战略性新兴产业的专利授权量进行统计。通过战略性新兴产业专利总体情况，可对中国战略性新兴产业的发展现状进行定量分析，了解战略性新兴产业整体的创新能力、存在的问题，为中国战略性新兴产业的技术创新战略与发展实践提供一定的借鉴。

（一）战略性新兴产业全球发明专利申请情况

利用战略性新兴产业专利数据库，可以统计"十二五"期间全球范围战略性新兴产业的发明专利申请量逐年变化情况，见表 7.1。2011—2015 年战略性新兴产业全球专利申请总量逐年稳步增长，由 2011 年的约 57 万件（570015 件）增长到 2015 年的约 77 万件（773112 件）。此外，还可以进一步计算出"十二五"期间战略性新兴产业专利申请量年均增长率情况。其中，2013 年的增长率高达 8.82%，2015 年增长率最低，仅为 6.63%，其余两年的增长率在 8% 左右；"十二五"期间，全球战略性新兴产业专利申请量年均增长率为 7.92%。针对全球范围，还可对战略性新兴产业中国及外国发明专利分布情况进行比较。2011—2015 年，中国（含港澳台，下同）战略性新兴产业发明专利申请量呈逐年稳步增长态势；外国每年的战略性新兴产业发明专利申请量区间波动且变化幅度不大。中国与外国发明专利申请量的差距越来越小，中国战略性新兴产业发明专利申请量在全球的占比逐年上升。

表 7.1　"十二五"期间战略性新兴产业全球范围发明专利申请量　（单位：件）

战略性新兴产业	2011 年	2012 年	2013 年	2014 年	2015 年
中国专利申请量	117604	166895	195500	240262	296243
外国专利申请量	452411	451326	477259	484795	476869
全球专利申请总量	570015	618221	672759	725057	773112
年增长率	—	8.46%	8.82%	7.77%	6.63%

战略性新兴产业作为一个整体来分析，并不能观察七大战略性新兴产业中每个产业的专利申请活动状况。因此，通过数据库中的产业代码标记可以对战略性新兴产业的七大子产业全球发明专利申请量进行分析。"十二五"期间，七大战略性新兴产业全球发明专利申请量变化情况见表7.2。从表 7.2 中可以看到，七大战略性新兴产业中，生物产业五年的发明专利申请总量居首位，新一代信息技术产业和节能环保产业分别占据第二、第三的位置，三个产业的发明专利申请量之和超过战略性新兴产业各产业合计量的七成，专利规模总量处于七大产业第一梯队。高端装备制造产业、新能源产业、新材料产业专利规模处于第二梯队。新能源汽车产业相对于其他战略性新兴产业发明专利申请量最少，处于第三梯队。从七大战略性新兴产业的增长趋势来看，生物产业和节能环保产业的申请量增长迅猛，而新一代信息技术产业申请量增长趋于停滞；新能源产业和新能源汽车产业的申请量在 2011—2013 年迅速增长，然后在 2014 年转变为小幅负增长；高端装备制造产业和新材料产业在 2011—2015 年稳步增长。

表 7.2　"十二五"期间七大战略性新兴产业全球发明专利申请量　（单位：件）

战略性新兴产业	2011 年	2012 年	2013 年	2014 年	2015 年
节能环保	116924	137604	146977	159333	174151
新一代信息技术	149003	129478	172827	183386	187905

（续表）

战略性新兴产业	2011 年	2012 年	2013 年	2014 年	2015 年
生物	211904	227066	234311	259418	280415
高端装备制造	37699	44715	49598	54193	60559
新能源	53463	63625	65527	63273	62957
新材料	48125	57585	59724	64893	70846
新能源汽车	7756	10652	12284	11281	11438

将七大战略性新兴产业的发明专利分布情况按照中国及外国分别进行监测统计，见表 7.3。"十二五"期间，七大战略性新兴产业中，中国发明专利申请数量均呈稳步增长趋势，而外国发明专利申请数量在节能环保产业、生物产业、高端装备制造产业、新材料产业中均维持相对稳定，新一代信息技术产业分别在 2012 年和 2015 年出现了负增长，新能源产业、新能源汽车产业的外国发明专利申请数量呈明显先增后降的趋势。这也是导致 2014—2015 年新能源产业、新能源汽车产业发明专利申请量下降的重要因素。

表 7.3 "十二五"期间七大战略性新兴产业全球发明专利的
中国及外国申请量 （单位：件）

七大战略性新兴产业		2011 年	2012 年	2013 年	2014 年	2015 年
节能环保	中国申请量	29251	45529	50442	62451	80045
	外国申请量	87673	92075	96535	96882	94106
新一代信息技术	中国申请量	29763	30971	44830	50811	57288
	外国申请量	119240	98507	127997	132575	130617
生物	中国申请量	38256	53909	61890	80475	104222
	外国申请量	173648	173157	172421	178943	176193
高端装备制造	中国申请量	8571	13633	15776	19090	24715
	外国申请量	29128	31082	33822	35103	35844
新能源	中国申请量	12914	19339	21371	23876	27684
	外国申请量	40549	44286	44156	39397	35273
新材料	中国申请量	12231	19769	22891	28869	35173
	外国申请量	35894	37816	36833	36024	35673
新能源汽车	中国申请量	1608	2686	2929	3336	3992
	外国申请量	6148	7966	9355	7945	7446

"十二五"期间，七大战略性新兴产业均表现出相似的发展趋势，即中国发明专利申请量占比呈增大趋势。七大产业各产业中，中国发明专利申请量占比与 2011 年相比均处于劣势，占比最大的新材料产业仅占 25.42%，而占比最小的生物产业仅占 18.05%，而到 2015 年时，七大产业中有四个产业中国发明专利申请量占比已超过 40%，这四个产业是节能环保产业、高端装备制造产业、新能源产业、新材料产业，剩余三个产业中国发明专利申请量占比也超过了 30%，分别为生物产业 37.17%、新能源汽车产业 34.90%、新一代信息技术产业 30.49%，见表 7.4。

表 7.4　2011—2015 年七大战略性新兴产业全球发明专利的中国及外国申请量占比

七大战略性新兴产业		2011 年	2012 年	2013 年	2014 年	2015 年
节能环保	中国申请量占比	25.02%	33.09%	34.32%	39.20%	45.96%
	外国申请量占比	74.98%	66.91%	65.68%	60.80%	54.04%
新一代信息技术	中国申请量占比	19.97%	23.92%	25.94%	27.71%	30.49%
	外国申请量占比	80.03%	76.08%	74.06%	72.29%	69.51%
生物	中国申请量占比	18.05%	23.74%	26.41%	31.02%	37.17%
	外国申请量占比	81.95%	76.26%	73.59%	68.98%	62.83%
高端装备制造	中国申请量占比	22.74%	30.49%	31.81%	35.23%	40.81%
	外国申请量占比	77.26%	69.51%	68.19%	64.77%	59.19%
新能源	中国申请量占比	24.16%	30.40%	32.61%	37.73%	43.97%
	外国申请量占比	75.84%	69.60%	67.39%	62.27%	56.03%
新材料	中国申请量占比	25.42%	34.33%	38.33%	44.49%	49.65%
	外国申请量占比	74.58%	65.67%	61.67%	55.51%	50.35%
新能源汽车	中国申请量占比	20.73%	25.22%	23.84%	29.57%	34.90%
	外国申请量占比	79.27%	74.78%	76.16%	70.43%	65.10%

战略性新兴产业各产业发明专利申请增速分析显示，"十二五"期间我国节能环保产业、生物产业、高端装备制造产业、新材料产业、新能源产业的发明专利申请均处于快速增加态势，但在新一代信息技术、新能源汽车产业的专利申请增速趋于停滞。而国外的节能环保产业、生物产业、新

材料产业保持平稳，高端装备制造产业小幅增长，期间国外在新一代信息技术、新能源、新能源汽车产业的发明专利申请自 2013 年起开始下降。因此，综合国内外影响，全球新一代信息技术、新能源、新能源汽车产业的2013—2015 年发明专利增速均较低。

（二）战略性新兴产业中国发明专利申请情况

针对中国的战略性新兴产业专利申请状况可进行重点监测，不仅可以统计中国发明专利申请量，还可以统计发明专利授权量，能更清楚、更精确地表征中国战略性新兴产业的创新活跃程度。如表 7.5 所示，利用数据库对"十二五"期间战略性新兴产业中国发明专利申请量及授权量进行统计分析可知，"十二五"期间战略性新兴产业的中国发明专利申请量以较快的速度稳步增长，2012 年战略性新兴产业中国发明专利申请量突破 20 万件，2015 年突破 30 万件，五年间发明专利申请量翻了一番。进一步计算增长率可知，战略性新兴产业发明专利申请增速在五年间呈现较大的波动，2012 年增长率达到峰值后在 2013 年出现大幅下滑。虽然战略性新兴产业发明专利申请增速变化趋势与发明专利申请总体基本一致，但是战略性新兴产业每年的增长率均低于发明专利申请总体的年增长率。

表 7.5　"十二五"期间战略性新兴产业中国发明专利申请量及授权量（单位：件）

统计量	2011 年	2012 年	2013 年	2014 年	2015 年
申请量	148663	202640	232812	275281	321895
授权量	69971	92269	93124	92912	127370

虽然战略性新兴产业发明专利申请呈稳定增长态势，但相比中国发明专利申请总体的快速增长，战略性新兴产业并未显现出优势。2011—2015 年战略性新兴产业发明专利申请的年均增长率为 21.30%，明显低于同期发明专利申请总体的年均增长率（26.90%），并且以 2012 年相差最为明显。2013—2015 年战略性新兴产业发明专利申请与发明专利申请总体的增长率差距相比 2012 年缩小，但仍呈现差距逐渐拉大的趋势，见表 7.6。"十二五"期间，战略性新兴产业发明专利申请在同期发明专利总申请中的占比亦呈逐年略微下降趋势，从 2011 年的 40.35% 下降到 2015 年的 33.69%。综上所述，战略性新兴产业的发明专利申请整体呈增长态势，但增速低于预期，

在发明专利申请数量方面未能体现科技创新领军者的作用。

表 7.6 "十二五"期间战略性新兴产业与全产业的发明专利申请情况比较

统计量		2011 年	2012 年	2013 年	2014 年	2015 年
战略性新兴产业发明专利	申请量（件）	148663	202640	232812	275281	321895
	年增长率	—	36.31%	14.89%	18.24%	16.93%
全产业发明专利	申请量（件）	368434	543296	632585	777336	955340
	年增长率	—	47.46%	16.43%	22.88%	22.90%
战略性新兴产业发明专利申请量占比		40.35%	37.30%	36.80%	35.41%	33.69%

将战略性新兴产业中国发明专利按照国内申请和国外在华申请分别进行统计，见表 7.7。2011—2015 年国内战略性新兴产业发明专利申请量逐年稳步增长，由 2011 年的 10 万件左右增至 2015 年 25 万件以上；国外在华战略性新兴产业在华发明专利申请量较为稳定，每年申请量均在约 4.9 万件到 6 万件之间。国内外发明专利申请量的比值由 2011 年的 2.00 上升为 2015 年的 4.67。这说明国内战略性新兴产业专利活动持续增强，在战略性新兴产业政策作用下，国内创新主体愈发重视战略性新兴产业，增长潜力大，具有后发优势。

表 7.7 2011—2015 年战略性新兴产业国内发明专利申请量与
国外在华发明专利申请量比较   （单位：件）

统计量	2011 年	2012 年	2013 年	2014 年	2015 年
战略性新兴产业中国发明专利申请总量	148663	202640	232812	275281	321895
国内申请量	99166	142809	174650	214445	265118
国外在华申请量	49497	59831	58162	60836	56777
国内外比值	2.00	2.39	3.00	3.52	4.67

对战略性新兴产业 PCT 类型发明专利申请量进行监测统计。2011—2015 年，战略性新兴产业发明专利申请中的 PCT 类型发明专利申请量保持

相对稳定，在 32375 件到 39801 件之间，非 PCT 类型的发明专利申请数量稳定增长；战略性新兴产业中 PCT 类型发明专利申请量占当年发明专利申请量的比例逐年下降，从 2011 年的 21.78% 下降到 2015 年的 11.84%，见表7.8。此外，五年间战略性新兴产业 PCT 类型发明专利申请的增长率均显著低于同年非 PCT 类型的发明专利申请的增长率，而且在 2013 年和 2015 年出现负增长，见表 7.9。

表 7.8　2011—2015 年战略性新兴产业 PCT 类型与
非 PCT 类型发明专利申请量比较　　　　（单位：件）

专利类型	2011 年	2012 年	2013 年	2014 年	2015 年
PCT 类型申请量	32375	39801	36754	39119	38097
非 PCT 类型申请量	116288	162839	196058	236162	283798
总申请量	148663	202640	232812	275281	321895
PCT 类型占比	21.78%	19.64%	15.79%	14.21%	11.84%

表 7.9　2011—2015 年战略性新兴产业 PCT 类型及非 PCT 类型
发明专利申请年增长率

专利类型	2012 年	2013 年	2014 年	2015 年
PCT 类型	22.94%	−7.66%	6.43%	−2.61%
非 PCT 类型	40.03%	20.40%	20.46%	20.17%

利用战略性新兴产业专利数据库可单独对七大战略性新兴产业的中国发明专利申请量分别进行监测统计。例如，2011—2015 年，战略性新兴产业及各产业中国发明专利申请量及授权量情况，见表 7.10 和图 7.1。七大战略性新兴产业中，生物产业近五年的发明专利申请总量与授权量居首位。"十二五"期间，五年申请总量占战略性新兴产业各产业五年合计量的 26.47%，节能环保产业和新一代信息技术产业分别占战略性新兴产业各产业合计量的 22.60% 和 22.08%，占据第二、第三的位置。前述三个产业的发明专利申请量之和超过战略性新兴产业各产业合计量的七成，是战略性新兴产业的绝对主力；高端装备制造、新能源、新材料产业的发明专利申请量分别位居第四至第六位；新能源汽车产业相对于其他战略性新兴产

业发明专利申请量最少，居于七大战略性新兴产业的末位。图 7.1 展示了"十二五"期间战略性新兴产业各产业发明专利申请量占比情况。

表 7.10 2011—2015 年战略性新兴产业及各产业中国发明专利申请量及授权量

（单位：件）

产业名称		2011 年	2012 年	2013 年	2014 年	2015 年
节能环保	申请量	36371	52870	58919	70904	86224
	授权量	16075	21927	23491	23763	33871
新一代信息技术	申请量	43775	53617	61475	69129	70263
	授权量	21813	27349	23672	21929	31431
生物	申请量	43448	58245	66424	83218	106221
	授权量	21023	27577	30484	31143	35320
高端装备制造	申请量	9703	13234	15469	17694	20791
	授权量	4669	5969	5922	5890	9761
新能源	申请量	16095	22218	25686	27401	29099
	授权量	5252	7865	8383	8554	13441
新材料	申请量	19862	29527	33887	39321	45630
	授权量	10858	14856	14957	15056	20652
新能源汽车	申请量	3082	4231	5736	5568	5431
	授权量	1010	1472	1767	1863	3306

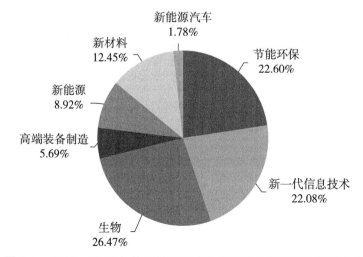

图 7.1 2011—2015 年战略性新兴产业各产业发明专利申请量占比

2011—2015 年七大战略性新兴产业中，各产业国内发明专利申请量均呈现稳步增长趋势，而国外在华发明专利申请量在节能环保产业、新一代信息技术产业、生物产业、高端装备制造产业、新能源产业、新材料产业中均维持相对稳定。新能源汽车产业的国外在华发明专利申请量呈现先增后降的趋势，这是导致 2014—2015 年新能源汽车产业发明专利申请量下降的重要因素。

利用表 7.10 的数据可以计算七大战略性新兴产业的发明专利申请增速。三个支柱产业中，节能环保产业的增速与发明专利申请总体基本保持一致。生物产业在近几年申请量突增，尤其是 2014 年和 2015 年，其增速已分别超过发明专利申请总体增速 2.40% 和 4.74%。新一代信息技术产业的发明专利申请增速在 "十二五" 期间一直低于发明专利申请总体，并且近 4 年增速直线下降，至 2015 年已接近零。其他四个产业中，新材料产业和高端装备制造产业基本保持与发明专利申请总体相同的增长趋势，然而近两年的增速低于发明专利申请总体。新能源产业和新能源汽车产业的发明专利申请增速在 2011 年分别达到 29.75%、30.81%，接近该年度发明专利申请总体增速的两倍，且新能源汽车产业在 2013 年仍达到 35.57% 的增长率，高出发明专利申请总体 19.14 个百分点，然而新能源产业的发明专利申请量增长率在 2012 年之后持续下降，2015 年降至 6.20%，而新能源汽车产业在 2014 年和 2015 年则出现负增长。

二、战略性新兴产业专利区域分布

战略性新兴产业专利申请量的区域分布情况也是宏观统计比较重要的方面。利用战略性新兴产业专利数据库可以对战略性新兴产业专利申请的区域分布进行统计，包括专利申请地图、专利申请量地区分布及增长率、专利申请量省份分布及增长率、各产业省份申请量排名等。例如，利用数据库对 2015 年战略性新兴产业国内发明专利申请量按照地区分布进行统计（图 7.2）；按照地区经济发展水平与地理位置，我国整体上可以划分为四大经济带❶：东部地区❷、

---

❶　2004 年《政府工作报告》中提出东部、中部、西部和东北四大经济板块格局。

❷　东部地区包括：北京、天津、河北、山东、江苏、上海、浙江、福建、广东、海南十省市。

中部地区❶、西部地区❷和东北地区❸，此外还包括港澳台地区。可以看出，战略性新兴产业国内发明专利申请量的地区差异十分明显，呈现出由西向东逐渐增强的阶梯分布，这与我国经济结构的特点基本吻合。因四大经济带的经济发展水平和科技实力差异显著，经济发达地区——东部地区在战略性新兴产业发明专利申请中占绝对主力地位，2015 年该地区的发明专利申请量占战略性新兴产业国内发明专利申请量的 2/3 左右；经济欠发达地区——中部及西部地区在战略性新兴产业国内发明专利申请中所占比重相对较低；除港澳台地区外，东北地区所占比重最低。可见，战略性新兴产业创新状况在国内各地区发展不均衡。

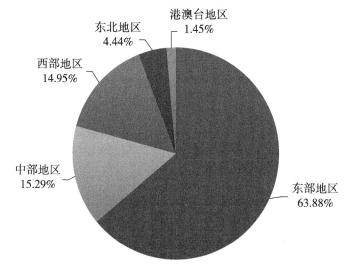

图 7.2　2015 年战略性新兴产业国内发明专利申请量按地区分布情况

　　表 7.11 中，通过比较 2014 年和 2015 年的申请量，可以看到 2015 年国内各地区战略性新兴产业发明专利申请增长情况。中部地区、西部地区 2015 年战略性新兴产业发明专利申请增幅明显高于东部地区和东北地区，东部地区的战略性新兴产业发明专利申请增长量虽然占国内总增长量的半数以上，但该地区的增长率却处于落后地位。这充分表明"十二五"期间，

---

❶　中部地区包括：山西、河南、安徽、湖北、湖南、江西六省。
❷　西部地区包括：重庆、四川、贵州、云南、西藏、陕西、甘肃、青海、宁夏、新疆、内蒙古、广西十二省市区。
❸　东北地区包括：黑龙江、吉林、辽宁三省。

中部和西部地区的战略性新兴产业创新积极性较高。

表 7.11　2014 年及 2015 年战略性新兴产业中国发明
专利申请国内地区分布及变化情况

地区	2014 年		2015 年		2014—2015 年变化情况	
	申请量（件）	比重	申请量（件）	比重	增长量（件）	年增长率
东部地区	142767	66.58%	169345	63.88%	26578	18.62%
中部地区	30207	14.09%	40542	15.29%	10335	34.21%
西部地区	26422	12.32%	39622	14.95%	13200	49.96%
东北地区	10272	4.79%	11761	4.44%	1489	14.50%
港澳台地区	4777	2.23%	3843	1.45%	−934	−19.55%
合计	214445	100.00%	265113	100.00%	50668	23.63%

2015 年战略性新兴产业国内发明专利申请省市分布情况如图 7.3 所示。江苏、山东、北京、广东、安徽占据 2015 年战略性新兴产业国内发明专利申请的前五位。这五个省市的 2015 年战略性新兴产业发明专利申请量，在战略性新兴产业国内发明专利申请总量的占比达到 54.24%；并且，山东、安徽、江苏三省还占据了战略性新兴产业国内发明专利申请年增长量排行榜的前三位，见表 7.12。

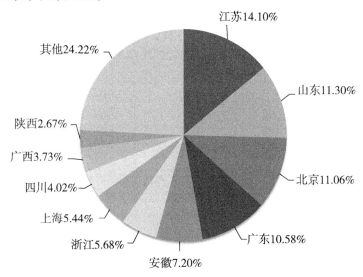

图 7.3　2015 年战略性新兴产业国内发明专利申请省市分布情况

表 7.12　2015 年战略性新兴产业发明专利申请及增长情况排名（前十位）

排名	2015 年		2014—2015 年增长量		2014—2015 年增长率	
	省市	申请量（件）	省市	增长量（件）	省市	增长率
1	江苏	37390	山东	7730	贵州	95.63%
2	山东	29967	安徽	6238	广西	88.73%
3	北京	29319	江苏	5729	青海	73.44%
4	广东	28047	广西	4645	安徽	48.52%
5	安徽	19095	浙江	3574	四川	45.41%
6	浙江	15046	广东	3369	重庆	43.77%
7	上海	14418	四川	3326	宁夏	42.53%
8	四川	10650	陕西	1849	陕西	35.39%
9	广西	9880	北京	1791	山东	34.76%
10	陕西	7074	天津	1431	湖南	33.14%

在 2015 年发明专利申请量排名靠前（前十位）的省份中，东部的山东、中部的安徽、西部的四川、广西、陕西 5 个省份同时入围增幅前十的省份行列，增幅分别为 34.76%、48.52%、45.41%、88.73%、35.39%。而其他增幅前十的省份中，还出现了西部的 4 个省份，分别是贵州（95.63%）、青海（73.44%）、重庆（43.77%）、宁夏（42.53%），以及中部的湖南（33.14%）。其中，西部的贵州、广西、青海三省份的增幅均超过了 70%，发展态势较好。北京、上海的战略性新兴产业发明专利申请量年增长率较低，不足 10%。"十二五"期间，战略性新兴产业发明专利申请增速最快的省份有东部地区的山东、中部地区的安徽、西部地区的广西，其年均增长率分别为 49%、75%、96%。

针对战略性新兴产业中各产业 2015 年的发明专利申请量也可以按照省份进行统计排名，见表 7.13。通过统计，可以很容易地获知，每个产业中哪些省份发明专利申请量名列前茅，哪些省份发明专利申请量增长较快，哪些省份发展比较薄弱等。各产业具体分析如下。

表 7.13　2015 年七大战略性新兴产业省市发明专利申请量　（单位：件）

省份	节能环保	新一代信息技术	生物	高端装备制造	新能源	新材料	新能源汽车
江苏	11842	5135	11135	2736	4020	7026	442
山东	6448	2228	17359	925	1341	4359	213
北京	6276	11582	5230	2238	4063	3005	552
广东	6003	10884	6681	1628	2274	3714	376
安徽	6756	1464	7408	601	1303	4294	292
浙江	5029	1922	5089	956	1408	2472	215
上海	3069	4285	3819	1132	1518	2067	217
四川	3236	2542	3172	706	1129	930	99
广西	3040	576	5136	516	433	1089	81
陕西	2061	1709	1759	714	843	694	83
天津	2191	1056	2339	465	672	930	102
河南	1796	560	3075	288	635	646	163
湖北	1837	1211	1998	489	627	735	92
辽宁	2011	796	1650	625	548	812	78
湖南	2052	612	1327	482	558	531	84
福建	1392	986	1549	224	400	738	59
重庆	1378	552	1455	295	279	309	141
黑龙江	1109	377	1620	420	388	443	55
台湾	488	2165	484	100	305	308	20
河北	1140	291	1045	251	391	407	46
贵州	863	304	900	113	153	139	21
吉林	493	208	915	156	150	299	60

（续表）

省份	节能环保	新一代信息技术	生物	高端装备制造	新能源	新材料	新能源汽车
云南	718	117	806	62	282	129	16
江西	625	264	547	202	220	252	18
山西	694	111	738	114	156	222	9
甘肃	566	54	714	46	114	131	14
新疆	320	32	388	16	106	54	3
内蒙古	333	47	246	35	76	80	16
宁夏	219	76	117	78	75	81	2
海南	65	23	314	7	31	28	3
青海	91	8	183	4	58	13	3
香港	61	135	97	17	31	26	6
西藏	9	2	38		1		
澳门		17	8		1		

　　节能环保产业，2015 年该产业发明专利申请量前十位省份的申请总量为 53890 件，占节能环保产业国内发明专利申请总量的 72.62%。其中，江苏的发明专利申请量远超过其他省市，占节能环保产业国内发明专利申请总量的 15.96%，占据绝对优势；安徽、山东、北京、广东的申请量分别占节能环保产业国内发明专利申请总量的 9.10%、8.69%、8.46%、8.09%，依次位居第二到五位。节能环保产业国内发明专利申请主要集中在东部地区，占节能环保产业国内发明专利申请量的 58% 以上。这说明东部地区的节能环保产业受到足够的重视并取得了长足发展；西部地区的四川、广西以及中部地区的安徽在节能环保产业的发明专利申请量增长势头迅猛，但从整体来看，东北、西部、中部地区的节能环保产业专利技术创新能力相对薄弱，节能环保产业规模和发展状况相比东部地区仍有较大差距，发展空间巨大。

新一代信息技术产业，2015 年前十位省份的发明专利申请总量是43916 件，占新一代信息技术产业国内发明专利申请总量的83.92%。其中，北京、广东的均超过了 10000 件，远远超出其他省份，二者的申请量之和占新一代信息技术产业国内发明专利申请总量的42.93%，这与北京、广东拥有多家高科技公司密切相关。广东拥有中兴通讯股份有限公司、华为技术有限公司、腾讯科技（深圳）有限公司等龙头企业；北京拥有京东方科技集团股份有限公司、中国移动通信集团公司、大唐移动通信设备有限公司等大量具有竞争力的企业，同时也是高校和科研单位的聚集地，这些都为新一代信息技术的发展提供了强而有力的支撑及动力。就地区分布而言，2015 年新一代信息技术产业发明专利申请量较多的省份依然主要分布在中东部地区，西部地区除四川、陕西之外，其他省份发明专利申请量很少。

生物产业，2015 年该产业国内发明专利申请数量排名前十位省份中，山东和江苏的优势明显，申请量分别达到 17359 件和 11135 件；安徽、广东、北京、广西和浙江排名第三至第七位，申请量均超过 5000 件；之后是上海、四川和河南，也均超过 3000 件。排名前两位的省份生物产业发明专利申请量达到 2015 年国内生物产业发明专利申请总量的 31.89% 以上，排名前七位的省份申请量占比达到 64.96%，而前十位的省份申请量达到 2015 年申请总量的 76.23%。同时，各省份的申请量均较上一年度有较大幅度的增长，生物产业发明专利申请的省份分布集中度依然较高，主要分布在中东部地区，尤其是江苏、山东、广东等经济发达的地区，以及北京、上海等高校和科研院所众多的地区，各省份之间存在较大的申请量差距。

高端装备制造产业，其 2015 年国内发明专利申请量前十位的省份，包括江苏、北京、广东、上海、浙江、山东、陕西、四川、辽宁和安徽，申请总量共 12261 件，占该产业国内发明专利申请总量的 73.68%。其中，江苏、北京的申请量各自均超过了 2000 件，两省份申请量之和占该产业国内发明专利申请总量的 29.89%，构成高端装备制造产业国内发明专利申请的第一梯队；作为第三至第六位的广东、上海、浙江、山东，其申请量均接近或超过 1000 件，构成了高端装备制造产业发明专利国内申请的第二梯队；第七位至第十位的陕西、四川、辽宁和安徽，申请量差距较小，申请量也均突破了 600 件，构成了高端装备制造产业发明专利国内申请的第三梯队。

新能源产业，2015 年该产业发明专利申请量排名前十位的省份分别为北京、江苏、广东、上海、浙江、山东、安徽、四川、陕西、天津，其发明专利申请量之和达到 18571 件，占 2015 年新能源产业发明专利申请总量的 75.53%。北京和江苏分别以 4063 件和 4020 件的绝对优势居于前两位；另外，申请量在 1000 件以上的省份还有广东、上海、浙江、山东、安徽、四川，且其中前六位的省份均位于东部地区；申请量在 500~1000 件的省份依次为陕西、天津、河南、湖北、湖南、辽宁，以中部地区省份居多；包括广西、福建、河北、黑龙江、台湾、云南、重庆、江西、山西、贵州、吉林共 11 省份的申请量在 150~500 件，就地区分布而言，分布较为分散；剩余省份的申请量均少于 150 件，大多为我国西部或边远地区。

新材料产业，2015 年国内发明专利申请量排名前十位的省份是江苏、山东、安徽、广东、北京、浙江、上海、广西、四川和天津，其申请量共计 29886 件，占新材料产业国内发明专利申请总量的 80.85%。其中，江苏以 7026 件发明专利申请量名列第一，占新材料产业国内发明专利申请总量的 19.01%；山东和安徽分别位列第二、第三名，分别占新材料产业国内发明专利申请量的 11.79% 和 11.62%，与广东、北京、浙江、上海共同构成了新材料产业发明专利申请量第二梯队；广西、四川、天津、辽宁、福建、湖北、陕西、河南、湖南的新材料产业发明专利申请量均超过 500 件。总体而言，2015 年新材料产业发明专利申请主要集中在长三角（江苏、上海、浙江）、珠三角（广东）和环渤海（北京、天津、山东、辽宁）三个经济区域。

新能源汽车产业，2015 年该产业发明专利申请量排名前十位的省份包括北京、江苏、广东、安徽、上海、浙江、山东、河南、重庆和天津。北京以 552 件发明专利申请位居榜首，占新能源汽车产业发明专利申请总量的 15.41%；江苏和广东分别以 442 件和 376 件居于第二和第三位，分别占新能源汽车产业发明专利申请总量的 12.34%、10.50%；排在前三位的发明专利申请总量占到了新能源汽车产业国内申请总量的 38.25%，超过了 1/3；排在前十位省份的总申请量为 2713 件，占 2015 年新能源汽车产业国内发明专利申请总量的 75.76%，超过了 3/4 的份额。

三、战略性新兴产业专利申请的申请人分布

（一）战略性新兴产业发明专利申请量按申请人类型统计

2015 年战略性新兴产业发明专利申请量按申请人类型统计显示，企业类型申请人的战略性新兴产业发明专利申请量占总量的 64.42%，占主体地位；个人和其他类型申请人、高校类型申请人的占比均低于 20%，最少的是科研单位类型申请人。相比 2014 年，2015 年企业类型申请人的占比有小幅下降，见表 7.14。

表 7.14　2015 年战略性新兴产业发明专利申请不同类型申请人的申请量及比重

申请人类型	2014 年		2015 年	
	申请量（人次）	比重	申请量（人次）	比重
企业	205807	66.19%	231228	64.42%
高校	42024	13.52%	49114	13.68%
科研单位	15042	4.84%	16764	4.67%
个人和其他	48039	15.45%	61814	17.22%

对比 2015 年战略性新兴产业国内外不同类型申请人发明专利申请量及所占比重，见表 7.15，可以看出，国内企业占据战略性新兴产业发明专利申请的主体地位，占战略性新兴产业国内发明专利申请量的 58.69%，超过半数比例；"十二五"期间，战略性新兴产业发明专利申请的国内企业所占比重为 57.1%。国内企业类型申请人数量由 2014 年的 47127 家增长到了 2015 年的 54313 家，但平均申请量由 2014 年的 4.37 次 / 企业减少到 4.26 次 / 企业。国外在华发明专利申请的企业聚集优势更为明显，2015 年，国外企业的发明专利申请量占战略性新兴产业国外在华发明专利申请量的 90.54%，其他类型的专利申请人占比不及 1/10；"十二五"期间，国外在华申请战略性新兴产业发明专利的企业占 94.30%。结果显示，"十二五"期间国内专利申请主体多元化，2015 年有更多的国内企业参与到战略性新兴产业发明专利申请中，但仍有四成多非企业申请；虽然国内企业作为创新主体的作用正在加强，但企业主体地位还需要更加突出。

2015 年，我国高校和科研单位的战略性新兴产业发明专利申请，占国内战略性新兴产业发明专利申请的份额分别为 16.1% 和 5.4%，两者总和达 21.4%。这说明我国战略性新兴产业技术创新正处于技术研发储备阶段，高校和科研机构拥有战略性新兴产业相关专利，后续运用转化的潜力较大。

表 7.15　2015 年战略性新兴产业发明专利申请国内外不同类型申请人申请量

（单位：件）

申请人类型	2015 年	
	国内	国外
企业	172402	58678
高校	47168	1866
科研单位	15792	918
个人和其他	58382	3344

2015 年，战略性新兴产业国内各类型申请人的发明专利申请量较 2014 年均呈增长态势。其中，国内企业类型及个人和其他类型申请人的申请量涨幅最为明显，涨幅分别 21.37% 和 30.90%。而国外在华发明专利申请中，企业、科研单位类型申请人的战略性新兴产业在华发明专利申请呈负增长趋势；个人和其他类型申请人的在华发明专利申请量的增幅也仅为 3.63%，见表 7.16。

表 7.16　2015 年战略性新兴产业发明专利申请国内外
不同类型申请人在华申请量年增长率

申请人类型	2015 年	
	国内	国外
企业	21.37%	−7.81%
高校	17.66%	0.32%
科研单位	12.90%	−8.29%
个人和其他	30.90%	3.63%

2015 年，战略性新兴产业各产业发明专利申请的申请人类型分布，各产业的企业类型申请人占比均较高，各产业中高校类型申请人占比变化不

大。新一代信息技术产业和新能源汽车产业的企业类型申请人占比最高，分别达到 81.61% 和 79.32%。生物产业的企业类型申请人占比未过半，仅为 48.84%，而个人类型申请人占比相对较大，达到了 28.85%（见图 7.4）。

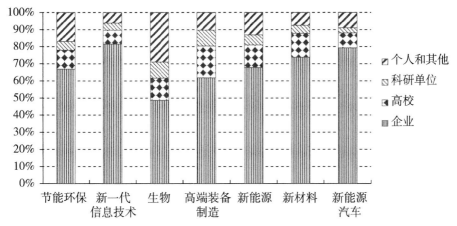

图 7.4　2015 年战略性新兴产业各产业发明专利申请的申请人类型分布情况

（二）战略性新兴产业发明专利申请企业申请人分析

"十二五"期间，战略性新兴产业的企业类型申请人的总申请量由 2011 年的 107597 件增长至 2015 年的 231228 件，实现翻倍；参与战略性新兴产业的企业类型申请人数量，由 2011 年的 28524 人逐步增长到 2015 年的 54313 人，也几乎翻番。前四年中，人均申请量也呈增长趋势，2014 年人均申请量增长到 4.37 次，2015 年略有降低，但人均申请量也达到 4.26 次（见表 7.17）。

表 7.17　2011—2015 年战略性新兴产业企业类型申请
人数量、人均申请量、总申请量

统计类别	2011 年	2012 年	2013 年	2014 年	2015 年
企业申请人数量（人）	28524	37450	41862	47127	54313
人均申请量（次）	3.77	3.94	4.12	4.37	4.26
总申请量（人次）	107597	147672	172371	205807	231228

通过对其中一年战略性新兴产业企业申请人的发明专利申请情况，可以分析企业申请人的专利申请活跃度与集中度。例如，统计 2015 年战略

性新兴产业企业发明专利申请情况可知，新进入企业数量占比为55.02%，而申请量占比仅为25.56%；波动性企业数量占比37.88%，申请量占比为34.48%；常态化企业数量占比仅为7.10%，而申请量占比达到了35.95%，见表7.18。可见，战略性新兴产业企业的发明专利申请既有较高的活跃度，也具备明显的集中度。

表 7.18　2015 年战略性新兴产业企业发明专利申请情况

企业类型	新进入企业	波动企业	常态企业
人数占比	55.02%	37.88%	7.10%
申请量占比	25.56%	34.48%	35.95%

再对 2015 年战略性新兴产业发明专利企业申请模式进行分析，企业单独申请占有率接近 89.03%，而企业合作申请仅占 10.97%。企业合作申请中企业间合作占有率为 8.23%，跨类型合作申请非常低，仅为 2.74%（见图 7.5）。可见，企业类型申请中，企业间合作比例较低，而产学研的结合较低。

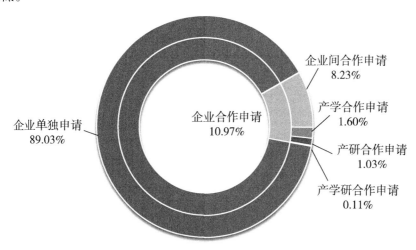

图 7.5　2015 年战略性新兴产业企业发明专利申请合作情况

（三）战略性新兴产业发明专利申请人排名统计

2015 年，战略性新兴产业发明专利申请排名前二十位的申请人中，有13 家企业和 7 所高校，无一家科研单位进入前二十名，见表 7.19；企业申请人的数量较 2014 年的 16 家有所下降，高校申请人则比 2014 年增加三个席位。13 家企业申请人中，国内企业占据 10 家，其申请量占前二十位申请人申请总量的 62.87%，国外企业只有 3 家；高校申请人中，7 所均为国内高校；浙江大学排名第七位，较 2014 年的排名提升五位，进步明显；清华大学位列前十，比 2014 年有所进步。其他高校中，华南理工大学、江南大学、广西大学、哈尔滨工业大学均未在 2014 年的前二十位排名中，也体现了较强的创新能力。

表 7.19　2014—2015 年战略性新兴产业发明专利申请量排名前二十位的申请人

排名	2014 年		2015 年	
	申请人	申请量（件）	申请人	申请量（件）
1	国家电网公司	3552	国家电网公司	4160
2	海洋王照明科技股份有限公司	1873	中国石油化工股份有限公司	1626
3	深圳市海洋王照明工程有限公司	1677	京东方科技集团股份有限公司	1495
4	深圳市海洋王照明技术有限公司	1599	联想（北京）有限公司	1320
5	中国石油化工股份有限公司	1568	海洋王照明科技股份有限公司	1068
6	三星电子株式会社	1544	深圳市海洋王照明工程有限公司	1028
7	华为技术有限公司	1459	浙江大学	1024
8	联想（北京）有限公司	1290	三星电子株式会社	852
9	京东方科技集团股份有限公司	1139	深圳市海洋王照明技术有限公司	845
10	鸿海精密工业股份有限公司	1084	清华大学	845
11	腾讯科技（深圳）有限公司	1055	华为技术有限公司	837

（续表）

排名	2014 年		2015 年	
	申请人	申请量（件）	申请人	申请量（件）
12	浙江大学	1003	华南理工大学	834
13	索尼公司	942	江南大学	811
14	清华大学	876	高通股份有限公司	795
15	中兴通讯股份有限公司	851	皇家飞利浦有限公司	784
16	鸿富锦精密工业（深圳）有限公司	847	上海交通大学	778
17	皇家飞利浦有限公司	818	广东欧珀移动通信有限公司	754
18	丰田自动车株式会社	789	腾讯科技（深圳）有限公司	740
19	东南大学	775	广西大学	738
20	上海交通大学	762	哈尔滨工业大学	731

2015 年，在战略性新兴产业发明专利申请量排名前二十位的企业类型申请人中，有十三家国内企业，见表 7.20，其中有八家位于前十。国家电网公司以 4160 件发明专利申请高居首位，是排名第二位的中国石油化工股份有限公司申请量的 2.56 倍，其连续三年占据排榜首，并维持了较高的增长率；排名前十位的其他国内企业为京东方科技集团股份有限公司、联想（北京）有限公司、海洋王照明科技股份有限公司、深圳市海洋王照明工程有限公司、深圳市海洋王照明技术有限公司、华为技术有限公司。国外企业中，三星电子株式会社、高通股份有限公司入围前十，分别位居第七、第十位。

与 2014 年相比，2015 年国内企业发展较为迅速，申请量和申请人数量均超过了国外企业。但入围前十的国内企业的申请量有增有减，增长幅度最大的是广东欧珀移动通信有限公司，由 2014 年的 175 件大幅增长到 2015 年的 754 件，增长近 4.3 倍，排名也由 2014 年的第一百六十九位强势上升为第十七位；降幅较大的企业类型申请人是海洋王照明科技股份有限公司、深圳市海洋王照明工程有限公司、三星电子株式会社、深圳市海洋王照明技术有限公司、华为技术有限公司，降幅均超过了60%。国外企业中，三星电子株式会社、丰田自动车株式会社的申请量也有不同程度的下降。

表7.20　2014年、2015年战略性新兴产业发明专利申请量排名前二十位的企业类型申请人

排名	2014年		2015年	
	申请人	申请量（件）	申请人	申请量（件）
1	国家电网公司	3235	国家电网公司	4160
2	三星电子株式会社	1669	中国石油化工股份有限公司	1626
3	海洋王照明科技股份有限公司	1523	京东方科技集团股份有限公司	1495
4	华为技术有限公司	1485	联想（北京）有限公司	1320
5	联想（北京）有限公司	1371	海洋王照明科技股份有限公司	1068
6	中国石油化工股份有限公司	1353	深圳市海洋王照明工程有限公司	1028
7	深圳市海洋王照明工程有限公司	1327	三星电子株式会社	852
8	深圳市海洋王照明技术有限公司	1219	深圳市海洋王照明技术有限公司	845
9	腾讯科技（深圳）有限公司	1209	华为技术有限公司	837
10	京东方科技集团股份有限公司	1155	高通股份有限公司	795
11	鸿海精密工业股份有限公司	1124	皇家飞利浦有限公司	784
12	索尼公司	1033	广东欧珀移动通信有限公司	754

（续表）

排名	2014 年		2015 年	
	申请人	申请量（件）	申请人	申请量（件）
13	鸿富锦精密工业（深圳）有限公司	886	腾讯科技（深圳）有限公司	740
14	丰田自动车株式会社	852	小米科技有限责任公司	660
15	中兴通讯股份有限公司	846	丰田自动车株式会社	655
16	皇家飞利浦有限公司	840	中兴通讯股份有限公司	646
17	英特尔公司	782	英特尔公司	616
18	高通股份有限公司	709	精工爱普生株式会社	605
19	国际商业机器公司	663	深圳市华星光电技术有限公司	568
20	松下电器产业株式会社	649	鸿海精密工业股份有限公司	556

2015 年，战略性新兴产业发明专利申请量排名前二十位的高校类型申请人中，浙江大学、清华大学分别以 1024 件和 845 件位居前两位；列第三、第四位的华南理工大学和江南大学的申请数量也超过 800 件；申请量超过 700 件的高校还有上海交通大学、广西大学、哈尔滨工业大学、东南大学，分列第五至八位（见表 7.21）。前二十位高校申请人按照省份分布来看，江苏的高校最多，达到四所，北京、山东、陕西各占两所，而广东、广西、黑龙江、湖北、湖南、吉林、上海、天津、云南、浙江各占一所。与 2014 年相比，前两位高校类型申请人没有变化，前二十位高校申请人的发明专利申请总量有了一定提高。2015 年新入围前二十排行榜的高校分别是广西大学、常州大学、中南大学、济南大学、昆明理工大学，其中广西大学的战略性新兴产业发明专利申请增长率最大，增长了近 1.5 倍，济南大学增幅也较高，超过了 1.1 倍。

表 7.21 2014 年、2015 年战略性新兴产业发明专利申请量
排名前二十位高校类型申请人

排名	2014 年		2015 年	
	申请人	申请量（件）	申请人	申请量（件）
1	浙江大学	970	浙江大学	1024
2	清华大学	825	清华大学	845
3	华南理工大学	788	华南理工大学	834
4	东南大学	782	江南大学	811
5	上海交通大学	766	上海交通大学	778
6	哈尔滨工业大学	742	广西大学	738
7	江南大学	640	哈尔滨工业大学	731
8	北京工业大学	625	东南大学	723
9	天津大学	561	天津大学	662
10	江苏大学	538	常州大学	478
11	电子科技大学	440	吉林大学	478
12	北京航空航天大学	438	江苏大学	464
13	西安电子科技大学	414	西安电子科技大学	458
14	同济大学	402	山东大学	445
15	山东大学	393	北京工业大学	429
16	西安交通大学	393	中南大学	415
17	吉林大学	385	武汉大学	400
18	华中科技大学	378	济南大学	395
19	重庆大学	341	昆明理工大学	385
20	武汉大学	335	西安交通大学	384

2015 年，战略性新兴产业发明专利申请排名前二十位的科研单位类型
申请人中，见表 7.22，中国科学院下属研究单位达到九家，占据绝对优势。
其他入围的科研单位包括十一家，分别为中国电力科学研究院、青岛食之

礼中草药研究所、中国运载火箭技术研究院、江苏省农业科学院、深圳先进技术研究院、财团法人工业技术研究院、陕西康乐中医药养生研究院、国网智能电网研究院、四川金堂海纳生物医药技术研究所、大连市沙河口区中小微企业服务中心、中国环境科学研究院。中国电力科学研究院、中国科学院大连化学物理研究所、中国科学院合肥物质科学研究院占据排行榜前三甲的位置。除中国电力科学研究院专利优势较明显外，其他相邻申请人之间的申请量相差不大。

表 7.22　2014 年、2015 年战略性新兴产业发明专利申请量
排名前二十位科研单位类型申请人

序号	2014 年		2015 年	
	申请人	申请量（件）	申请人	申请量（件）
1	中国电力科学研究院	383	中国电力科学研究院	429
2	深圳先进技术研究院	247	中国科学院大连化学物理研究所	195
3	财团法人工业技术研究院	244	中国科学院合肥物质科学研究院	179
4	中国科学院大连化学物理研究所	215	中国科学院过程工程研究所	170
5	中国科学院化学研究所	187	青岛食之礼中草药研究所	158
6	中国科学院微电子研究所	160	中国运载火箭技术研究院	150
7	中国科学院过程工程研究所	158	江苏省农业科学院	148
8	中国科学院深圳先进技术研究院	158	深圳先进技术研究院	140
9	中国科学院长春应用化学研究所	148	财团法人工业技术研究院	139
10	中国科学院宁波材料技术与工程研究所	142	中国科学院宁波材料技术与工程研究所	137
11	中国科学院上海硅酸盐研究所	132	陕西康乐中医药养生研究院	137

（续表）

序号	2014 年		2015 年	
	申请人	申请量（件）	申请人	申请量（件）
12	中国科学院半导体研究所	128	中国科学院深圳先进技术研究院	135
13	中国科学院合肥物质科学研究院	114	中国科学院长春应用化学研究所	135
14	中国核动力研究设计院	113	中国科学院半导体研究所	121
15	中国科学院计算技术研究所	106	中国科学院化学研究所	120
16	国家纳米科学中心	104	国网智能电网研究院	118
17	江苏省农业科学院	100	四川金堂海纳生物医药技术研究所	113
18	中国科学院电子学研究所	98	大连市沙河口区中小微企业服务中心	112
19	中国科学院理化技术研究所	94	中国环境科学研究院	110
20	中国运载火箭技术研究院	93	中国科学院广州能源研究所	106

与 2014 年相比，中国电力科学研究院仍保持榜首位置，申请量也保持较高的水准。2015 年，新入围排行榜前二十的科研单位类型申请人分别是青岛食之礼中草药研究所、陕西康乐中医药养生研究院、四川金堂海纳生物医药技术研究所、大连市沙河口区中小微企业服务中心、中国环境科学研究院、中国科学院广州能源研究所。青岛食之礼中草药研究所从 2014 年的 1 件发明专利申请增长到 158 件，而陕西康乐中医药养生研究院和大连市沙河口区中小微企业服务中心，由 2014 年的没有发明专利申请到 2015 年分别申请发明专利 137 件和 112 件，增长速度迅猛。

对 2015 年战略性新兴产业的各产业发明专利申请量排名前二十位的申请人进行统计，见表 7.23，可以清楚地知道各产业的创新主体分布、主要创新主体的类型等。

表 7.23 2015 年七大战略性新兴产业发明专利申请的申请人排名（前二十位）

排名	节能环保	新一代信息技术	生物	高端装备制造	新能源	新材料	新能源汽车
1	中国石油化工股份有限公司	联想（北京）有限公司	江南大学	波音公司	国家电网公司	中国石油化工股份有限公司	福特全球技术公司
2	国家电网公司	京东方科技集团股份有限公司	皇家飞利浦有限公司	精工爱普生株式会社	江苏省电力公司	海洋王照明科技股份有限公司	丰田自动车株式会社
3	海洋王照明股份有限公司	国家电网公司	浙江大学	国家电网公司	中国电力科学研究院	深圳市海洋王照明工程有限公司	国家电网公司
4	深圳市海洋王照明工程有限公司	华为技术有限公司	广西大学	广西大学	华南理工大学	深圳市海洋王照明有限公司	北汽福田汽车股份有限公司
5	戴长虹	高通股份有限公司	华南理工大学	北京航空航天大学	中国广核集团有限公司	青岛欣展塑胶有限公司	现代自动车株式会社
6	丰田自动车株式会社	腾讯科技（深圳）有限公司	上海交通大学	哈尔滨工业大学	东南大学	中国石油化工股份有限公司北京化工研究院	罗伯特·博世有限公司
7	中国石油天然气股份有限公司	三星电子株式会社	中国人民解放军第二军医大学	南京航空航天大学	清华大学	青岛佳亿阳工贸有限公司	北京新能源汽车股份有限公司

（续表）

排名	节能环保	新一代信息技术	生物	高端装备制造	新能源	新材料	新能源汽车
8	浙江大学	广东欧珀移动通信有限公司	中国石油化工股份有限公司	中国海洋石油总公司	国网上海市电力公司	桂林理工大学	日产自动车株式会社
9	常州大学	中兴通讯股份有限公司	吉林大学	清华大学	浙江大学	中国石油化工股份有限公司石油化工科学研究院	比亚迪股份有限公司
10	华南理工大学	小米科技有限责任公司	天津大学	上海交通大学	国网福建省电力有限公司	东华大学	奇瑞汽车股份有限公司
11	深圳市海洋王照明技术有限公司	英特尔公司	奥林巴斯株式会社	西北工业大学	华北电力大学	戴长虹	株式会社 LG 化学
12	珠海格力电器股份有限公司	海洋王照明科技股份有限公司	西门子公司	江南大学	西门子公司	陶氏环球技术有限责任公司	通用汽车环球科技运作有限责任公司
13	东南大学	深圳市海洋王照明工程有限公司	浙江海洋学院	南车青岛四方机车车辆股份有限公司	上海交通大学	哈尔滨工业大学	宝马股份公司
14	中南大学	深圳市海洋王照明技术有限公司	宝洁公司	西门子公司	国网浙江省电力公司	巴斯夫欧洲公司	国网北京市电力公司

（续表）

排名	节能环保	新一代信息技术	生物	高端装备制造	新能源	新材料	新能源汽车
15	广西大学	北京奇虎科技有限公司	青岛食之礼中草药研究所	高通股份有限公司	国电南瑞科技股份有限公司	浙江大学	三星SDI株式会社
16	哈尔滨工业大学	奇智软件（北京）有限公司	四川大学	中国航空工业集团公司西安飞机设计研究所	国网天津市电力公司	华南理工大学	起亚自动车株式会社
17	清华大学	深圳市华星光电技术有限公司	株式会社东芝	发那科株式会社	河海大学	中国石油化工股份有限公司抚顺石油化工研究院	重庆长安汽车股份有限公司
18	昆明理工大学	上海美讯数据通信技术有限公司	清华大学	中国运载火箭技术研究院	国网北京市电力公司	北京化工大学	福特环球技术公司
19	江苏大学	鸿海精密工业股份有限公司	青岛欣展塑胶有限公司	天津大学	天津大学	天津大学	本田技研工业株式会社
20	美的集团股份有限公司	索尼公司	东华大学	哈尔滨工程大学	中芯国际集成电路制造（上海）有限公司	株式会社LG化学	安徽江淮汽车股份有限公司

节能环保产业，其 2015 年发明专利申请量排名前二十位的申请人共申请发明专利合计 5969 件。其中，国内企业有八家，而高校有十所，国外企业及个人和其他类型申请人仅有一家。虽然申请人数量上高校较企业有微弱优势，但排名前四位的均为企业申请人，中国石油化工股份有限公司和国家电网公司的发明专利申请量较接近，分列第一、第二位；海洋王照明科技股份有限公司、深圳市海洋王照明工程有限公司以微弱差距分列第三、第四位。

新一代信息技术产业，2015 年该产业发明专利申请量前二十位的申请人全部为企业申请人，发明专利申请量合计为 13285 件，说明企业作为创新主体主导着新一代信息技术产业的技术发展。其中，国内企业为十六家，国外企业仅有四家。联想（北京）有限公司以 1279 件的发明专利申请量排名第一位，京东方科技集团股份有限公司的发明专利申请量也超过 1000件，位于第二位。在国外企业中，在华发明专利申请量最多的高通股份有限公司的发明专利申请量为 735 件，排名第五位。

生物产业，2015 年发明专利申请量前二十位的申请人发明专利申请量合计为 4671 件，江南大学、皇家飞利浦有限公司分别以 554 件、512 件发明专利申请量位居第一位和第二位。在排名前二十位的申请人中，国内企业仅有两家，而国内高校有十二所，国外企业有五家，还有一个科研单位类型申请人入围前二十。可见，生物产业中高校类型申请人的创新活跃度较高。

高端装备制造产业，该产业 2015 年发明专利申请量前二十位申请人的申请总量为 2246 件。其中，排名第一的波音公司申请量为 226 件，精工爱普生株式会社、国家电网公司分别以 197 件和 177 件发明专利申请量位居第二位和第三位，超过 100 件发明专利申请量的还有四位申请人。排名前二十位的申请人包括九所高校、五家国外企业、四家国内企业、一家科研单位以及一家个人和其他类型申请人。在高端装备制造产业，2015 年发明专利申请数量排名前二十位的申请人中，高校类申请人优势明显。

新能源产业，2015 年发明专利申请量前二十位的申请人中，国家电网公司以 2898 件发明专利申请遥遥领先，是位居第二的江苏省电力公司申请量的近 9 倍。此外，在前二十位申请人中，国内企业有十家，国内高校有八所，国外企业有一家，国内科研单位有一家。从各申请人的排名可以看出，国内申请人发明专利申请量远高于国外申请人。

新材料产业, 2015年该产业发明专利申请量排名前二十位的申请人发明专利申请总量为6065件。其中, 中国石油化工股份有限公司以887件高居第一位, 海洋王照明科技股份有限公司、深圳市海洋王照明工程有限公司和深圳市海洋王照明技术有限公司的发明专利申请量均超过了700件, 分别位居第二位、第三位和第四位, 其余入围前二十的申请人的发明专利申请量均不足300件。在前二十位申请人中, 国内高校有七所, 国内企业有九家, 国外企业有三家, 其余为个人和其他类型申请人。高校在新材料产业专利申请活跃, 说明我国新材料产业整体仍然处于技术研发储备阶段。

新能源汽车产业, 其2015年发明专利申请量排名前二十的申请人的申请总量为1656件, 占2015年新能源汽车产业发明专利申请总量（6118件）的27.08%。位于前三位的分别是福特全球技术公司、丰田自动车株式会社和国家电网公司, 其发明专利申请量分别为223件、219件和136件；北汽福田汽车股份有限公司、现代自动车株式会社以118件发明专利申请量并列第四位, 其余入围前二十的申请人的发明专利申请量均不足100件。前二十位申请人中, 有八家国内企业和十二家国外企业。

四、战略性新兴产业国外在华专利申请的国别分布

利用战略性新兴产业专利数据库, 对战略性新兴产业国外在华发明专利申请量进行统计, 不仅可以知道各国的申请量排名情况, 还可以通过多年数据的比较来了解各国逐年申请量增长情况及排名的变化, 见表7.24。对2014年、2015年战略性新兴产业国外在华发明专利申请量进行统计和比较可以发现：其中在2015年, 美国申请量高居榜首, 占战略性新兴产业国外在华申请总量的31.65%, 日本位居第二位, 占战略性新兴产业国外在华申请总量的26.92%, 排名第三至第五位的国家依次是德国、韩国、法国；与2014年相比, 美国、日本、法国的排名没有变化, 所不同的是, 德国与韩国的排名互换, 韩国由2014年的第四位升至2015年的第三位。2014年, 日本、美国两国的战略性新兴产业发明专利申请量之和, 为当年战略性新兴产业国外在华发明专利申请总量的七成之多, 2015年这一占比降到了58.57%。可见, 日本、美国两国的战略性新兴产业发明专利申请, 在战略性新兴产业国外在华发明专利申请中占绝对优势, 但这一优势呈下降趋势。

表 7.24　2014 年、2015 年战略性新兴产业国外在华
发明专利申请国家和地区分布及变化情况

序号	申请人国别①	2014 年			2015 年			2014—2015 年变化情况		
		申请量（件）	比重	排名	申请量（件）	比重	排名	增长量（件）	增长率	排名变化
1	美国	18162	29.85%	1	17968	31.65%	1	−194	−1.07%	0
2	日本	17778	29.22%	2	15284	26.92%	2	−2494	−14.03%	0
3	德国	5715	9.39%	4	5327	9.38%	3	−388	−6.79%	1
4	韩国	6135	10.08%	3	5124	9.02%	4	−1011	−16.48%	−1
5	法国	2237	3.68%	5	2176	3.83%	5	−61	−2.73%	0
6	荷兰	1733	2.85%	6	1710	3.01%	6	−23	−1.33%	0
7	瑞士	1561	2.57%	7	1507	2.65%	7	−54	−3.46%	0
8	英国	1019	1.67%	8	1095	1.93%	8	76	7.46%	0
9	瑞典	786	1.29%	9	769	1.35%	9	−17	−2.16%	0
10	加拿大	581	0.96%	10	585	1.03%	10	4	0.69%	0
11	丹麦	546	0.90%	11	569	1.00%	11	23	4.21%	0
12	以色列	420	0.69%	15	485	0.85%	12	65	15.48%	3
13	意大利	452	0.74%	14	452	0.80%	13	0	0.00%	1
14	芬兰	519	0.85%	12	427	0.75%	14	−92	−17.73%	−2
15	奥地利	462	0.76%	13	409	0.72%	15	−53	−11.47%	−2
16	澳大利亚	335	0.55%	16	348	0.61%	16	13	3.88%	0
17	新加坡	292	0.48%	19	335	0.59%	17	43	14.73%	2
18	比利时	303	0.50%	17	282	0.50%	18	−21	−6.93%	−1
19	开曼群岛	294	0.48%	18	273	0.48%	19	−21	−7.14%	−1

❶　包括 2015 年申请量前三十位的国家和地区。

（续表）

序号	申请人国别[①]	2014 年			2015 年			2014—2015 年变化情况		
		申请量（件）	比重	排名	申请量（件）	比重	排名	增长量（件）	增长率	排名变化
20	西班牙	183	0.30%	20	197	0.35%	20	14	7.65%	0
21	印度	145	0.24%	21	144	0.25%	21	−1	−0.69%	0
22	挪威	129	0.21%	23	127	0.22%	22	−2	−1.55%	1
23	卢森堡	81	0.13%	25	124	0.22%	23	43	53.09%	2
24	爱尔兰	143	0.24%	22	110	0.19%	24	−33	−23.08%	−2
25	新西兰	60	0.10%	27	106	0.19%	25	46	76.67%	2
26	沙特阿拉伯	115	0.19%	24	86	0.15%	26	−29	−25.22%	−2
27	俄罗斯联邦	48	0.08%	30	78	0.14%	27	30	62.50%	3
28	英属维尔京群岛	68	0.11%	26	73	0.13%	28	5	7.35%	−2
29	巴西	51	0.08%	29	54	0.10%	29	3	5.88%	0
30	巴巴多斯	58	0.10%	28	51	0.09%	30	−7	−12.07%	−2

　　利用该数据库还可以来分析某些国家在华发明申请量在战略性新兴产业的各个产业分布情况。以 2015 年战略性新兴产业国外在华发明专利申请量排名前五位国家的各产业分布为例，如图 7.6 所示，美国、日本在各产业中均占据垄断地位。美国的节能环保产业、生物产业、新能源产业、新材料产业的申请量均高于其余四国同产业的申请量，尤以节能环保产业的优势最大，占国外在华节能环保产业发明专利申请总量的 38.41%，日本的这一占比为 16.54%。日本在高端装备制造产业、新能源汽车产业、新一代信息技术产业的申请量均高于其余四国同产业的申请量，日本高端装备制造产业申请量约为第二名美国申请量的 1.8 倍，日本新能源汽车产业的申请量以比美国多 211 件的优势高居榜首。德国的新能源汽车产业具有相对优势，

韩国的相对优势产业为生物产业和新能源汽车产业，见图7.7。

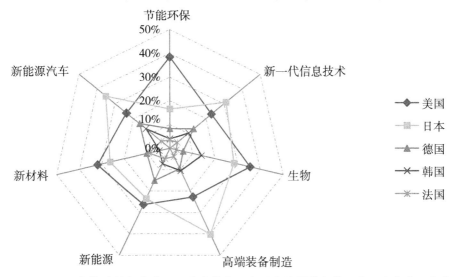

图 7.6　2015 年战略性新兴产业国外在华发明专利申请量排名前五位国家各产业分布

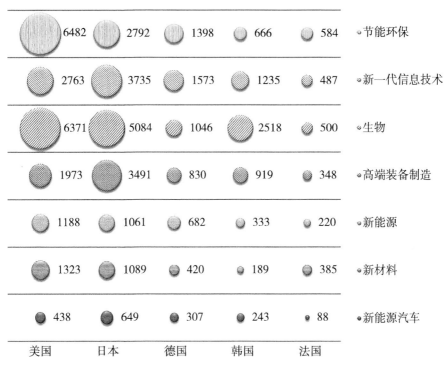

图 7.7　2015 年战略性新兴产业国外在华发明专利申请
排名前五位国家各产业分布（单位：件）

除了对战略性新兴产业总产业进行分析外，还可以针对其中一个产业对国外在华专利申请的国别分布进行分析。以节能环保产业为例，对节能环保产业 2015 年国外在华发明专利申请量按照国别进行统计，见表 7.25，前十位排名中日本高居榜首，美国、德国、韩国分列第二到第四位，法国位居第五位，荷兰、瑞士、英国、奥地利、瑞典依次是第六至第十位。其中，日本在 2014 年的在华发明专利申请量为 2739 件，美国次之为 1936 件，德国、韩国的在华发明专利申请量分别为 1221 件、698 件，第五至十位各国的在华发明专利申请量与前四位相比差距较大、但彼此间差距不大，在华发明专利申请量均在 500 件以下；2015 年节能环保产业国外在华发明专利申请中，日本和美国占绝对优势，二者占据了 2015 年节能环保产业国外在华发明专利申请总量的 55.41%，充分显示出两国在节能环保产业较强的创新活力。

表 7.25　2015 年节能环保产业国外在华发明专利申请量前十位国别分布比较

排名	国别	申请量（单位：件）
1	日本	2739
2	美国	1936
3	德国	1221
4	韩国	698
5	法国	293
6	荷兰	239
7	瑞士	234
8	英国	160
9	奥地利	134
10	瑞典	111

为了更好地观察各国在节能环保产业发明专利申请中是否在某些领域有所侧重，还可以对节能环保产业中各第二层产业、第三层产业的国外在华发明专利申请国别分布进行统计。

第二节 战略性新兴产业专利数据库在创新 态势评价方面的应用

"十二五"期间，受国内经济转型升级和产业扶持政策密集发布的双重影响，我国战略性新兴产业获得了飞速发展，产业规模快速增长，产业进入稳中提质的新阶段。"十二五"期末，战略性新兴产业增加值占国内生产总值的比重已经达到 8% 左右，较 2010 年接近翻番，实现了《"十二五"国家战略性新兴产业发展规划》的目标。

专利作为技术创新的重要方式和必要资源，是保护技术创新的重要手段。而且国际学界普遍认为，专利申请量是衡量一个国家创新能力和研发产出能力的关键性指标之一。自"国家知识产权战略行动计划"提出建设知识产权强国战略以来，学界和企业界大多对我国专利申请数量大幅剧增下的专利质量持怀疑态度。一种观点认为，我国专利数量增长快、数量大，但质量不高、转化率低，巨大的专利数字中埋藏着许多"垃圾专利"和"死专利"，我国创新能力薄弱；而另一种观点认为，长期以来，我国一直处于从计划经济向市场经济的转型中，知识产权体系的发展也离不开这个大环境，专利行为受政策影响较严重，专利发展长期以来存在着重量轻质的问题，但随着政府相关部门对专利质量的重视，专利质量有所提高 ❶。

在我国加快培育和发展战略性新兴产业的政策驱动下，战略性新兴产业的创新能力与发展态势是否良好，与传统产业相比有哪些优势和不足，是产业研究者普遍关注的重点。利用战略性新兴产业专利数据库可以分别对战略性新兴产业某一时期的专利增速及专利申请质量进行监测，再结合与传统产业的对比，某种程度上可以客观地对战略性新兴产业创新态势进行简单评价。

一、战略性新兴产业专利增速监测

利用战略性新兴产业专利数据库对战略性新兴产业发明专利申请增长速度进行监测评价，深入剖析可能影响战略性新兴产业创新状况的因素，

---

❶ 梁正，罗猷韬，姚金伟.中国专利快速增长背后的结构性分析 – 基于专利申请统计数据.科技管理研究.2016 年第 17 期：158–165

找准原因，为相关政策的制定提出决策依据及相关建议，使战略性新兴产业在创新驱动发展中发挥更好的引领带动作用。

（一）战略性新兴产业发明专利申请增速比较

将战略性新兴产业发明专利申请增速与发明专利总体增速进行比较，表 7.26。战略性新兴产业发明专利申请增速五年间呈现较大的波动，由 2011 年的 14.55% 增至 2012 年的 36.31%，而 2013 年又降至 14.89%。虽然战略性新兴产业发明专利申请增速变化趋势与发明专利申请总体基本一致，但是战略性新兴产业每年的增长率均低于发明专利申请总体的年增长率。"十二五"期间，战略性新兴产业发明专利申请的年均增长率为 21.30%，低于同期发明专利申请总体年均增长率（26.89%）5.59 个百分点。

表 7.26　2011—2015 年战略性新兴产业与发明专利申请总体增速比较

统计范围	2011 年	2012 年	2013 年	2014 年	2015 年	年均增速
发明专利总体	16.65%	47.46%	16.43%	22.88%	22.90%	26.89%
战略性新兴产业发明专利	14.55%	36.31%	14.89%	18.24%	16.93%	21.30%
国内发明专利总体	16.90%	57.12%	22.46%	26.05%	27.51%	32.61%
国内战略性新兴产业发明专利	13.04%	44.01%	22.30%	22.79%	23.63%	27.87%

此外，在去除国外在华发明专利申请之后，战略性新兴产业发明专利申请与发明专利申请总体的增速对比情况基本不变，国内战略性新兴产业发明每年的增长率都低于国内发明专利申请总体的增长率。"十二五"期间，国内战略性新兴产业发明专利申请的年均增长率为 27.9%，低于同期国内发明专利申请总体年均增长率（32.6%）4.7 个百分点。

将"十二五"间战略性新兴产业发明专利申请量按照各产业分别进行统计并计算申请量占比，见表 7.27。节能环保产业、新一代信息技术产业、生物产业的发明专利申请量分别为 305288 件、298259 件、357556 件，占比分别为 22.60%、22.08%、26.47%，三个产业占比总和为 71.15%，成为战略性新兴产业的支柱产业。其中，节能环保产业、生物产业、高端装备制造产业、新材料产业五年间增速明显，尤其是生物产业 2015 年的发明专利申请量高达 106221 件，是该产业 2011 年的 2.44 倍，是七大产业中增长最快的产业。新一代信息技术产业和新能源产业在 2011—2014 年间逐年递增，而 2015 年基本与 2014 年持平。新能源汽车产业作为战略性新兴产业发明专利申请量体量最小的产业，其申请量在 2013 年达到最高点（5736 件）后连续两年下滑，至 2015 年仅为 5431 件。

表 7.27　2011—2015 年战略性新兴产业各产业发明专利申请量（件）及其占比

年份	节能环保产业	新一代信息技术产业	生物产业	高端装备产业	新能源产业	新材料产业	新能源汽车产业
2011 年	36371	43775	43448	9703	16095	19862	3082
2012 年	52870	53617	58245	13234	22218	29527	4231
2013 年	58919	61475	66424	15469	25686	33887	5736
2014 年	70904	69129	83218	17694	27401	39321	5568
2015 年	86224	70263	106221	20791	29099	45630	5431
五年合计	305288	298259	357556	76891	120499	168227	24048
五年合计占比	22.60%	22.08%	26.47%	5.69%	8.92%	12.45%	1.78%

从"十二五"期间发明专利申请增速来看，见表 7.28，三个支柱产业中，节能环保产业的增速与发明专利申请总体基本保持一致；生物产业在近几年申请量突增，尤其是 2014 年和 2015 年，其增速已分别超过发明专利申请总体增速 2.40% 和 4.74%；新一代信息技术产业的发明专利申请增速在这期间一直低于发明专利申请总体，并且近 4 年增速直线下降，至 2015年已接近零。其他四个产业中，新材料产业和高端装备制造产业基本保持与发明专利申请总体相同的增长趋势，近两年的增速低于发明专利申请总体。新能源产业和新能源汽车产业的发明专利申请增速在 2011 年分别达到29.75%、30.81%，接近该年度发明专利申请总体增速的两倍，且新能源汽车产业在 2013 年仍达到 35.57% 的增长率，高出发明专利申请总体 19.14%。然而，新能源产业的发明专利申请量增长率在 2012 年之后持续下降，2015年降至 6.20%，而新能源汽车产业在 2014 年和 2015 年均出现负增长。

表 7.28　2011—2015 年战略性新兴产业各产业发明专利年均增速

年份	发明专利总体	战略性新兴产业发明专利	节能环保产业	新一代信息技术产业	生物产业	高端装备产业	新能源产业	新材料产业	新能源汽车产业
2011 年	16.65%	14.55%	13.32%	14.88%	11.44%	15.93%	29.75%	12.94%	30.81%
2012 年	47.46%	36.31%	45.36%	22.48%	34.06%	36.39%	38.04%	48.66%	37.28%
2013 年	16.43%	14.89%	11.44%	14.66%	14.04%	16.89%	15.61%	14.77%	35.57%
2014 年	22.88%	18.24%	20.34%	12.45%	25.28%	14.38%	6.68%	16.04%	−2.93%
2015 年	22.90%	16.93%	21.61%	1.64%	27.64%	17.50%	6.20%	16.04%	−2.46%

（二）战略性新兴产业发明专利申请增速影响因素分析

利用战略性新兴产业专利数据库从多个维度进行深入统计分析可以发现，战略性新兴产业自身发展过程中影响发明专利申请增速的多方面因素。

1. 战略性新兴产业国内企业潜力尚待发挥

2011—2015 年战略性新兴产业国内企业的发明专利申请量占到战略性新兴产业发明专利申请总量的 43.71%，是战略性新兴产业的创新主体，其发明专利申请量逐年递增，由 2011 年的 53267 件增加至 2015 年的 155132 件，5 年增加了近 2 倍。

然而，从战略性新兴产业国内企业的发明专利申请增速来看（表 7.29），除 2013 年战略性新兴产业国内企业的发明专利申请增速均低于发明专利申请总体国内企业申请增速，尤其是 2012 年两者增速相差 15.16%，且近两年增速持续走低。"十二五"期间，国内发明专利申请总体年均增长率为 32.61%，而战略性新兴产业国内企业的发明专利申请量年均增长率仅为 30.64%，并且低于同期发明专利申请总体国内企业的年均增长率（35.81%），一定程度上表明国内企业在战新产业的创新力不足。

表 7.29　2011—2015 年战略性新兴产业国内企业与发明专利
申请总体国内企业发明专利申请增速比较

统计类别	2011 年	2012 年	2013 年	2014 年	2015 年	年均增长率
发明专利总体国内企业申请年增长率	19.87%	65.57%	25.19%	27.95%	28.26%	35.81%

（续表）

统计类别	2011年	2012年	2013年	2014年	2015年	年均增长率
战略性新兴产业国内企业发明专利年增长率	15.79%	50.41%	27.04%	23.86%	23.06%	30.64%

通过对 2011—2015 年战略性新兴产业发明专利申请量排名前 100 位的国内企业进一步分析，如图 7.8 所示，可以看出，这些企业在战略性新兴产业的发明专利申请量仅占其发明专利申请总量的 38% 左右，2015 年达到 5 年的最低值 34.91%，并且这些企业 2015 年在战略性新兴产业的发明专利申请量与 2014 年相比还有所降低，而发明专利申请总量却升高。这在一定程度上表明，这些企业没有将技术创新的重心放在战略性新兴产业的重点技术上。

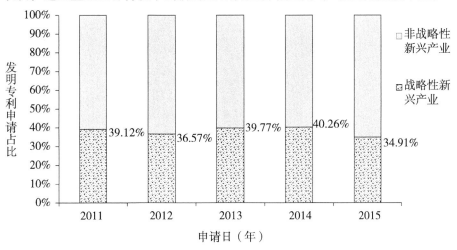

图 7.8　2011—2015 年战略性新兴产业发明专利申请量
排名前 100 位国内企业发明专利申请分布

企业的技术发展通常是以市场需求为导向的，其有针对性地进行技术创新和研发，并会采取多元化的技术发展策略以适应市场环境的变化，以此来降低发展战略性新兴技术所带来的高风险，这也成为企业技术创新重心没有放在战略性新兴产业的主要原因。因此，国内企业在战略性新兴产业的创新潜力有待进一步开发，以充分发挥创新主体的引领作用。

2. 东部地区增速缓慢

"十二五"期间，战略性新兴产业国内各地区发展不均衡。东部地区的战略性新兴产业发明专利申请量占国内战略性新兴产业发明专利申请总量的 66.83%，在申请量上占绝对主力地位；中部地区和西部地区分别占 13.19% 和 12.60%，东北地区仅占 5%，见图 7.9。而从发明专利申请增速来看，西部地区和中部地区增长迅猛，五年的年均增速分别达到 40.40%、39.75%；东部地区（25.15%）和东北地区（22.22%）年均增速均低于发明专利总体年均增速（26.90%），表 7.30。作为体量超过 2/3 的东部地区，其增速对战略性新兴产业发明专利总体增速的影响是显而易见的。

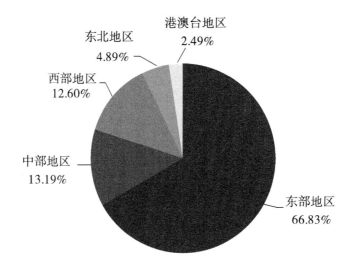

图 7.9　2011—2015 年战略性新兴产业国内各地区发明专利申请占比情况

表 7.30　2011—2015 年战略性新兴产业国内各地区发明专利申请增速比较

统计范围	2011 年	2012 年	2013 年	2014 年	2015 年	年均增速
西部地区	16.21%	58.42%	26.94%	28.86%	49.96%	40.40%
东北地区	−0.53%	43.55%	18.53%	14.55%	14.50%	22.22%
中部地区	16.90%	51.83%	28.32%	45.85%	34.21%	39.75%
东部地区	14.25%	42.42%	21.59%	19.45%	18.62%	25.15%
港澳台	−2.38%	14.93%	6.25%	−3.48%	−19.55%	−1.32%
发明专利总体	16.65%	47.46%	16.43%	22.88%	22.90%	26.90%

　　东部地区的十个省份中，仅有山东、江苏、浙江三省份的发明专利申请年均增速超过发明专利总体年均增速，分别达到 49.13%、30.28%、

28.14%；其他七省份中，战略性新兴产业发明专利申请量排名中分别位居第二、第三、第六名的北京、广东、上海年均增速均不足21%，最低的上海仅有13.04%，与发明专利总体年均增速均有较大差距，是导致东部地区增速缓慢的重要因素。

综合分析，东部地区增速缓慢的原因有三方面：第一，东部地区战略性新兴产业不仅发展规模大，而且发展程度远超其他区域，目前处于产业发展升级换代或产业结构调整阶段，创新力度有所下降；第二，东部地区中多数国内领先企业或龙头企业集聚，其技术发展水平及创新能力已具有一定基础和规模，不再追求专利数量的爆发式增长，而是更为重视高质量专利的规划和重大核心技术的研发，其技术创新的动力从政策导向变为市场需求；第三，东部地区多为沿海城市，其战略性新兴产业发展受外部需求变化影响较大，现阶段均面临着外需疲软和内部转型升级的双重压力，对战略性新兴产业的快速健康发展产生一定制约。虽然战略性新兴产业发明专利申请增速上东部地区低于中西部地区，但是东部地区的战略性新兴产业规模大、集聚程度高，引领着战略性新兴产业的发展；中西部地区在创新能力上较东部地区仍然存在一定差距。

3. 新能源汽车产业受国外影响显著

"十二五"期间，新能源汽车产业在国家政策及市场需求的共同推动下有了长足的发展。在汽车生产市场蓬勃发展的同时，新能源汽车产业技术创新也从"十一五"期间的技术成长期进入到"十二五"前期的快速发展期。2011—2013年新能源汽车产业发明专利申请增速分别达到30.81%、37.28%、35.57%，而从2014年起，新能源汽车产业发明专利申请量持续下滑，2014年和2015年的增速降为负值，分别为 −2.93% 和 −2.46%，见表7.31。通过比较国内外发明专利申请情况，见表7.32，发现原因在于2014年和2015年国外在华发明专利申请量的大幅下降，降幅分别达到 −9.81% 和 −27.62%。

表 7.31 新能源汽车产业发明专利申请量及年增长率

统计类别	2011 年	2012 年	2013 年	2014 年	2015 年
发明专利申请量（件）	3082	4231	5736	5568	5431
年增长率	30.81%	37.28%	35.57%	−2.93%	−2.46%

表 7.32　新能源汽车产业发明专利申请国内外增速比较

统计类别	2011 年	2012 年	2013 年	2014 年	2015 年
国内发明专利申请增速	34.67%	40.74%	25.19%	3.79%	18.89%
国外在华发明专利申请增速	26.65%	33.31%	48.14%	-9.81%	-27.62%

　　"十一五"期间，在新能源汽车产业方面，国外在华发明专利申请差不多是国内发明专利申请量的两倍；即使"十二五"期间国内新能源汽车产业发明专利申请量已赶超国外在华申请，但国外在华发明专利申请量在2011—2014 年期间仍基本占据半壁江山，见 7.33，所以，随着国外在华发明专利申请量的大幅下滑，新能源汽车产业发明专利申请增幅亦随之下降。

表 7.33　新能源汽车产业发明专利申请国内外比较

统计类别	2011 年	2012 年	2013 年	2014 年	2015 年
国内发明专利申请量（件）	1647	2318	2902	3012	3581
国外在华发明专利申请量（件）	1435	1913	2834	2556	1850
国外占比	46.56%	45.21%	49.41%	45.91%	34.06%

　　表 7.34 展示了新能源汽车产业发明专利申请排位前五的国家在"十二五"期间的发明专利申请情况，可以看出，国外在华发明专利申请下滑的根本原因来自于日本，而日本在华发明专利申请的下降并不是仅针对其在华申请而言的，2014—2015 年日本在全球新能源汽车产业的发明专利申请量均出现了大幅下滑，降幅分别达到 -17.29%、-6.23%。

表 7.34　新能源汽车产业发明专利申请排名前五国家申请量比较（单位：件）

年份	中国	日本	美国	韩国	德国
2011 年	1647	664	333	155	173
2012 年	2318	922	378	205	231
2013 年	2902	1449	497	381	296
2014 年	3012	1146	440	342	383
2015 年	3581	649	438	243	307

其原因主要在于三点。首先，《日本新一代汽车战略2010》中提出：到2020年，在日本销售的新车中实现新一代汽车总销量比例达到20%~50%的目标。由于日本国内市场容量相对较小，新能源汽车的销量在2013年就达到了23%，发展速度很快；其次，日本主要走混合动力汽车的技术路线，其市场销售的新能源汽车90%以上都是混合动力汽车，且日本的混合动力汽车技术已经非常成熟，要想在混合动力汽车方面有大突破较困难；最后，丰田作为日本乃至全球在新能源汽车产业的龙头老大，其在华发明专利申请量基本占到日本在华发明专利申请量的1/4。丰田本想通过与其他汽车生产商逐步免费分享丰田5700项氢燃料汽车专利的形式，引导氢燃料电池汽车技术路线的发展，但这一举措不成功，2016年丰田又将其关注重点重新回归到全电动汽车发展上来，因此，由于丰田近些年在新能源汽车领域技术发展路线的不确定性，造成其2014—2015年在华以及全球发明专利申请量的大幅下滑。

4. 新能源产业创新生态系统有待完善

新能源产业在2012年之前发明专利申请量快速增长，其增速远高于发明专利申请总体，是七大战略性新兴产业中增速最快的产业。然而，从2012年起，新能源产业的发明专利申请量年增长率持续下滑，如图7.10所示，2015年降至6.20%，低于发明专利申请总体16.7个百分点。

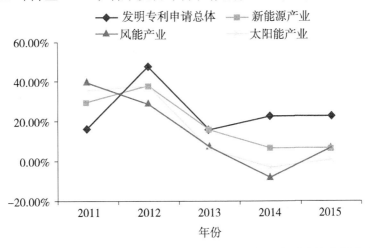

图 7.10　2011—2015 年新能源产业发明专利申请与发明专利申请总体增速比较

新能源产业发明专利申请增速下滑的主要原因在于受占该产业申请量一半的风能产业和太阳能产业的影响。由于太阳能和风能利用技术发展较早，技术门槛相对较低，研发周期较短，并且在国家政策的大力推动下，2012 年以前光伏和风电技术得到快速发展，尤其是光伏电池和风电设备的相关发明专利申请逐年快速递增。然而，这种快速发展的现象并没有持续太长时间，2014 年风能产业和太阳能产业均出现负增长。

导致光伏和风电技术发展放缓的因素有很多，包括技术、政策、市场、国际环境等，其主要原因则在于创新生态系统的不完善，即我国光伏和风电技术创新主要集中于中游产业，而下游产业——光伏发电系统及风力发电系统的应用技术较为薄弱。如图 7.11 所示，太阳能发电运营维护产业和风能发电运营维护产业的发明专利申请量，分别少于太阳能产品和生产装备制造产业以及风力发电机组及零部件制造产业。由于太阳能和风能发电的间歇性，在大规模并网时会对电网稳定性造成很大影响，此外，太阳能和风能资源多集中于西部地区，西电东送对于远距离输电技术要求较高，这些因素都限制了光伏发电和风电的应用。如何实现光伏和风电的高效利用，是改善其创新生态系统的关键所在。光伏企业和风电企业在经历 2012 年的严冬之后，已经充分认识到产业链不健全所带来的严重后果，积极进

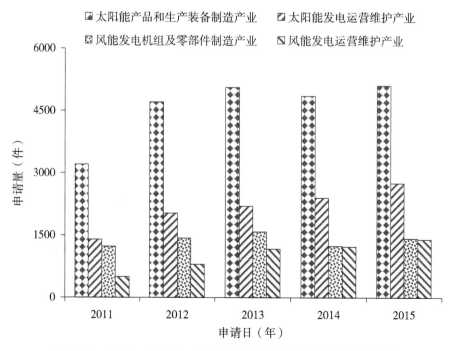

图 7.11　2011—2015 年太阳能和风电产业发明专利申请量趋势

行技术转型，在太阳能产品和生产装备制造产业以及风力发电机组及零部件制造产业的发明专利申请量呈现下降趋势的情况下，太阳能发电运营维护产业和风能发电运营维护产业的发明专利申请量却逆势上升。新能源产业的创新生态系统正在逐步改善，未来还须进一步加强。

5. 新材料产业化进程缓慢

目前，在国家的大力扶持下，我国的新材料产业虽然取得了长足发展，但是新材料产业总体发展水平仍与发达国家有较大差距，新材料自主开发能力薄弱，大型材料企业创新动力不强，关键新材料保障能力不足。从新材料产业的专利申请人类型统计来看，总体上，中国申请人中的企业类申请人仅占47%，而国外申请人中企业申请人占比高达91%，另一方面，高校和科研院所申请人主体占有较高比例，高达22%，见表7.35。

表 7.35　国内外申请人在华专利申请主体对比

申请人类型	企业	高校	科研院所	个人	其他
国内	47.00%	17.00%	5.00%	21.00%	10.00%
国外	91.00%	2.00%	2.00%	2.00%	3.00%

对新材料产业中的"功能陶瓷制造"领域近年发明专利申请进行分析，发现在国内前10申请人中国内企业无一家上榜，见表7.36。另外，国内前10申请人的发明专利申请量占该领域国内发明申请的18%，见图7.12。同时，对"前沿新材料产业"的发明专利申请进行统计显示，前10申请人中高校占据了8位，见表7.37。

表 7.36　功能陶瓷制造国内前 10 申请人排名情况

排名	申请人	申请量（单位：件）
1	桂林理工大学	314
2	天津大学	222
3	中国科学院上海硅酸盐研究所	207
4	西安交通大学	137
5	山东理工大学	128
6	清华大学	127
7	武汉理工大学	117

（续表）

排名	申请人	申请量（单位：件）
8	哈尔滨工业大学	114
9	浙江大学	108
10	武汉科技大学	103

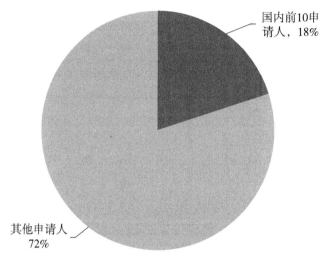

图 7.12　功能陶瓷制造国内前 10 申请人申请量占该领域国内发明申请比例

表 7.37　前沿新材料产业国内前 10 申请人排名情况

排名	申请人	申请量（单位：件）
1	清华大学	680
2	鸿富锦精密工业（深圳）有限公司	559
3	浙江大学	314
4	上海交通大学	267
5	海洋王照明科技股份有限公司	211
6	同济大学	183
7	哈尔滨工业大学	178
8	上海大学	177
9	东华大学	176
10	北京化工大学	172

这些数据一方面体现了我国高校和科研院所的创新能力，但另一方面也反映了我国科研成果的产业化进程缓慢，该领域国内总体研发还主要处于实验室研发阶段，尚没有技术领先的骨干企业。高校和科研院所的专利很多是为了完成课题需要，很少是从下游需求端切入专利申请，新材料产业低端产品较多、关键材料大多依赖进口的产业发展问题，并未得到较好解决。高校和科研院所专利技术向企业转化，使企业成为新材料产业真正创新主体，还需一段较长时间。

二、战略性新兴产业专利质量监测

（一）战略性新兴产业发明专利申请占比高

众所周知，专利类型包括发明专利、实用新型专利、外观设计专利，不同的专利类型分别对应不同的保护范围、保护周期、稳定性、抗风险能力等。综合来看，三种专利中创造性和技术含金量最高的是发明专利，其市场价值及认可度也更高。通常，分析发明专利与实用新型专利的占比情况可简单衡量某对象的专利申请质量。为了分析战略性新兴产业专利申请质量，在此比较了战略性新兴产业与非战略性新兴产业中发明专利申请占比情况，发明专利申请占比是指发明专利申请量占发明与实用新型专利申请量之和的比例。

表 7.38 显示的是"十二五"期间战略性新兴产业与非战略性新兴产业中发明专利申请占比情况。可以看出，"十二五"期间战略性新兴产业的发明专利申请占比在 62.65%~67.63%，五年合计占比为 64.69%；而非战略性新兴产业的发明专利申请占比在 41.03%~47.85%，五年合计占比为 44.02%，战略性新兴产业发明专利申请占比明显高于非战略性新兴产业。充分表明，相对于非战略性新兴产业，战略性新兴产业的专利申请结构更加优化，创新水平更好，发明专利引领创新发展的"龙头"作用在战略性新兴产业中体现得更为突出。因此战略性新兴产业的专利申请质量优于非战略性新兴产业。

表 7.38　"十二五"期间战略性新兴产业与非战略性新兴产业中发明专利申请占比情况

年份	战略性新兴产业发明专利申请占比	非战略性新兴产业发明专利申请占比
2011 年	62.65%	41.03%
2012 年	65.21%	44.11%

（续表）

年份	战略性新兴产业发明专利申请占比	非战略性新兴产业发明专利申请占比
2013 年	62.47%	40.22%
2014 年	67.63%	46.88%
2015 年	65.48%	47.85%

（二）战略性新兴产业发明专利授权比例大

为了进一步分析战略性新兴产业发明专利申请质量，统计了"十二五"期间战略性新兴产业发明专利申请中授权数量的比例，并与非战略性新兴产业的统计结果进行了比较。

"十二五"期间，战略性新兴产业发明专利申请总量达 1181291 件，其中发明专利授权量为 475646 件，授权比例为 40.26%；同期，非战略性新兴产业发明专利申请总量为 2095700 件，其中发明专利授权量为 688139 件，授权比例为 32.84%。"十二五"期间战略性新兴产业发明专利授权比例高于非战略性新兴产业 7.43%。这表明，相对于非战略性新兴产业，战略性新兴产业发明专利申请中可授予专利权的发明专利比例更大，技术创新水平更高，发明专利申请文件撰写质量更高。因此，战略性新兴产业的专利申请质量优于非战略性新兴产业。

表 7.39 "十二五"期间战略性新兴产业与非战略性新兴产业中发明专利授权比例

年份	战略性新兴产业		非战略性新兴产业		战略性新兴产业发明专利授权比例	非战略性新兴产业发明专利授权比例
	发明专利申请量（件）	发明专利授权量（件）	发明专利申请量（件）	发明专利授权量（件）		
2011 年	148663	69971	219771	94009	47.07%	42.78%
2012 年	202640	92269	340656	125318	45.53%	36.79%
2013 年	232812	93124	399773	126143	40.00%	31.55%
2014 年	275281	92912	502055	136879	33.75%	27.26%
2015 年	321895	127370	633445	205790	39.57%	32.49%
合计	1181291	475646	2095700	688139	40.26%	32.84%

（三）战略性新兴产业有效发明专利占比及被引频次高

有效发明专利量是指专利权处于维持有效状态的发明专利的数量 ❶，维持时间长的专利通常是技术水平和经济价值较高的专利。通过对战略性新兴产业中国有效发明专利数量及占比进行统计，并与非战略性新兴产业的统计结果进行比较，可以更好地评价战略性新兴产业的专利质量和价值。

从 1985 年至 2015 年年末，中国公开的战略性新兴产业发明专利申请总量为 1996573 件，其中有效发明专利量为 612063 件，有效发明专利所占比例为 30.66% ；而非战略性新兴产业中有效发明专利所占比例仅为 26.82%。战略性新兴产业发明专利申请中维持有效的专利数量更多，说明战略性新兴产业发明专利稳定性更好、市场价值更高。

此外，通过统计专利被引次数可知，战略性新兴产业国内有效发明专利平均被引次数为 1.4 次，明显高于非战略性新兴产业有效发明专利（平均被引次数 1.0 次）。也就是说，相比于非战略性新兴产业，战略性新兴产业有效发明专利的技术影响力更大，技术重要性更高；这也进一步证明，战略性新兴产业发明专利申请的质量相比非战略性新兴产业具有明显优势。

第三节　战略性新兴产业专利数据库在专利分析方面的应用

专利分析的概念是由赛德尔（Seidel）在 1949 年提出专利引文分析而随之产生的，并在 20 世纪 90 年代得以不断完善 ❷。当前，专利分析是指对来自专利文献中的专利信息进行加工及组合，并利用数据处理手段或统计方法使这些信息具有预测及纵览全局的功能，并上升为有价值的情报。专利文献包含与创新意图和技术发展相关的规范化数据，并且可以自由地利用，具有易得、完整、准确、时间序列长等特点。专利分析的过程是对专利文献中的专利信息进行收集、筛选、鉴定、整理，并通过深度挖掘与缜

---

❶　本章有效发明专利的统计范围是截至 2015 年 12 月 31 日专利权处于维持有效状态的发明专利。

❷　董菲，朱东华，等. 基于专利地图的专利分析方法及其实证研究［J］. 情报学报，2007，26（3）：422-429.

密剖析，形成竞争情报的过程❶。在专利分析过程中，数据采集处理阶段主要工作环节包括确定技术分解表（确定技术边界）、选择数据库、确定检索策略、检索和去噪、数据采集和加工及数据标引。而战略性新兴产业专利数据库是经过去噪和标引后的成品数据库，用其对七大战略性新兴产业及其子产业或技术领域进行专利分析具有分析成本低、分析效率高、数据一致性高的优点。利用战略性新兴产业专利数据库进行专利分析，可以从定量的角度对战略性新兴产业的某一技术发展趋势与现状进行分析，是掌握战略性新兴产业技术创新现状与挑战、制定和实施战略性新兴产业技术战略的基础和保障。

以特定技术为例展示战略性新兴产业专利数据库在专利分析方面的应用。利用战略性新兴产业专利数据库对特定技术在专利方面进行整体分析，可以很方便地剖析技术的历史发展、技术现状及未来趋势，发现该技术具有优势的国家、地区及申请人，并与我国相关研发和产业情况进行对比研究，以便发现我国在该技术领域存在的问题、差距以及未来发展的重点。

一、虚拟现实技术的全球专利状况分析

（一）虚拟现实技术概述

虚拟现实技术（Virtual Reality，VR）是利用计算机模拟产生一个三维空间的虚拟世界，提供使用者关于视觉、听觉、触觉等感官的模拟，让使用者如同身临其境，可以及时、没有限制地观察三维空间内的事物。虚拟现实技术综合了许多相关学科领域的成就，诸如计算机图形学、多媒体技术、人工智能等，发展潜力巨大，应用前景广阔。

虚拟现实系统主要由建模设备、视觉设备、声音设备和交互设备这4个部分组成。其中，建模设备可以是一台或者多台高性能计算机，用于获取物体外表面的三维坐标，建立物体的三维数字模型，生成三维高真实感场景；视觉设备是指将虚拟世界的视觉感知模型转变为人能够接受的视觉信号的设备，通常分为沉浸式（头戴式显示设备）和非沉浸式（3D眼镜）两大类；声音设备是指将虚拟世界的听觉感知模型转变为人能够接受的声音

---

❶ 张韵君，柳飞红，等. 基于专利分析的技术预测概念模型［J］. 情报杂志，2014，33（3）：22-27.

信号的设备，常见的有三维立体声设备和语音识别设备；交互设备是指应用手势、眼神等人机交互设备，常见的有数据手套、数据衣服、触觉反馈装置、运动捕捉系统等。虚拟现实技术领域的技术分解见表 7.40。

表 7.40　虚拟现实领域的技术分解表

一级技术分支	二级技术分支	三级技术分支	技术定义
虚拟现实	建模设备	建模设备	用于获取物体外表面的三维坐标，建立物体的三维数字模型的设备
虚拟现实	视觉设备	头戴式显示设备	利用头戴式显示器将人对外界的视觉、听觉封闭，引导用户产生一种身在虚拟环境中的感觉。在左右屏幕分别显示左右眼的图像，人眼获取这种带有差异的信息后在脑海中产生立体感
		3D 眼镜	利用时分法，在显示器输出一个眼睛的图像时，该眼的镜片为透光状态，另一眼的镜片为不透光状态，频繁地切换使大脑计算并生成 3D 图像
	声音设备	三维立体声设备	一种能使用户在虚拟场景中准确判断出声源位置，符合人们在真实环境中的听觉方式的声音系统
		语音识别设备	使得虚拟环境能识别人的语音并进行相应控制的设备
	交互设备	数据手套	获取人体手部的姿态和动作以便控制虚拟环境中的物体，通常由弯曲传感器等多种传感器及元器件组成
		触觉反馈装置	通过向用户施加某种力、震动或是运动，让用户产生更加真实的沉浸感，可以帮助用户在虚拟世界中创造和控制虚拟的物体
		运动捕捉系统	用于测量、跟踪、记录物体在三维空间中的运动轨迹的系统，包括机械式运动捕捉系统、声学式运动捕捉系统、电磁式运动捕捉系统和光学式运动捕捉系统

　　1965 年，美国人艾凡·萨瑟兰发表论文《终极的显示》，首次提出了交互图形显示、力反馈设备等对于虚拟现实发展极有意义的基本概念。1989年，美国 VPL Research 公司创始人贾龙·拉尼尔（Jaron Lanier）提出"虚拟现实"这一技术概念并沿用至今。1998 年，虚拟现实建模语言（VRML）

的国际标准草案正式获得 ISO 的认可和发布。进入 21 世纪，随着各种技术的深度融合，虚拟现实技术得到了快速发展。美国是虚拟现实技术研究的发源地，因此大多数研究机构都在美国，其中，美国航空航天局（NASA）目前将研究的重点放在对空间站操纵的实时仿真方面；北卡罗来纳大学的研究主要集中在分子建模、外科手术仿真和建筑仿真等方面。德国国家数学与计算机研究中心专门成立了一个部门，研究科学视算和虚拟现实技术。日本的东京大学在虚拟现实方面也进行了大量研究。

我国开展虚拟现实研究始于 20 世纪 70 年代，1996 年出版了第一部关于虚拟现实技术的著作并发表了综述文章，国家"863"计划将"分布式虚拟环境"确定为重点项目。2006 年，国务院颁布的《国家中长期科学和技术发展规划纲要》将虚拟现实技术列为信息领域优先发展的前沿技术之一。在国内具有代表性的研究机构中，清华大学对虚拟现实及其临场感等方面进行了大量研究，产生了球面屏幕显示和图像随动、深度感实验测试等研究成果；北京航空航天大学的虚拟现实与多媒体研究室开发了直升机虚拟仿真器等战术演练系统；中视典数字科技的 VRPlatform 虚拟现实平台拥有自主知识产权，已经在国内外的教育实训、设计展示、工程机械等领域得到广泛应用。

由于能够再现真实的环境，并且人们可以介入其中参与交互，虚拟现实技术在航天、军事、医疗、教育、娱乐、建筑、商业等各个领域都有着极大的发展和应用前景。利用战略性新兴产业专利数据库对虚拟现实技术在专利方面进行整体分析，可以很方便地剖析该技术的历史发展、技术现状及未来趋势，发现该技术具有优势的国家、地区及申请人，并与我国相关研发和产业情况进行对比研究，以便能够发现我国在该技术领域存在的问题、差距以及未来发展的重点。同时，对虚拟现实技术中的数据手套进行了技术发展路线、功效矩阵和重要专利的分析，从而深入掌握数据手套专利申请态势，找出我国能够努力赶超或重点布局的技术点。

（二）全球专利申请趋势分析

1. 全球专利总体状况分析

自 1973 年出现虚拟现实的专利申请开始，到 2016 年 11 月 30 日为止，全球申请共有 11360 项❶，如图 7.13 所示。

---

❶ 本节中涉及全球专利及申请国/地区统计分析中，将同族专利合并计为 1 项。

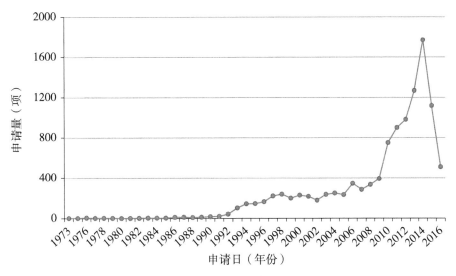

图 7.13　虚拟现实全球专利申请趋势

　　早在 20 世纪 60 年代就出现了第一台虚拟现实设备，但直到 70 年代才出现有关于虚拟现实的专利申请，之后的近 20 年，是虚拟现实技术发展的萌芽期，没有成型的技术概念，专利数量也极少；虚拟现实概念在 1989 年被第一次提出，因此在 20 世纪 90 年代初，虚拟现实专利申请量出现了第一次显著增长，并在随后的近 20 年中保持着稳定缓慢的增长。进入 21 世纪第二个十年，虚拟现实显示设备的概念被各大科技公司热炒，随着 Google Glass、Oculus Rift、HoloLens、HTC Vive 等先进头戴式显示设备的诞生，虚拟现实专利申请量出现了一次巨大的飞跃，并在 2014 年达到了峰值。2015 年和 2016 年的申请量有所回落，但其原因是专利申请公开的滞后性，而按照虚拟现实技术的发展趋势，可以预见近两年的申请量会处于一个较稳定的时期。

　　2. 全球专利技术分布分析

　　图 7.14 显示的是虚拟现实全球专利在各二级技术分支中的分布情况，其中视觉设备的申请数量最多，为 8548 项，占虚拟现实专利申请总量的 72.73%；其次为交互设备，申请量为 2653，占总体的 22.58%；建模设备和声音设备申请数量较少，均不到 300 项，占比都均低于 3%。

　　如图 7.15 所示，虚拟现实技术共有七个三级分支，其中视觉设备中的头戴式显示设备申请量达到 7144 项，占所有三级技术分支申请量之和的

60% 以上；运动捕捉系统和 3D 眼镜的申请量占比超过 10%，申请量分别为 1949 项和 1603 项；数据手套的申请量在各三级技术分支中排名第四，为 602 项；触觉反馈装置、三维立体声设备、语音识别设备的申请量较少，均未超过 300 项。

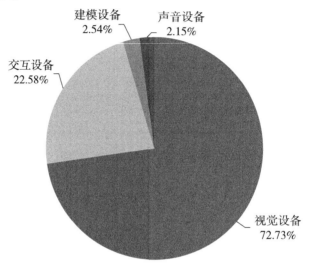

图 7.14　虚拟现实全球专利在二级技术分支中的分布

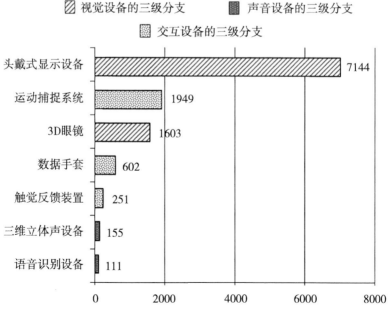

图 7.15　虚拟现实全球专利在三级技术分支中的分布（单位：项）

3. 全球专利技术分布趋势分析

根据图 7.16,并参照图 7.13 可知,视觉设备和交互设备的申请趋势和虚拟现实整体申请趋势相符,在 20 世纪 90 年代初有了第一次申请量快速增长,在 2010 年开始出现了第二次飞跃;建模设备和声音设备的申请量较小。相比较其他技术分支,视觉设备发展得最早,在 1973 年就有了第一项专利申请,而建模设备直到 1991 年才有专利申请,其中的原因是建模设备需要依附于有强大计算性能的计算机,而 20 世纪 90 年代正是计算机大发展时期,因此在这期间才开始出现建模设备的专利申请。

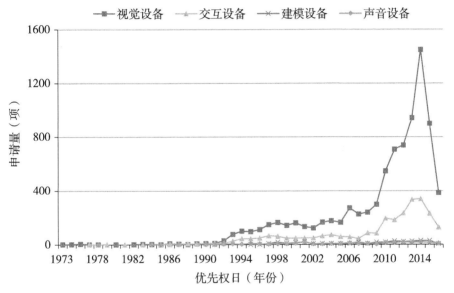

图 7.16　虚拟现实的所有二级技术分支的全球专利申请趋势

（三）申请国 / 地区分析

1. 申请国及地区分析

如表 7.41 所示,虚拟现实专利申请量前十位申请国的申请量差异极大,日本、美国、中国和韩国申请量超过 1000 项,日本专利申请量为 3538 项,是美国的 1.36 倍,而排名第五的德国仅有 210 项,除了排名前四的日本、美国、中国、韩国外,其他所有申请国或地区的申请量总和仅有 1220 项,仅占虚拟现实专利申请总量的 10.74%,可以看出,在虚拟现实领域日美中韩的创新活动的活跃程度较高。

表 7.41　虚拟现实全球专利申请量排名靠前申请国的申请量及占比

排名	申请国 / 地区	申请量（项）	申请量占比
1	日本	3538	31.14%
2	美国	2596	22.85%
3	中国	2335	22.29%
4	韩国	1671	14.71%
5	德国	210	1.85%
6	英国	175	1.54%
7	欧洲	128	1.13%
8	法国	84	0.74%
9	以色列	28	0.25%
10	其他	595	5.23%

2. 主要申请国 / 地区专利申请产出趋势分析

图 7.17 显示的是虚拟现实专利申请量前五位国家的专利申请趋势情况，根据专利申请趋势看出，日本的虚拟现实技术起步较早，早在 20 世纪 90 年代领先于其他国家，但在 2000 年出现小幅滑坡，被美国迎头赶上，随后近十年间又再次回到第一的位置，在 2010 年后由于增速缓慢被美中韩先后超过。

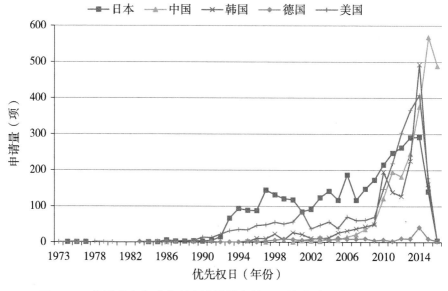

图 7.17　虚拟现实全球专利申请量排名前五位的申请国专利申请趋势

美国是最早发展虚拟现实技术的国家，也是虚拟现实概念的提出国，但发展初期进展缓慢，很快被日本占据领头羊的位置，在 2001 年申请量有所突破，但随后又大幅下滑。直到 2009 年，由谷歌和微软为代表的高科技公司开始发力，在申请量上迅速超越日本，但是最近几年被发展更加迅猛的中国和韩国超过。

在虚拟现实申请总量上排名第三位的中国，最早的专利申请直到 1995 年才开始出现，初期发展较为缓慢，从 2006 年开始专利申请量有所增加，并在 2010 年进入飞速发展时期，很快超越了韩国、美国、日本，在 2015 年申请了 569 项虚拟现实专利，位居第一位。其中以青岛歌尔声学科技有限公司、联想（北京）有限公司、京东方科技集团股份有限公司为代表的中国企业为中国虚拟现实专利申请量的飞跃贡献巨大。

韩国的虚拟现实专利申请趋势和中国非常相似，具有布局晚、发展快、峰值高等特点，在 2014 年超越美国，成为当年申请量最大的国家。

3. 主要申请国/地区技术分布

如图 7.18 所示，日本在视觉设备中的专利申请量达到了 3017 项，超过排名第二和第四的美韩之和，是排名第三的中国申请量的 1.72 倍，占五国总和的 38.29%，可见日本在视觉设备技术中的领先地位。但是，日本在声音设备、交互设备、建模设备的申请量排名中分别位于第二、第三、第四位。

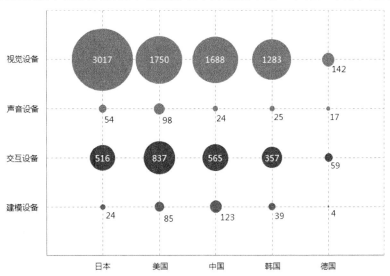

图 7.18 虚拟现实全球专利申请量排名前五位的申请国在二级技术
分支中的专利分布（单位：项）

美国在声音设备和交互设备中的申请量均排名第一位，分别是排名第二位国家的申请量的 1.81 倍、1.48 倍，在视觉设备和建模设备中的申请量均排名第二位，且分别有排名第一的国家申请量的 58.00%、69.11%，可见美国在虚拟现实的四个二级技术分支中的发展较为均衡。

中国在建模设备中申请量排在第一位，占五国总和的 44.73%，是美国的 1.45 倍，以绝对优势遥遥领先。中国在视觉设备中的申请量为 1688 项，排名第三位，与排名第二位的美国申请量仅有 62 项的差距，是排名第四位的韩国申请量的 1.32 倍；中国在交互设备中的申请量排名第二位，同样与排名第三位的日本差距很小；中国在声音设备的申请量只占第四位，具有较大的提升空间。

韩国在四个二级技术分支中的申请量的排名变化不大，占有两个第三位和两个第四位，其中声音设备仅比中国多 1 项。德国在四个二级技术分支中均排名第五位，除了声音设备外，其余三个技术分支中申请量均不到排名第四位的国家申请量的 1/5。

（四）目标国 / 地区分析

1. 目标国及地区分析

表 7.42 表示的是虚拟现实专利申请量前十位目标国或地区。美国申请的专利数量为 7420 件，占所有目标国或地区申请的专利总量的 28.44%，这与其在虚拟现实技术的主导地位是相吻合的。其余申请量超过 2000 件的目标国或地区还有日本、中国、欧洲 ❶。排名六到九位的目标国或地区分别是德国、澳大利亚、英国、加拿大。

表 7.42 虚拟现实全球专利申请量排名靠前目标国或地区的申请量及占比

排名	目标国或地区	申请量（件）	申请量占比
1	美国	7420	28.44%
2	日本	5685	21.79%
3	中国	4671	20.84%
4	韩国	2894	11.09%

---

❶ 欧洲是指在欧洲专利局申请的专利，以下类同。

（续表）

排名	目标国或地区	申请量（件）	申请量占比
5	欧洲	2130	8.16%
6	德国	539	2.07%
7	澳大利亚	479	1.84%
8	英国	282	1.08%
9	加拿大	263	1.01%
10	其他	965	3.70%

2. 主要目标国／地区专利布局趋势分析

从图 7.19 中可知，美国和日本申请的专利数量趋势线在 2010 年以前是相近的，从 2010 年进入虚拟现实技术大发展的阶段开始拉开差距，美国申请的专利数量飞速增长，同时日本申请的专利数量出现了回落，2014 年美国申请的专利数量是同年日本申请的专利数量的近三倍。同样，2010 年之前中国、韩国、欧洲申请的专利数量趋势线重合度很高，而在 2010 年之后欧洲申请的专利数量增速放缓，被中韩拉开差距；中国申请的专利数量先是领先于韩国，但是在 2014 年被韩国追上，中韩申请的专利总量相差无几。

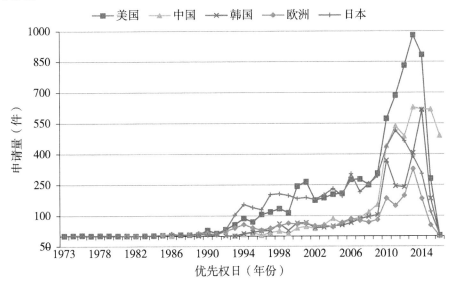

图 7.19　虚拟现实全球专利申请量排名前五位的目标国或地区专利申请趋势

3. 主要目标国 / 地区技术分布

如图 7.20 所示，在美国申请的专利中，除建模设备的专利申请量排名为第二位之外，其余三个技术分支均为第一位，凸显出各技术分支的申请人很重视在美国的专利布局。其中，在美国申请的交互设备的专利数量与排名第二位的日本差距最大，为在日本申请的专利数量的近 2 倍，而在美国申请的视觉设备的专利数量仅比第二位日本多 18.24%。在建模设备中，在美国申请的 195 件专利稍微落后于在中国申请的 200 件专利。

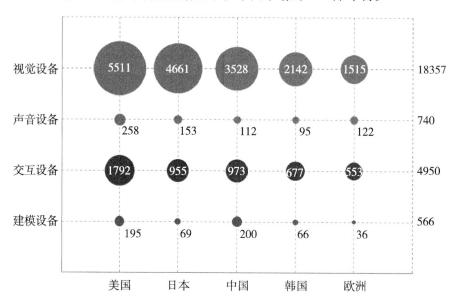

图 7.20　虚拟现实全球专利申请量排名前五位的目标国 / 地区在二级技术分支上的专利分布（单位：件）

在日本申请的专利中，视觉设备和声音设备的专利申请量排名第二位，交互设备和建模设备的专利申请量排名第三位，这与日本现在在虚拟现实技术中的地位相符。在视觉设备、声音设备的专利申请量分别是排名第三位的中国的 1.32 倍、1.37 倍，而在交互设备中的专利申请量仅比排名第二位的中国低 1.85%，差距极小，反之在建模设备的专利申请量仅为排名第二位的美国的 35.38%。

在中国申请的建模设备的专利数量排名第一位，占在前五位目标国 / 地区申请的建模设备的专利总量的 35.34%。在中国申请的交互设备的专利数量为 973 件，排名第二位，仅是排名第一位的在美国申请的专利数量的一半，差距依然很大。在中国申请的视觉设备、声音设备的专利数量分别排名第三位、第四位，说明无论是国外申请人还是中国申请人在这两个技术分支中的专利布局仍然有很大的不足。

从图 7.20 中可以看出，除了声音设备排名第五位以外，韩国在其余三个二级技术分支中均排名第四位；而欧洲则正好相反，在声音设备中位居第三位，在其余三个二级技术分支中均排名第五。这说明各国申请人在声音设备中多考虑在欧洲进行专利布局，而对韩国的市场重视程度相对较低。

4. 中美日欧韩五局专利动向分析

目标国分布是与市场分布紧密相关的。一般来说，企业想占领某个地区的市场就会优先在该地区申请大量专利，进行专利布局。

表 7.43 表示的是美国、日本、中国、韩国、欧洲五个国家或地区的专利动向情况。可以看出，日本在美国申请的专利最多，达到 1979 件，是中美日欧韩五国 / 地区在域外专利申请中的最高申请量，同时韩国在美国也申请了 919 件专利。相比之下，美国的域外专利申请量较少，在中欧日韩四国 / 地区总共申请了 2229 件专利，不及在本国申请量的七成。

表 7.43 美国、日本、中国、韩国、欧洲的虚拟现实专利动向情况 （单位：件）

申请国或地区	目标国或地区				
	中国	美国	欧洲	日本	韩国
中国	2611	105	10	10	9
美国	614	3592	745	489	381
欧洲	52	111	148	51	32
日本	792	1979	512	4776	236
韩国	405	919	335	137	2138

日本市场的特点非常鲜明，除本国之外，其他国家或地区在日本申请的专利数量均较低。中国、美国、欧洲、日本、韩国以日本为目标国的专利申请数量之和为 5463 件，其中仅日本本国申请的专利就达到了 4776 件，占比

达到87.42%。除此之外，仅有美国在日本申请了较多专利，为489件，占五国/地区总和的8.95%，而中欧韩在日本申请的专利之和不到200件。这说明日本的虚拟现实市场相对比较封闭。但是日本企业很乐意在其他国家/地区申请专利，日本的域外专利申请量之和为3519件，为五国/地区中最多的，从数量上来看，日本的专利布局的侧重点为美国，其次为中国和欧洲。

美国、欧洲、日本、韩国在中国共申请了1863件专利，占五国/地区总和的41.64%，这说明各国家或地区在中国市场的布局较为成功，其中以日本的专利申请量最多，达到了792件，其次是美国的614件。但中国在其他国家/地区的专利申请量极少，仅在美国有105件，其他三国/地区均不超过10件，在域外专利布局仅占中国专利的4.88%，超过95%的专利是本国申请。这表明中国申请人目前还缺少在其他国家/地区进行专利布局、抢占专利市场的意识，只限于在本国申请专利，这对我国的虚拟现实专利发展非常不利。

韩国在本国的专利申请量占韩国在美日中韩欧五国/地区申请的专利总量的76.47%，仅次于日本，而中国和欧洲在韩国申请的专利数量均不超过100件，最多的美国也只有381件。这说明韩国本土申请人在本国的专利布局较为成功，在一定程度上限制了外国申请人对韩国市场的侵占。韩国申请人的域外专利布局规模较大，重要集中于美国，达到了919件，同时在日本申请的专利仅有137件。

欧洲在中美日韩四国申请的专利数量较为均衡，且申请量均比较低，其中的原因大概是部分申请人以德国、法国、英国等国家为目标进行了申请。美国在欧洲申请了745件专利，超过了日本、韩国在欧洲申请的专利数量，可见美国申请人对欧洲虚拟现实市场的重视。

（五）全球专利申请人分析

1. 主要申请人排名

表7.44显示了虚拟现实专利申请量前十位的申请人，专利申请量合计为3407项，占虚拟现实专利申请量的30.00%，且全部为企业申请人，说明企业为创新主体，主导着虚拟现实产业的技术发展。而其中日本企业居多，占据6席，这6家企业的虚拟现实专利申请总量为1949项，占前十位申请人申请总量的57.21%，这充分说明了日本企业在虚拟现实技术中占据着

主导地位。日本企业中以索尼公司排名最高，申请量排名第二位，申请量为 501 项，同时精工爱普生株式会社也进入前三名，申请量为 426 项。前十位申请人中还有美国和韩国企业各两家，其中美国企业为排名第七位的微软公司和排名第十位的通用仪表公司，申请量也与排名前列的申请人差距较大。韩国企业在虚拟现实产业中异军突起，LG 电子株式会社和三星电子株式会社分别把持着申请量排名的第一位和第四位。其中，LG 电子株式会社的申请量达到了 634 项，比排名第二位的索尼公司多出了 26.55%，具有较大优势，而三星电子株式会社也有 405 项专利申请，这代表着以这两家企业为代表的韩国虚拟现实产业正在飞速发展。与这些相对应的是，中国没有一位申请人进入申请量排名前十，这说明我国虚拟现实优势企业的欠缺。

表 7.44　虚拟现实全球专利申请量前十位的申请人

排名	申请人	申请量（项）
1	LG 电子株式会社	634
2	索尼公司	501
3	精工爱普生株式会社	426
4	三星电子株式会社	405
5	佳能株式会社	356
6	株式会社尼康	251
7	微软公司	239
8	兄弟工业株式会社	213
9	奥林巴斯株式会社	202
10	通用仪表公司	180

2. 主要申请人技术分布

表 7.45 显示的是虚拟现实专利申请量前十位申请人在二级技术分支上的技术分布，可以看出，前十位的申请人都在视觉设备中申请了最多的专利，而索尼公司和三星电子株式会社相对其他申请人更重视交互设备的专

利申请。在前十位的申请人中，只有 LG 电子株式会社、索尼公司、三星电子株式会社、佳能株式会社、微软公司五个申请人在四个二级技术分支中均有专利申请，而株式会社尼康和兄弟工业株式会社在声音设备和建模设备中没有任何专利申请，同时在交互设备的专利申请量均不超过 10 项，超过 97% 的专利都是视觉设备专利，可见这两个公司技术偏门较为严重。在各技术分支中，发展最均衡的当属三星电子株式会社，其在建模设备有 12 项专利申请，占前十位申请人申请量之和的 41.38%，而在声音设备相应的比例为 25%，可见三星电子株式会社对这两个较为冷门的技术分支也非常重视。

表 7.45　虚拟现实全球专利申请量前十位的申请人在二级技术分支中的技术分布

（单位：项）

申请人	视觉设备	交互设备	建模设备	声音设备
LG 电子株式会社	607	30	2	3
索尼公司	423	87	7	8
精工爱普生株式会社	410	21	0	1
三星电子株式会社	328	66	12	7
佳能株式会社	319	43	2	1
微软公司	211	41	4	7
株式会社尼康	247	4	0	0
兄弟工业株式会社	210	6	0	0
奥林巴斯株式会社	193	14	2	0
通用仪表公司	166	19	0	1

二、云计算技术的中国专利状况分析

（一）云计算技术概述

2006 年 8 月 9 日，谷歌首席执行官埃里克·施密特在搜索引擎大会上首次提出了云计算的概念。云计算是一种按使用量付费的模式，这种模式提供可用、便捷、按需的网络访问，进入可配置的计算资源共享池，这些资源能够被快速提供，而只需投入很少的管理工作或与服务供应商进行很少的交互。云计算将计算任务分布在大量计算机构成的资源池上，使各种应用系统能根据需要获取计算力、存储空间和信息服务。

  云计算是并行计算、分布式计算、网格计算、效用计算、网络存储、虚拟化、负载均衡等传统计算机技术和网络技术发展融合的产物，是处理大数据的手段，经历了电厂模式、效用计算、网格计算和云计算四个阶段后发展到目前比较成熟的水平，具有超大规模、虚拟化、高可靠性、通用性、高可伸缩性、按需服务和极其廉价等特点。云计算按照服务类型可以分为基础设施即服务（IaaS）、平台即服务（PaaS）和软件即服务（SaaS）三类。

  云计算技术体系结构分为物力资源层、资源池层、管理中间件层和SOA（面向服务的体系结构）构建层这四层。其中，物力资源层包括计算机、存储器、网络设施、数据库和软件等；资源池层将大量相同类型的资源构成同构或者接近同构的资源池；管理中间件层负责管理云计算的资源，并对应用任务进行调度；SOA 构建层将云计算能力封装成标准的 Web Services 服务，并纳入 SOA 体系进行管理和使用。管理中间件层和资源池层是云计算技术的最关键部分，SOA 构建层的功能更多地依靠外部设施提供。云计算领域中的核心技术以及前沿技术主要包括云存储、云安全、云服务、云资源管理和虚拟化技术等，其详细的技术分解见表 7.46。

表 7.46 云计算领域的技术分解表

一级技术分支	二级技术分支	三级技术分支	技术定义
云计算	云存储		是指通过集群应用、网络技术或分布式文件系统等功能，将网络中大量不同类型的存储设备通过应用软件集合起来协同工作，共同对外提供数据存储和业务访问功能的系统
	云服务	基础设施即服务	是一种自我包含的 IT 环境，由以基础设施为中心的 IT 资源组成，可以通过基于云服务的接口和工具访问和管理这些资源。基于互联网的服务是 IaaS 的一部分

（续表）

一级技术分支	二级技术分支	三级技术分支	技术定义
云计算	云服务	平台即服务	是预先定义好的"就绪可用"的 IT 环境，由已经部署好和配置好的 IT 资源组成，是将服务器平台作为一种服务提供的商业模式。
		软件即服务	将软件程序定位成共享的云服务，作为"产品"或通用的工具进行提供。厂商将应用软件部署在服务器上，客户根据需求通过互联网向厂商定购所需的应用软件服务，而不用再购买软件
	云安全	加密	把明文数据编码成受保护的、不可读的格式，以便在云计算中对抗流量窃听、恶意媒介、信任边界重叠等安全威胁。常见的加密类型包括对称加密和非对称加密
		身份及访问管理	包括控制和追踪用户身份以及 IT 资源、环境、系统访问特权的必要组件和策略
		数字签名	是一种通过身份验证和不可否认性来提供数据真实性和完整性的手段。数字签名的创建中涉及哈希和非对称加密
	资源管理	分布式资源计算	将应用分解成许多小的部分，分配给多台计算机进行处理，节约整体计算时间，提高计算效率
		负载均衡	将任务分摊到多个操作单元上执行，共同完成工作任务，扩展网络设备和服务器的带宽，增加吞吐量和数据处理能力，提高网络灵活性和可用性
		镜像	镜像是冗余的一种类型，一个磁盘上的数据在另一个磁盘上存在一个完全相同的副本即为镜像
	虚拟化技术		是将服务器、存储设备等物理 IT 资源转换为虚拟 IT 资源的过程。通过虚拟化技术将一台计算机虚拟为多台逻辑计算机，每个逻辑计算机可运行不同的操作系统，应用程序可以在相互独立的空间内运行而互不影响

由于云计算是多种技术混合演进的结果，成熟度较高，又有大型跨国公司推动，因此发展极为迅速。亚马逊于 2006 年 3 月推出的云计算称为 Amazon Web Services（AWS），率先在全球提供了弹性计算云 EC2 和简单存储服务 S3。谷歌是最大的云计算技术的使用者，2007 年 10 月开始与 IBM 在美国多所大学校园推广云计算的计划，快速推进云计算相关技术的研究。微软于 2008 年 10 月推出了 Windows Azure（译为"蓝天"）云计算操作系统。

近几年，中国云计算的发展十分迅速。阿里巴巴已经在北京、杭州、香港、硅谷等拥有云计算数据中心，阿里云提供云服务器 ECS、关系型数据库服务 RDS、开放存储服务 OSS、内容分发网络 CDN 等产品服务。此外，国内有代表性的公有云平台还包括以游戏托管为特色的 UCloud、以存储服务为特色的七牛、提供类似 AWS 服务的青云，以及专门支撑智能硬件大数据免费托管的万物云。不仅如此，中国云计算创新基地理事长单位云创大数据（cstor.cn）是国际上云计算产品线最全的企业，拥有自主知识产权的 cStor 云存储、cProc 运处理、cVideo 云视频、cTrans 云传输等产品线。

云计算作为一项新兴技术，是信息产业继 PC、互联网之后的第三次革命浪潮，是一项具有战略意义的技术。我国"十三五"规划把"云计算"作为新一代信息技术产业研发与应用的重要领域之一。本部分通过对云计算在专利方面的整体分析，剖析云计算技术的历史发展、技术现状以及未来趋势，发现该技术具有优势的国家、地区和申请人，找出我国能够努力赶超或重点布局的技术点，力争为我国在该领域的宏观策略把握方面提供参考性的意见和建议。

（二）中国专利申请趋势分析

1. 中国专利申请总体分布

如图 7.21 所示，截至 2016 年 11 月 30 日，在云计算领域，中国专利申请量达 5995 件。其中，发明专利所占比例最高，以 5707 件的数量占据全部份额的 95.20%，剩余为 287 件实用新型专利。由此可见，中国在云计算领域的技术开发成果较大，发明专利占比之高说明云计算技术研发层面较深，技术创新的活跃程度较高。

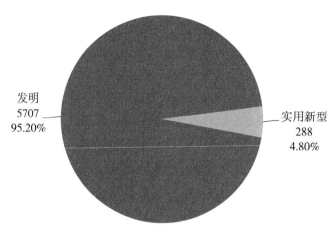

图 7.21　云计算国内专利申请的专利类型占比及申请量（单位：件）

结合图 7.22 可以看出，在云计算领域的二级技术分支中，包括虚拟化技术、云安全、云存储、云服务及云资源管理五个二级技术分支，发明专利申请量均以大幅度占比占据各二级技术分支申请量的第一位。在各二级技术分支中，云安全的专利申请数量是 2771 件，位列第一，占云计算领域专利申请总量的 36.33%。另外，占比超过 10% 的还有云存储、云资源管理及虚拟化技术。这说明云安全在云计算领域最受重视，是云计算中的研究热点，是引领云计算领域发展的重要力量；云存储、云资源管理和虚拟化

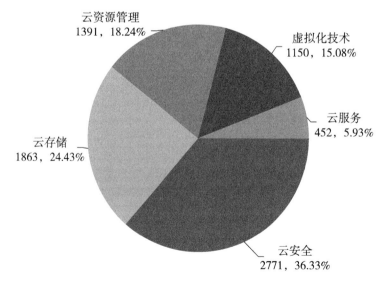

图 7.22　云计算国内专利申请在二级技术分支中的技术分布（单位：件）

技术的专利申请量处于中游，与云安全相比，技术实力还有一定差距，云存储这一基于云计算概念发展和延伸出来的新技术发展势头强劲；云服务的专利申请数量最少，只有452件，不超过6%，因为云服务的实现基于云平台的搭建，其技术较多受制于其他二级技术分支的技术发展水平，应当加强在云服务方面的研发投入，以在云计算的各个二级技术分支都有比较均衡的分布，有较多的自主知识产权。

　　图7.23显示了在云计算领域的各三级技术分支中专利申请的数量，其中在云安全中，加密的专利申请数量是2009件，位列第一，身份及访问管理的申请量紧随其后，超过1000件，数字签名申请量较少，为317件，说明在加密和身份及访问管理的技术创新的活跃程度较高；在资源管理中，分布式资源计算的专利申请量最高，为940件，负载均衡和镜像的专利申请数量处于中游，分别为381件和217件，表明对分布式资源计算的研究较多；在云服务中，基础设施即服务、平台即服务及软件即服务的专利申请数量均较少，分别为191件、171件及158件，应当加强在基础设施即服务、平台即服务及软件即服务方面的研发投入。

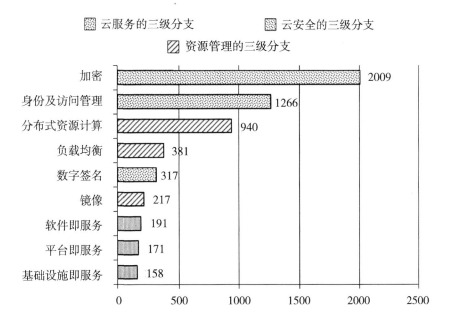

图 7.23　云计算国内专利申请在三级技术分支中的技术分布（单位：件）

2. 中国专利申请趋势分析

根据图 7.24 所示，在云计算领域的中国专利申请量分布中，在 2007 年就开始出现了一定数量的专利，但专利申请量很少，基本上都是个位数，说明云计算技术处于初步探索、起步阶段；以后逐年上升，2010—2012 年涉及云计算技术的专利申请增长非常迅速，专利申请量有了突破性进展，从 2010 年的 194 件上升到 2012 年的 982 件，发明专利申请量增长趋势一直高于实用新型专利申请量增长趋势；2013—2014 年申请量相对平稳，一直保持在一定的数量持续稳定产出，2013 年 1192 件，2014 年 1199 件，这期间发明专利申请量为 2316 件，占云计算专利申请量（2391 件）的 96.86%，表明在云计算领域更侧重技术研发，并具备了一定的技术创新能力；2015 年到达了顶峰 1267 件，从 2010—2015 年，年均增长率达到 45.54%；2016 年申请数量有所回落，主要是由于申请公开的滞后性，申请数量并未完全统计，目前统计量仅为 562 件。其中，发明专利申请数量在历年专利申请量中占比都达到 90% 以上。

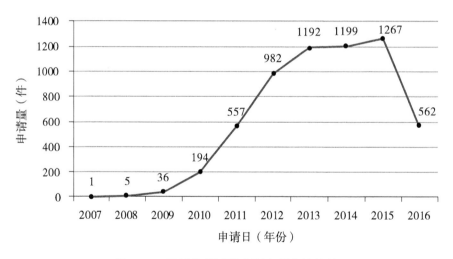

图 7.24　云计算领域的中国专利申请趋势

3. 中国专利国内外趋势分析

如图 7.25 所示，对比国内外申请人的历年申请量可以看出，国外申请人自 2008 年起步至 2013 年处于增长的趋势，从 2014 年开始申请量逐年递减，国内申请人的申请量在 2007 年以后有了突破性进展，并持续保持了快速增长的趋势，并且自 2009 年起国内专利申请量超过了国外在华专利申请量，说明了近八年来中国对云计算技术加强了发展力度；2007—2009 年，国内外申请人的专利申请量都很少，尤其是国外在华专利申请量每年不超 10 件，云计算技术处于起始时期，国内申请人专利申请量增长趋势高于国外在华专利申请量增长趋势；2010—2012 年，国内申请人专利申请量增幅较高，而国外在华专利申请量则增速缓慢，落后于国内申请人专利申请量的增幅，国外申请人在华专利布局速度放缓；2013—2014 年国内申请人在云计算的专利申请量为 2164 件，远远高于国外申请人专利申请量 227 件，表明国内申请人对云计算技术的关注程度很高；2015—2016 年，国内申请人的专利申请量为 1798 件，占这期间国内外专利申请量的 98.31%，国内申请人的专利申请数量是国外申请人的专利申请数量的 58 倍。由此可见，国内申请人近年来对云计算技术加强了发展力度，创新活动的活跃程度较高。

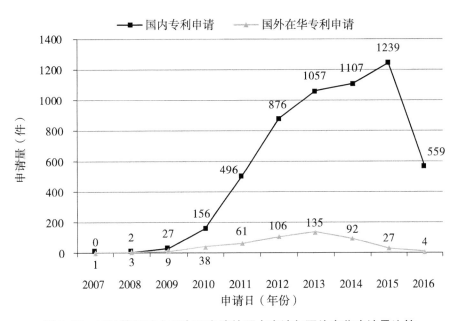

图 7.25 云计算领域中国专利申请的国内申请与国外在华申请量比较

（三）中国专利的省份分布分析

1. 中国专利主要省份分析

表 7.47 显示了截至 2016 年 11 月 30 日云计算领域中国专利申请量排名

前十位的国内省市分布情况。显而易见，排名前十位的国内省市间的差距较大，排名第一位的北京专利申请量是排名第十位的天津的近 13 倍。整体上看，排名前十位的省市可分为三个梯队：北京、广东的申请量遥遥领先，作为第一梯队，江苏、上海、四川、山东位列第二梯队，浙江、湖北、陕西、天津作为第三梯队。

表 7.47　云计算国内专利申请量前十位省市分布　　（单位：件）

排名	申请人	申请量
1	北京	1268
2	广东	1036
3	江苏	676
4	上海	460
5	四川	453
6	山东	380
7	浙江	234
8	湖北	170
9	陕西	148
10	天津	99

前十位的省份的专利申请量总共是 4924 件，占云计算领域国内专利申请总量的 82.13%。北京、广东二者的专利申请量占云计算领域国内专利申请总量的 38.43%；特别是北京，达 1268 件，占云计算领域国内专利申请总量的 21.15%，远远超出其他省份，其专利申请数量是作为第三名的江苏的将近 2 倍。这说明北京、广东二省份持续重视云计算技术的创新和保护，也与北京、广东拥有多家高科技公司密切相关。广东拥有华为技术有限公司、深圳市中兴通讯股份有限公司等龙头企业；北京拥有浪潮（北京）电子信息产业有限公司、中国电信股份有限公司等大量具有竞争力的企业，同时也是清华大学、北京邮电大学等高校和科研单位的聚集地，这些都为云计算技术的发展提供了强有力的支撑及动力。四川以 453 件的专利申请

量位列第五，仅比排名第四的上海少 7 件，展现出了较强的技术创新实力，这主要是由于四川拥有电子科技大学等在云计算领域有深入研究的高校以及一批高新技术企业，并且四川省政府出台了一系列相关政策，促进了云计算在四川的快速发展。专利申请量前十位的省份排名也表明，云计算技术的专利申请集中在具有一定经济及技术基础的省份，专利申请量较多的省份主要分布在中东部地区，西部各省份的专利申请量受到经济发展水平和基础薄弱的制约明显偏少，且各省份间申请量差距较大，呈现了不均衡发展，说明云计算技术的发展与地区的经济发展水平息息相关。

2. 主要省份的技术分布

如图 7.26 和表 7.48 所示，从排名前十位的国内省份看，云计算领域各二级技术分支的专利申请量是不均衡的。其中，云安全的申请量最多，其次是云存储和云资源管理，最少的是云服务。由此可见，云服务的创新在我国还有很大空间，是重点要加强的领域，以期达到和其他三个技术分支齐头并进、融合发展的目的。云服务的发展较多地受到云安全、云存储和云资源管理的制约。在云安全、云存储和云资源管理这三个二级技术分支中，北京、广东和江苏作为国内经济实力较强的省份，专利申请量始终保持在前

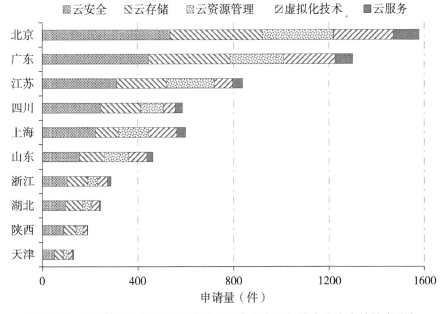

图 7.26　云计算国内专利量申请前十位省市在二级技术分支中的技术分布

三位，而且前两位的广东和北京的专利申请量又明显超出了江苏。北京分别在云安全、云存储、云资源管理、虚拟化技术和云服务中均位列第一。此外，进入前十位的省份还有上海、四川、山东、浙江、湖北、陕西和天津，五个二级技术分支中，排名前十位的省份基本相同，表明排在前十位的大多数省份都具有持续的创新能力，而且每个省份在五个二级技术分支中的排名基本相似，这说明技术分支之间的相互带动、协同发展的作用是很强的。

表 7.48　虚拟现实国内专利申请量前十位省份在
二级技术分支中的技术分布　　　　（单位：件）

申请人所在地	云安全	云存储	云资源管理	虚拟化技术	云服务
北京	535	386	298	247	112
广东	446	339	224	215	74
江苏	313	208	198	77	42
上海	222	98	125	117	37
四川	245	168	95	48	30
山东	155	106	101	75	27
浙江	103	86	43	41	16
湖北	96	73	37	32	6
陕西	89	50	33	15	2
天津	49	37	21	17	7

（四）中国专利申请人分析

1. 中国专利主要申请人分析

表 7.49 显示了云计算领域国内专利申请量前十位的申请人，专利申请量合计为 955 件，其中企业申请人占大多数，占 8 席，这八家企业的专利申请总量为 821 件，占前十位申请人专利申请量的 85.97%。这说明企业作为创新的主要力量，主导着云计算技术的发展，在专利创新方面保持较大优势。浪潮电子信息产业股份有限公司以 138 件的专利申请量排名第一位，华为技术有限公司的专利申请量为 135 件，位于第二位，这两个公司显示

出强劲的技术实力。近年来，我国加大力度优化企业创新政策环境，落实促进企业创新的财税政策，开展国家技术创新示范企业认定，建设以企业为主导的产业创新联盟，为我国企业自主科研创新营造了良好的政策环境，促使我国企业在云计算技术专利创新方面具有了一定优势，加快对云计算中的核心技术的研发，从而培育出更多能与国外跨国企业抗衡、具有核心竞争力及自主知识产权的企业，以应对世界各国在云计算领域激烈竞争的局面。专利申请量排名前十位的申请人中包括两个高校，为排名第七位的南京邮电大学和排名第十位的电子科技大学，这体现了高校的技术创新比较活跃，是一支不可忽视的力量，在基础性和共性技术研发具有优势。但是，将研究成果转化为产品的周期长，高校的专利申请量仅占不到15%的比例，这说明与企业相比，高校更应发挥自身在基础性和理论性研发的优势，加强与企业的合作，加速成果转化。进入前十位的企业还有浪潮（北京）电子信息产业有限公司、深圳市中兴通讯股份有限公司、国云科技股份有限公司、浪潮集团有限公司、国际商业机器公司及中国电信股份有限公司。

表 7.49　云计算国内专利申请量前十位申请人　（单位：件）

排名	申请人	申请量
1	浪潮电子信息产业股份有限公司	138
2	华为技术有限公司	135
3	浪潮（北京）电子信息产业股份有限公司	116
4	深圳市中兴通讯股份有限公司	110
5	国云科技股份有限公司	97
6	浪潮集团有限公司	88
7	国际商业机器公司	76
8	南京邮电大学	76
9	中国电信股份有限公司	61
10	电子科技大学	58

　　表 7.50 至表 7.54 所示，是云计算各二级技术分支前十位申请人的排名和对应申请量的情况，在各二级技术分支中的前十位申请人中有些申请人重复出现多次，例如浪潮电子信息产业股份有限公司、华为技术有限公司、深圳市中兴通讯股份有限公司等。这说明这些公司在云计算的各二级技术分支上都投入了很多的研发力量，战略性新兴产业专利技术动向研究研发力量比较均衡，在二级技术分支上都占有绝对的优势。从申请量上来看，浪潮电子信息产业股份有限公司、华为技术有限公司、深圳市中兴通讯股份有限公司等一些大型企业的研发能力比较强，申请量相对较大，国内的高校，比如南京邮电大学、电子科技大学、北京邮电大学等申请量相对较小，研究方向相对单一，但从上述各二级技术分支的排名来看，国内的学校在云计算技术方面也积极参与了进来。

表 7.50　虚拟化技术国内专利申请量前十位申请人　　（单位：件）

排名	申请人	申请量
1	华为技术有限公司	50
2	浪潮电子信息产业股份有限公司	44
3	国云科技股份有限公司	37
4	深圳市中兴通讯股份有限公司	29
5	国际商业机器公司	24
6	国家电网公司	21
7	浪潮（北京）电子信息产业股份有限公司	20
8	中国电信股份有限公司	19
9	上海墨芋电子科技有限公司	18
10	微软公司	17

表 7.51　云存储国内专利申请量前十位申请人　　（单位：件）

排名	申请人	申请量
1	浪潮（北京）电子信息产业股份有限公司	53
2	浪潮电子信息产业股份有限公司	46
3	浪潮集团有限公司	35

（续表）

排名	申请人	申请量
4	华为技术有限公司	32
5	华中科技大学	31
6	四川中亚联邦科技有限公司	29
7	深圳市中兴通讯股份有限公司	28
8	清华大学	25
9	南京邮电大学	23
10	中国电信股份有限公司	23

表 7.52　云服务国内专利申请量前十位申请人　（单位：件）

排名	申请人	申请量
1	国际商业机器公司	23
2	新浪网技术（中国）有限公司	16
3	曙光云计算技术有限公司	14
4	广州杰赛科技股份有限公司	13
5	华为技术有限公司	13
6	深圳市中兴通讯股份有限公司	13
7	上海博腾信息科技有限公司	12
8	浪潮集团有限公司	8
9	国家电网公司	7
10	惠普开发有限公司	7

表 7.53　云安全国内专利申请量前十位申请人　（单位：件）

排名	申请人	申请量
1	浪潮电子信息产业股份有限公司	54
2	深圳市中兴通讯股份有限公司	47

（续表）

排名	申请人	申请量
3	南京邮电大学	43
4	西安电子科技大学	41
5	华为技术有限公司	38
6	电子科技大学	37
7	国云科技股份有限公司	36
8	浪潮（北京）电子信息产业股份有限公司	35
9	华中科技大学	33
10	浪潮集团有限公司	29

表 7.54　云资源管理国内专利申请量前十位申请人　（单位：件）

排名	申请人	申请量
1	国云科技股份有限公司	38
2	浪潮电子信息产业股份有限公司	37
3	浪潮（北京）电子信息产业股份有限公司	30
4	深圳市中兴通讯股份有限公司	28
5	南京邮电大学	25
6	国家电网公司	23
7	上海墨芋电子科技有限公司	22
8	华为技术有限公司	17
9	浪潮集团有限公司	17
10	北京邮电大学	16

2. 中国专利的申请人类型分析

图 7.27 为云计算领域国内专利申请人类型的分布情况，从图中可以看出，企业申请人占总申请人数的 69.17%，足见以企业为主体的创新体系在

不断完善，企业在云计算技术的主导地位持续加强，主导着云计算技术的发展方向；而来自高校和个人的申请占比分别仅为 10.29% 和 17.34% 的申请，上述比例份额说明，在云计算的技术研究中，企业走在了前面，高校专利申请也有一定比例，但还处于理论研究阶段，需要增强其技术创新和技术转化能力。科研单位在总申请人数中占比较低，仅为 3.20%，有待提高。

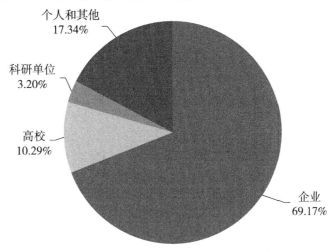

图 7.27　云计算国内专利申请的申请人类型

三、充电桩的技术发展路线分析

（一）充电桩技术概述

充电桩的功能类似于加油站里面的加油机，是一种"加电"设备。直流充电桩是一种高效率的充电器，利用专用充电接口，采用传导方式，可以快速地给新能源汽车充电；交流充电桩为具有车载充电机的新能源汽车提供交流充电电源，实现新能源汽车"慢充"电。新能源汽车充电桩具有相应的通信、计费和安全防护功能。

充电桩可以固定在地面或墙壁上，安装于公共建筑（公共楼宇、商场、公共停车场等）和居民小区停车场或充电站内，可以根据不同的电压等级为各种型号的新能源汽车充电。

充电桩对汽车的重要性不言而喻，不过目前我国新能源汽车面临"车多桩少"的现状。充电桩数量还存在很大缺口。随着新能源汽车数量的不断增加,未来充电桩行业很有发展前景。

现阶段,新能源汽车的充电方式以家用的充电器实现慢充以及在充电桩实现快充为主。然而,以快充为例,大概需要4小时才能充满使用,一定程度上制约了新能源汽车产业的发展。后期使用快速换电的方式可以在十几分钟内实现新能源汽车满电工作,然而这种方式前期投入大,运营相对困难,技术对接复杂,难以在短时间内推广。无线充电技术的发展,大大提高了新能源汽车的充电灵活性,解决了火花、积尘、接触损耗及机械磨损等一系列有线充电带来的问题,同时还可以实现停车位自动充电和移动充电,由此可降低对电池容量的要求,降低新能源汽车购买成本,增强新能源汽车的续航能力。

如表7.55所示,充电桩共细分为五个二级技术分支:快速充电技术、无线充电技术、充电连接器、计量计费模块和电安全防护模块,以下章节将对整体以及各分支的申请量情况进行分析。

表7.55 充电桩技术分解表

一级技术分支	二级技术分支	技术定义
充电桩	快速充电技术	指对电动汽车进行快速充电的地面供电装置及方法
	无线充电技术	指不用电线进行充电的非接触充电方法及设备,包括电磁感应充电、磁共振充电、微波充电三种方式
	充电连接器	包括充放电电缆和电动汽车、充电桩的接插设备,包括充电枪等
	计量计费模块	用于充电量的计量和收费,包括智能电表、读卡器等
	电安全防护模块	指实现充电桩防漏电、过压保护、防过充等功能的模块

（二）技术发展路线分析

通过对全球专利数据样本引证绝对频次和相对频次的统计排序,并结合产业发展状况,筛选出无线充电技术发展历程中具有代表性的22项专利,梳理了无线充电技术发展路线图,如图7.28所示。

从无线充电技术的技术发展路线图可知,早在1897年尼古拉·特斯拉

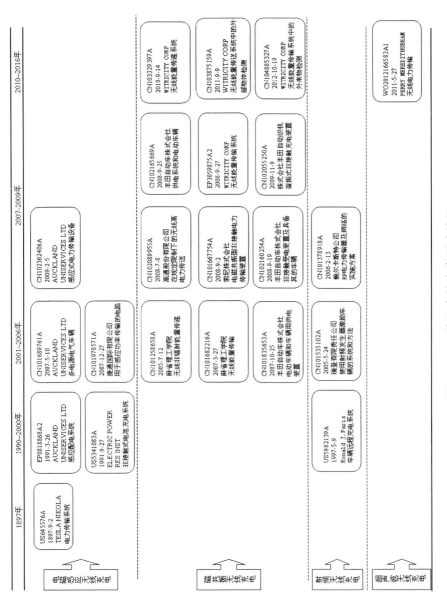

图 7.28　无线充电技术发展路线图

（Nikola Tesla）就已经提出了实现无线输电构想的技术方案（US645576A），磁感应强度的国际单位制也是以他的名字命名的。特斯拉构想的无线输电方法，是把地球作为内导体、地球电离层作为外导体，通过放大发射机以径向电磁波振荡模式，在地球与电离层之间建立起大约 8Hz 的低频共振，再利用环绕地球的表面电磁波来传输能量。虽然特斯拉的构想当时并未实现，但后人从理论上完全证实了这种方案的可行性。随后，科学家们分别在电磁感应方式、微波方式、磁共振方式等无线输电领域开启了广泛研究，取得了大量的研究成果，为电动汽车无线充电技术的实现打下了坚实的理论基础。

从图 7.29 可以看出，2005 年以前，无线输电技术主要集中于电磁感应无线输电、微波无线输电两个领域。这一时期电磁感应无线输电技术经历了萌芽、发展、成熟等阶段，成功实现商业化量产。奥克兰联合服务有限公司（AUCKLAND UNISERVICES LTD）于 1991 年 3 月 26 日申请的专利"感应配电系统"（EP0818868A2），详细介绍了电磁感应无线输电方式，即感应耦合电能传输（ICPT）技术的相关理论和技术实现方法，把 ICPT 技术成功应用到电动汽车的充电上面。随后，电力研究所有限公司（ELECTRIC POWER RES INST）和丰田自动车株式会社（TOYOTA MOTOR CO LTD）等申请人对电动车辆的无线充电技术进行了进一步完善，2005 年至今申请的专利则将技术改进点侧重在提高充电效率、增加充电距离、避免充电干扰等效果上。

为了在无线传输距离上有所突破，美国麻省理工学院（MIT）的马林·索尔贾希克（Marin Soljacic）教授和他的研究小组在长达 4 年的实验研究中终于获得重大突破，其在 2005 年 7 月 12 日申请了实现磁共振耦合能量传递的专利"无线非辐射能量传递"（CN101258658），并将研究成果于 2007 年在美国《科学》杂志上公布。该技术被命名为"WiTricity"，他们在实验中使用了两个直径为 50cm 的铜线圈，通过调整发射频率使两个线圈在 10MHz 产生共振，从而成功点亮了距离电力发射端 2m 以外的一盏 60W 灯泡。而且，即使在电源与灯泡中间摆上木头、金属或其他电器，都不会影响灯泡发光，实现在几米内的"中程"（相较于"近程"和"远程"而言）传输电力，随后很快就实现了电动汽车的中程无线充电（CN101835653），并且人体作为非磁性物体，暴露在强磁场环境中不会有任何风险。

同样是在 2005 年，就在 MIT 科学家的研究工作取得实质性进展的辉煌时刻，另外一些科学家在射频无线充电领域实现突破，成功使用射频信号激励车辆（CN101535102）。射频信号从嵌在路面内的天线传输到车辆上的硅整流二极管天线，该硅整流二极管天线可以被置于车身底部上且可以被配置为在车辆经过传输天线时接收 RF 信号。

2010 年至今，随着磁共振无线充电技术的成熟，充电效率不断提高，充电范围不断扩大，实现了限定区域内的选择性充电（CN101667754）、充电区域内异物的自动检测（CN102217163）等技术。

与此同时，一家名叫 uBeam 的公司在 2011 年 5 月 27 日发明了一种全新的无线充电模式，可以利用超声波将电力隔空输送到 15 英尺（约合 4.6 米）外的地方（WO2012166583），即超声无线充电技术，目前已经用于手机充电，相信很快会有用于电动车辆充电的专利出现。

总体来看，无线输电的发展决定着电动汽车无线充电技术的革命性变化。电磁感应无线充电技术已经发展成熟，未来技术发展的关注点在于如何提高充电效率、扩大充电范围等，并且会走向更多领域应用。由于对基础设施的低依赖性，磁共振无线充电技术将是未来几年电动汽车充电领域的发展重点，并且很快会进入商业运营阶段。而射频无线充电技术和超声无线充电技术也会逐步进入电动汽车充电领域，但发展前景不明朗。

四、分布式光伏的技术功效矩阵分析

（一）技术概述

分布式光伏发电系统，又称分散式发电或分布式供能，是指在用户现场或靠近用电现场配置较小的光伏发电供电系统，以满足特定用户的需求，支持现存配电网的经济运行或者同时满足这两个方面的要求。分布式光伏发电技术可以避免集中式光伏发电并网时对电网造成的冲击以及选址难等问题，近年来得到广泛发展。

在日本，近几年相比于传统光伏电站的缓慢发展，分布式光伏却是井喷式的增长。日本人多地少，大型光伏电站选址难，选址灵活的分布式光伏发电成为现实选择。自 2013 年 5 月来，每个月日本政府批准的 1MW 以下的小规模项目一直多于大规模项目。

美国分布式光伏市场从 2010 年至今都呈连续上升的发展趋势，其中家用市场的增长和发展最稳定，而工商业市场增长则相对缓慢。近几年，美国分布式光伏市场占据了 50% 左右的份额，相当可观。

德国对分布式光伏情有独钟。据了解，德国 90% 以上都是分布式的光伏系统，大部分都是屋顶系统，用户达到 100 万。

中国光伏组件产量自 2007 年起连续 5 年位居世界第一。2012 年，中国光伏产业严重依赖国外市场的风险在欧美"双反"时暴露无遗。为挽救中国光伏产业，国家 2012 年以来连续出台政策支持分布式光伏发电发展。为了响应国家政策，国家电网公司发布分布式光伏发电相关管理办法，为促进分布式发电的快速发展奠定了坚实的基础。

分布式光伏发电近几年呈现爆发式增长。中国从 2009 年开始了"金太阳"工程和光电建筑示范项目，给予分布式光伏发电系统补贴，并按照投资规模的大小，确定补贴额度。

2012 年年底，中国首个居民用户分布式光伏电源在青岛实现并网发电，从申请安装到并网发电，整个过程用了 18 天就全部完成。

2013 年 1 月 25 日，北京市首个个人申请的分布式光伏电源顺利并入首都电网。据该用户介绍，如果能得到每度电 0.4~0.6 元的补贴，这样的小型电站的投资回报率将远高于银行利率。

2015 年，北京海淀区首个分布式光伏屋顶电站示范区项目——永丰产业基地分布式光伏屋顶电站并网发电。该电站装机量为 300kW，年发电量为 33 万度电，可为社会节约标准煤 112 吨，减少二氧化碳 350 吨。

整体来说，分布式光伏在全球及中国的市场状况均比较乐观，未来发展前景大。

分布式光伏发电系统主要包括光伏电池组件、光伏方阵支架、汇流箱、逆变器、相关的控制设备、清洁装置、热组件等，其运行模式是在有太阳辐射的条件下，光伏电池阵列将太阳能转换成电能，经过汇流箱，再由逆变器逆变成交流电供给建筑自身负载，多余或不足的电力通过连接电网来调节。其中，控制设备对整个分布式光伏系统进行数据采集和控制，清洁装置主要是对光伏电池组件进行清洁，热组件则主要涉及散热和热利用。

基于分布式光伏发电系统的工作原理，将其分成光伏电池组件、光伏方阵支架、汇流箱、逆变器、控制、清洁装置、热组件七个二级技术分支。其中，光伏电池组件又进一步细分为密封、边框、层压件、光学组件四个三级技术分支，具体分解情况，见表7.56。

表7.56　分布式光伏技术分支分解

一级技术分支	二级技术分支	三级技术分支	技术定义
分布式光伏	光伏电池组件	密封	用于太阳能电池板粘接固定密封，光伏组件边框的密封
		边框	用于保护光伏组件，并连接固定组件与阵列
		层压件	由电池片、玻璃以及封装材料按照不同顺序层叠后，经过层压形成的成品
		光学组件	涉及反光和集光设备等
	光伏方阵支架		用于支撑光伏电池组件到支撑物上的支架
	汇流箱		光伏汇流箱用于连接光伏阵列及逆变器，提供防雷及过流保护，并监测光伏阵列的单串电流、电压及防雷器状态、断路器状态
	逆变器		用于光伏发电系统的特殊的逆变器
	控制		将光伏电站的逆变器、汇流箱、辐照仪、气象仪、电表等设备通过数据线连接起来，用光伏电站数据采集器进行这些设备的数据采集
	清洁装置		清洁太阳能电池板的装置
	热组件		冷却光伏设备的组件及利用热能的组件

（二）技术功效矩阵分析

根据分布式光伏清洁组件在技术改进上所采取的不同技术手段，将其划分为防护技术、刷具、流体、电热、吸尘、震动、角度倾斜、自清洁、清洁提醒、集水组件、行走装置、安装等分支。

各技术分支的含义约定，见表7.57。

表 7.57 分布式光伏清洁组件的技术分支约定

防护技术	通过防护手段，如防雨、防水、防尘、防雪等
刷具	利用刷子、刮板等工具进行清洁
流体	利用流体喷射或冲洗进行清洁
电热	利用电热等方式，如融化积雪、除冰
吸尘	采用吸尘方式进行清洁
震动	通过超声波、物理震动等震动手段
角度倾斜	通过改变光伏组件倾斜角度进行清洁的
自清洁	具有自清洁组件
清洁提醒	能设置定时或进行清洁度检测，从而启动清洁
集水组件	具有集水组件
行走装置	含有移动行走装置的，或者本身为清扫机器人
安装	清洁装置的安装方式

根据分布式光伏清洁组件所获得的不同技术效果，将清洁组件的技术功效：提高清洁效率、提高防护效果、提高发电效率、节能、自动化水平、除冰雪、便携、散热效果好、寿命长等分支。各技术功效的含义约定如表7.58 所示。

表 7.58 分布式光伏清洁组件技术功效约定

提高清洁效率	可以提高清洁的效率
提高防护效果	可以提高防护效果，如防雨、防水、防尘、防雪等
提高发电效率	提高光伏组件的发电效率
节能	减少清洁过程中的水资源、能源消耗、减少成本
自动化水平	减少清洁过程的人工维护，提高清洁的自动化程度
除冰雪	方便除雪、除冰
便携	提高便携性
散热效果好	清洁装置的散热效果好
寿命长	增加光伏电池及光学等组件的使用寿命

通过对分布式光伏清洁组件各技术分支下相关专利进行统计分析，得出技术功效矩阵图，如图7.29所示。

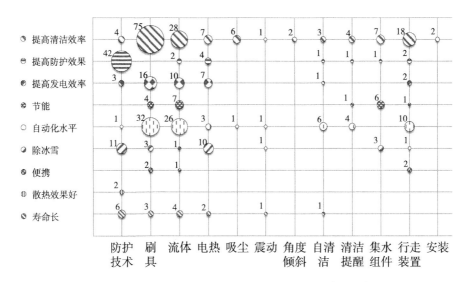

图7.29　分布式光伏清洁组件功效矩阵图（单位：件）

分布式光伏清洁组件功效矩阵图中，横坐标为各技术分支（代表相应的技术手段），纵坐标为各技术功效（相当于技术需求）。功效矩阵图中的气泡面积代表申请量，气泡面积越大，表明申请量越大，也表明该点横坐标所代表的技术分支是解决该点纵坐标相应的技术需求的主要技术手段。相反，图中面积小的气泡或空白的点，表示专利申请量较小或没有提出专利申请，有可能存在着本领域技术人员尚未发现的技术空白，或者通过所述技术手段对解决该技术需求并无效果。

从图7.29中横向来看，采用防护技术、刷具、流体、电热、行走装置是布局的热点技术手段，是分布式光伏清洁组件的热点方向，大部分案件的改进集中于此。而采用吸尘、超声波物理震动等震动手段、角度倾斜、自清洁、清洁提醒、集水组件、安装是采用较少的技术手段。

纵向来看，在提高清洁效率的需求上，采用刷具、流体、行走装置是热点技术，采用刷具提高清洁效率具有75件专利；利用流体提高清洁效率具有28件专利。采用防护技术是提高防护效果的主要技术手段，其具有42件专利。在提高发电效率的需求上，采用刷具、流体是主要技术手段，各拥有 16 件、10 件专利。在提高自动化水平需求上，采用刷具、流体和采用移动行走装置或清扫机器人是热点技术，各拥有 32 件、26 件专利、10 件专利。在方便除冰、除雪需求上，采用防护手段和具有集热组件是热点技术。

分布式光伏清洁组件技术功效图存在较多空白点。采用超声波、物理震动等震动手段的仅有 4 件专利，而对于清洁装置的安装，仅有 2 件专利。通过改变倾斜角度进行清洁，仅有 2 件专利。针对进行定时或检测洁净度，从而启动清洁的相关专利较少，目前是个技术空白点，相关企业可以在清洁度检测、清洁控制、定时启动等方面进行技术创新，再结合其他清洁手段，从而进行专利布局。采用纳米自清洁薄膜除尘等技术的自清洁手段，也是分布式光伏清洁的未来重要发展方向，具有经济效益，相关企业可就此进行相关创新研发。此外，采用吸尘方式的清洁案件数量也相对较少，这跟吸尘方式在分布式光伏清洁中效率不够高、清洁不够彻底有直接关系。此外，采用电帘除尘技术、车载移动式清洗机等手段在分布式光伏清洁的相关专利中没有出现。

综上所述，相关企业在分布式光伏清洁组件的上述方面专利布局相对较少，有相关技术空白点可以进行创新研发和专利布局。综合来讲，分布式光伏组件的清洁，将会朝向清洁效率高、自动化水平高、节能节水、便携、使用寿命长等方向发展。

第四节　战略性新兴产业专利数据库在核心专利筛选方面的应用

"十二五"期间，中国大力发展战略性新兴产业的政策已经明确，着眼点是占据新兴产业高端，目标定位是掌控核心技术及其知识产权❶。习近平总书记在两院院士大会的讲话指出："我国科技创新基础还不牢，自主创新特别是原始创新还不强，关键领域核心技术受制于人的格局没有从根本上改变。只有把核心技术掌握在自己手中，才能真正掌握竞争和发展的主动权。"国家在各类发展规划中将突破关键核心技术、掌握基础专利或核

❶ 台新民. 用知识产权战略推动新兴产业发展［J］. 中国高校科技，2012（Z1）：107–110.

心专利列为重要发展目标。《全国专利事业发展战略（2011—2020 年）》指出："到 2020 年，在新兴产业发展的重点领域和传统产业重点技术领域形成一大批核心专利。"《国家知识产权事业发展"十二五"规划》指出："到 2015 年，在战略性新兴产业和传统产业重点技术领域，掌握一批对经济增长具有重大带动作用的关键技术的知识产权；在关键技术领域超前部署，掌握一批核心技术的专利。"《中国制造 2025》指出我国制造业的战略目标是"到 2020 年，掌握一批重点领域关键核心技术，优势领域竞争力进一步增强"。《深入实施国家知识产权战略行动计划（2014—2020 年）》的主要目标："知识产权拥有量进一步提高，结构明显优化，核心专利大幅增加。形成一批拥有国外专利布局和全球知名品牌的知识产权优势企业"。工信部《国家知识产权战略行动计划（2014—2020 年）》实施方案中也强调"加强关键核心技术知识产权创造与储备。"

与战略性新兴产业发展最为密切的知识产权就是专利，而核心专利往往体现产业的核心技术，属于基础性专利，对产业发展和技术创新具有战略意义。在现有各类评价指标的基础上，从基础专利或核心专利的角度了解国家、区域以及企业的表现，对于客观掌握我国在关键核心技术尤其是颠覆性技术创新方面的进展，了解各类主体在核心竞争力和战略制高点的比较地位，对战略性新兴产业发展和技术创新具有战略意义。

一、核心专利的筛选方法

核心专利，是指在某一技术领域中处于关键地位、对技术创新具有突出贡献、对其他专利或者技术具有重大影响且具有重要经济价值的专利 ❶，在特定技术领域受关注程度较高、企业规避难度较大，对于专利权人有重要商业价值。而如何在每年公开的数百万件中国专利中识别出核心专利是个难题。为此，国内外学者针对核心专利识别方法开展了大量的研究，核心专利具有多种评定指标，根据方法和指标的不同，会导致核心专利的筛选结果存在较大的差异。所以总结一套核心专利的评价指标和确定方法，通过专利评价指标来确定重要专利不仅能够提高工作效率，也可以避免主观因素产生的偏差。核心专利可以从技术价值、经济价值和受重视程度等

---

❶ 韩志华. 核心专利判别的综合指标体系研究［J］. 中国外资，2010（2）：193 –196.

层面来确定，具体包括以下六方面。

（1）专利被引证次数，指的是一件专利被其他专利所引用的次数，引证次数越多，说明该专利在该领域中的重要程度越高，可能在产业链中所处位置较关键，可能是竞争对手不能回避的。被引证次数可以反映专利在某领域研发中的基础性、引导性作用。但专利文献的被引证次数与公开时间的年限正相关，公开时间越早被引证的次数可能会越多，同一时期的专利文献，被引用次数越多，则专利重要性越高。

（2）同族专利数量，指的是基于一项或多项相同优先权文件，在不同国家或地区以及地区间专利组织多次申请、多次公布或批准的内容相同或基本相同的一族专利文献的数量。由于国外专利申请和维持的费用远高于国内专利，所以国外专利申请比国内专利申请更能说明专利的价值。一件专利同族数量的多少可以反映技术创新主体对该专利重要性的认可程度，同族专利数量越多，则专利重要性越高。

（3）专利有效性，指以专利或其同族的法律状态及其维持有效时间来判断。对专利权人来说，只有当专利权带来的预期收益大于专利年费时，专利权人才会继续缴纳专利年费。因此，专利有效时间持续越长，则专利重要性越高。

（4）重要申请人，行业内的重要专利申请人通常在本领域技术实力最强，技术发展比较成体系，其所申请的专利技术自然比较重要。但首先需要判别和筛选出该领域的重要申请人，如果重要申请人的申请量较大，则还需要进行进一步筛选。

（5）专利实施率，通过技术性能、经济效益、社会效益、市场因素、产业化开发和生产能力、宏观环境以及产业化风险等多个角度对发明专利的实施进行衡量。专利实施率越高，对于技术发展、技术创新的贡献就越大，与技术发展结合得越紧密。

（6）政府支持，获得政府支持的专利技术其研发自然有经费和人力资源保障的，专利的重要性自然很高。

在利用以上标准确定核心专利时，要根据实施情况和各项指标的特点，有针对性地选择评价标准。对于中早期的专利来说，以被引次数作为主要评价指标。而对于近期专利则以同族专利、专利实施情况等作为主要评价标准。

二、基于专利引证的核心专利筛选

以观测专利（指被观察和分析的专利）为基点，专利引证模式分为引用和被引用，观测专利引用的参考文献称之为受引文献（若该文献类型为专利，则称之为受引专利），引用观测专利的文献称之为施引文献（若该文献类型为专利，则称之为施引专利）。基于引用和被引用的引证模式，可以形成了专利引用和专利被引用两类指标。

目前，专利被引指标是国内外专家学者认可的评价技术影响力和专利质量的通用指标，已经广泛用在各类技术评估中。专利引文分析研究源于科学引文研究的扩展。早期由于受到专利引文数据库、引文分析工具的限制，专利引文分析没有得到广泛的应用，但随着 1975 年经过计算机处理过的美国专利引文数据的使用，涌现了一大批专利引证分析研究成果，尤其是 1968 年成立的知识产权咨询公司 CHI Research 公司，其创立了一系列专利引证分析指标，开创了专利引证分析与研究的先河。

美国知识产权咨询公司 CHI 研究发现，高被引专利比低被引专利具有更大的技术影响力，一项专利被后续专利引用的次数越多，说明该技术越重要，技术影响力大，对应的专利质量好，而专利质量与专利价值正相关，也就意味着具有较高的价值。在先专利被在后专利引用，体现了技术创新的累积增值过程。某项专利被发明人在技术创新过程中作为背景技术所引用，说明该专利构成了后续技术创新的基础，对后续技术创新具有重要的启迪作用。而某项专利被审查员在专利实质审查过程中作为对比文件所引用，说明该专利是后续专利相关的现有技术，对后续专利的权利要求范围具有重要限定作用，反映了该专利的技术水平和作为基础技术的影响力。基于专利被引用次数和技术质量的相关性，可以量化测度区域创新绩效和创新能力。专利质量和价值在市场验证之前，专利被引用分析是第三方角度客观、量化评价专利质量的唯一手段。

现有研究表明，涉及重大创新或重大技术进步的专利，通常具有相对较高的被引用次数，高被引专利❶通常是代表重大发明创造的专利，是具有

---

❶　高被引专利是指将统计时间内所有发明专利按照被引次数降序排序前 1% 的专利。

高度影响力的基础专利、核心专利，含有基础、核心或关键技术。高被引专利在被引用过程中，能够对后续技术创新产生广泛深远的溢出效应，能够为后续技术创新奠定坚实的基础。分析高被引专利是目前国际通用的评估重要技术或关键核心技术表现的量化手段。例如，OECD《科学技术与产业记分卡》中将"高被引专利"作为突破型专利的衡量标准，来测度各区域在重大技术突破方面的表现。美国 NSF《科学与工程指标》用高被引专利来评估高技术产业中"重要专利"拥有情况，掌握各区域在产业核心技术方面的表现。与之类似，汤森路透设立的"中国引文桂冠奖"利用高被引论文 ❶ 来衡量重要科学进展情况。

关键核心技术的载体就是基础专利或核心专利，基础专利或核心专利通常就是被大量引用的高被引专利。基于高被引专利与关键核心技术的内在关联性，可以量化我国区域以及市场主体在关键核心技术方面的进展和表现。

专利引证分析的前提是要有全面、准确、规范的专利引文数据。战略性新兴产业专利数据库是基于国家大力发展的战略性新兴产业，经过严格的对照、筛选而构建的高质量专利数据库，其中专利引文数据是经过深度加工标引的数据，可以对战略性新兴产业专利进行专利引证分析，在核心专利筛选方面具有独特优势。从引用和被引用角度，分析战略性新兴产业中重点产业领域的核心专利状况，从技术影响和专利质量的角度评价特定领域的创新能力，以真实掌握创新能力现状，为国家创新调查提供有益补充。

（一）石墨烯领域核心专利

石墨烯是最近发现的一种具有二维平面结构的碳纳米材料，是世界上最硬的、柔韧性最强的材料，也是目前发现的唯一的由碳原子紧密堆积而成的二维自由态原子晶体。石墨烯具有超薄、超轻、超高强度、超强导电性、优异的室温导热和透光性，几乎完全透明，结构稳定等特点。石墨烯因性能优良、功能众多，被广泛应用超级电容器、锂离子电池、太阳能电池、触摸屏、传感器等领域。

全球石墨烯市场可分为氧化石墨烯、非氧化态石墨烯。氧化石墨烯在

---

❶ 高被引论文是指同年度同学科领域中被引频次排名位于全球前 1% 的论文。

全球市场中份额最高。氧化石墨烯是石墨烯的一种氧化形式，以粉末形式存在。当沉积在任意基板之后，氧化石墨烯可以转换为导体，从而可以制作导电膜、传感器、柔性电子设备和触屏等。

石墨烯的制备方法主要分为"自上而下"和"自下而上"两类方法。"自上而下"法是通过剥离石墨材料来制备石墨烯层，如微机械剥离法、氧化石墨还原法、碳纳米管轴向切割法、液相分离法。而"自下而上"法是通过碳原子的重新排列来合成石墨烯，如化学气相沉积法（CVD）、外延生长法、有机合成法等。

我国在石墨烯领域的研究起步与发达国家相比较晚，但在近些年的努力下，文献发表量和专利数量都已经位居全球首位，在石墨烯研究领域正和发达国家一样处于起跑阶段。2015年5月，国家金融信息中心指数研究院发布了全球首个石墨烯指数评价结果显示，我国全球石墨烯产业综合发展实力位列全球第3位（前2位分别为美国和日本）。从宏观政策看，我国石墨烯的发展得到了国家和各级地方政府的大力扶持，国内石墨烯产业制备技术和应用技术均取得了长足发。国家在"十二五"规划中间明确将新材料列为重要的战略新兴产业；国家自然科学基金委员会已经陆续拨款超过3亿元资助石墨烯相关项目；国家引导石墨烯产业成立了中国石墨烯产业技术创新战略联盟。

通过检索结果可以知道，与氧化石墨烯的制备、改性相关的专利文献主要集中在2008年之后，因此被引频次并非作为重要专利的唯一评价标准。

从表7.59氧化石墨烯的重要专利列表可知，在氧化石墨烯的制法相关专利中，于2011年2月10日公开的专利WO2011016889A2（最早优先权号US18050509P）其同族专利数量最多，为9件，同时其引用频次也较高，达到24次。该专利公开了高度氧化形式的氧化石墨烯及其制备方法，包括在至少一种保护剂的存在下用至少一种氧化剂氧化石墨源，形成氧化石墨烯，所合成的氧化石墨烯具有高结构质量。与在没有至少一种保护剂的情况下制备的氧化石墨烯相比，其氧化程度更高，保持更高比例的芳环和芳香区。该专利在制备氧化石墨烯时使用了特殊的保护剂，作为制备高质量的氧化石墨烯方法，申请人在美国、加拿大、欧盟、日本和韩国等几个重要的国家和地区同时申请了保护，说明该专利比较重要。另外，该专利的引用频次较高，也说明该专利作为基础专利受到了行业内的持续关注。

表 7.59　氧化石墨烯的重要专利列表

序号	最早优先权号	最早申请日	发明名称	申请人	被引频次（次）	同族数量（件）
1	US1875108P	20080103	氧化石墨烯的功能化	新加坡国立大学	60	2
2	CN200910099595A	20090612	一种石墨烯的溶液相制备方法	中国科学院宁波材料技术与工程研究所	30	0
3	US18050509P	20090522	高度氧化的氧化石墨烯及其制备方法	威廉马歇莱思大学	24	9
4	CN201110071442A	20110322	超声辅助Hummers法合成氧化石墨烯的方法	桂林理工大学	23	0
5	CN201110065030A	20110318	一种化学剥离制备氧化石墨烯的方法	中国地质大学（武汉）	19	0
6	CN201310020050A	20130121	利用冻干法制备海绵状氧化石墨烯的方法	张家港市东大工业技术研究院	14	0
7	CN20110414315A	20111213	制备氧化石墨烯的方法	河北工业大学	14	0
8	US28219709P	20091229	配位基团修饰的石墨烯的制备方法和应用	蒙特克莱尔州立大学	6	1
9	GB201016925A	20101007	氧化石墨烯	曼彻斯特大学	5	6
10	EP11382044A	20110216	获取氧化石墨烯纳米片和衍生产品的工艺及由其获得的氧化石墨烯纳米片	格鲁坡·安托林 – 英杰尼瑞亚股份有限公司	4	5

从图 7.30 的各国引用情况来看，在中国、日本、韩国、欧盟和美国等几个重要的国家和地区中，中国对该专利的引用频次最高，达到 8 次，韩国和日本引用次数均为 3 次，而欧盟和美国则分别引用 1 次和 0 次。

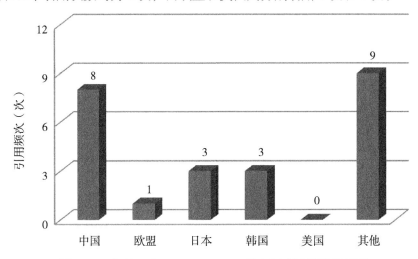

图 7.30 专利 WO2011016889A2 的各国或地区引用情况

专利 WO2012046069A1（最早优先权号 GB201016925A）公开了通过处理氧化石墨烯和杂质的混合物溶液而提高氧化石墨烯纯度的方法，从而提高现有氧化石墨烯的性能，该专利引用频次为 5 次，同族专利数量为 6 件，且 4 次被美国引用；而专利 EP2489632A1（最早优先权号 EP11382044A）公开了具有两相的氧化石墨烯纳米片的制法，该专利引用频次为 4 次，同族专利数量为 5 件；从引用频次和同族专利数量来看，这两件专利值得关注。

在氧化石墨烯的改性相关专利中，于 2009 年 7 月 9 日公开的专利 WO2009085015A1（最早优先权号 US1875108P）公开了一种官能化氧化石墨烯，sp^2 杂化的碳原子具有表面官能化预定浓度和预定范围，即公开了氧化石墨烯的官能化机理，例如，氧化石墨烯可通过肼、钠硼氢化物、氢化铝锂或硼烷等化学还原剂还原；可使用（环）烷基或（烷基）芳基侧链通过碳 – 碳键合实现表面接枝，表面接枝基团可为酰胺键、酯键、醚键、胺键、磺酰胺键等；氧化石墨烯可使用氨基化合物如 RNH_2 或 HO（SO_2）（CH_2）nNH_2 进行官能化。此专利技术方案关于氧化石墨烯的官能化改性涉及的改进方面较多且描述较详细，因此被引用次数很高，达到 60 次。

从图 7.31 的各国引用情况来看，美国对该专利的引用频次最高为 27

次，接近总引用频次的一半，其次是中国和韩国。这说明美国、中国和韩国将专利 WO2009085015A1 作为基础专利，在此基础上从事氧化石墨烯的官能化改性研究较多。

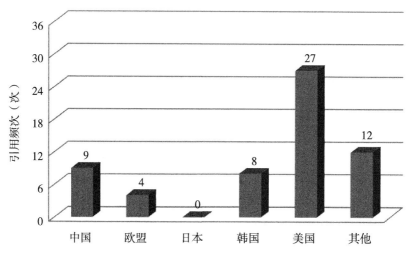

图 7.31　专利 WO2009085015A1 的各国或地区引用情况

　　基于以上氧化石墨烯的改性方法，专利 WO2011082064A1（最早优先权号 US28219709P）公开了氧化石墨烯采用具有氨基、酯基、酰胺基等的络合剂改性方法，引用频次为 6 次，同族专利数量为 1 件。在氧化石墨烯的制备和改性中，Hummers 法是最基本的方法，而随着氧化石墨烯工艺的发展，2009 年沈剑锋等提出采用过氧化苯甲酰制备氧化石墨烯；2010 年马卡诺（Marcano D. C）等对 Hummers 法进行了改进，通过增加 $KMnO_4$ 的量，调节 $H2SO4/H3PO4$ 的量为 9∶1，而不添加 $NaNO_3$；2011 年，邹正光、俞惠江、龙飞、范艳煌在 Hummers 法的低温和中温段加入超声辅助，即采用低中温超声辅助 Hummers 法进一步丰富了氧化石墨烯的制备工艺。

　　中国作为近几年对氧化石墨烯的研究非常活跃的国家，在相应的技术发展路线关键节点，都有相应的专利产生。

　　如专利 CN101613098A（最早优先权号 CN200910099595A），其引用频次为 30 次，同族专利为 0 件。是将石墨加入强氧化酸（如浓硫酸）和硝酸盐的混合物中，在搅拌下缓慢加入含钾强氧化剂（如高锰酸钾）获得氧化石墨，再将氧化石墨经过剥离、震荡获得氧化石墨烯，属于 Hummers 法制备氧化石墨烯方法，该专利作为基本的制备方法其引用次数较高。

专利 CN102491318A（最早优先权号 CN20110414315A），其引用频次为 14 次，同族专利为 0 件。其公开了一种石墨烯的制备方法，其采用石墨粉、浓酸和高锰酸钾为原料反应，将得到的产物加热、同时再加入过氧化氢，冻至冰块状，至冰块完全溶解，得到氧化石墨烯，属于改进的 Hummers 法制备氧化石墨烯。专利 CN103058179A（最早优先权号 CN201310020050A），其引用频次为 14，同族专利为 0 件。其公开了一种采用冻干法制备疏松多孔、海绵状的氧化石墨烯的方法，同样也属于改进的 Hummers 法制备氧化石墨烯方法。从引用次数来看，采用改进的 Hummers 法从而不添加硝酸钠或硝酸制备氧化石墨烯的研究较多。

桂林理工大学 2013 年 6 月 19 日公开的专利 CN102153075A（最早优先权号 CN201110071442A），其引用频次为 23 次，同族专利为 0 件。其公开了一种超声辅助 Hummers 法制备氧化石墨烯的方法，首先在 Hummers 法的低温、中温反应阶段添加超声振荡，然后在高温反应开始时，把含有浓硫酸的混合液缓慢滴入低温去离子水中再升温，最后通过低速离心得到氧化石墨；属于低中温超声辅助 Hummers 法制备氧化石墨烯方法。该专利虽然于 2013 年公开，但引用频率较高，且从各国引用情况来看，主要是中国对该专利进行引用，这说明近两年中国在基于低中温超声辅助 Hummers 法制备氧化石墨烯方面的研究较为活跃。

（二）戊型肝炎疫苗领域核心专利

肝炎疫苗，即预防肝炎的疫苗，通过侵入人体引起人体的免疫反应，从而使人体产生免疫记忆而达到免疫效果。肝炎指肝脏的炎症，一般又称病毒性肝炎（viral hepatitis），是由肝炎病毒所引起的，以肝脏炎症和坏死为主的一组传染病，传染性强，危害严重。病毒性肝炎被世界卫生组织（WHO）列为全球第九大引起死亡的疾病。我国是病毒性肝炎的高发区，病毒性肝炎发病数位居法定管理传染病的第一位。

关于肝炎，将近半个世纪前威罗布鲁克（Willowbrook）肝炎的经典研究，第一次确定了肝炎有两种病原因子引起。MS-1 引起甲型病毒性肝炎，当时被称作传染性肝炎；MS-2 引起乙型病毒性肝炎，当时被称作血清型肝炎。

目前，已发现的人类病毒性肝炎有 6 种：甲型、乙型、丙型、丁型、戊型、庚型，常见的几种分别是甲型肝炎、乙型肝炎、丙型肝炎和戊型肝炎。

其中，乙型肝炎由于其感染性强、携带率高、流行面广、慢性化倾向严重等特点，给人类的健康带来了严重的威胁。乙型肝炎在全球的分布几乎无一处空白，其在当今世界病毒性肝炎中所占比例最高，主要通过接触传染者的血液或体液来传播，且容易转化成慢性乙型肝炎。慢性乙型肝炎治疗尚无理想措施，通过接种乙肝疫苗是防治乙型肝炎已成为世界各国的共识，因此各国对于乙型肝炎疫苗的研制也尤为重视。

最初研发的乙型肝炎疫苗是亚单位血源性乙型肝炎疫苗，但由于血源性疫苗可能会造成一些疾病的血源性传播，此后，各国相继研发基因工程乙型肝炎疫苗。目前，很多国家的血源性疫苗都已停止生产，所使用的乙型肝炎疫苗基本都是基因工程疫苗。基因工程疫苗的基本原理是将 HBV 表面抗原（HBsAg）基因克隆到质粒中，然后转化酵母细胞或哺乳动物细胞，通过基因重组及细胞培养的方法来表达 HBV 抗原。

基因重组乙型肝炎疫苗又可分为哺乳动物表达的疫苗和重组酵母乙肝疫苗。重组酵母乙肝疫苗是一种乙肝表面抗原亚单位疫苗，它是采用转基因的方法将乙肝病毒表达表面抗原的基因进行质粒构建，转入啤酒酵母菌或汉逊酵母中，通过培养这种重组酵母菌来表达乙肝表面抗原亚单位。其他基因乙肝疫苗大多是哺乳动物细胞表达的乙肝疫苗。

根据以上描述，肝炎疫苗的技术分解表，见表 7.60。

表 7.60　肝炎疫苗技术分解表

一级技术分支	二级技术分支	三级技术分支	技术定义
肝炎疫苗	甲型肝炎疫苗		预防甲型病毒性肝炎的疫苗，主要有甲肝灭活疫苗和减毒活疫苗两大类。甲型病毒性肝炎简称甲型肝炎、甲肝是由甲型肝炎病毒（HAV）引起的，以肝脏炎症病变为主的传染病
	乙型肝炎疫苗	重组酵母乙肝疫苗	乙肝表面抗原（HBsAg）亚单位疫苗，是采用转基因的方法将乙肝病毒表达表面抗原的基因进行质粒构建，转入进入啤酒酵母菌或汉逊酵母中，通过培养这种重组酵母菌来表达乙肝表面抗原（HBsAg）亚单位

（续表）

一级技术分支	二级技术分支	三级技术分支	技术定义
肝炎疫苗	乙型肝炎疫苗	其他基因工程乙肝疫苗	通过非酵母方法制备重组乙肝抗原而制成的疫苗
	丙型肝炎疫苗		预防丙型病毒性肝炎的疫苗。丙型病毒性肝炎简称丙型肝炎、丙肝，是一种由丙型肝炎病毒（HCV）感染引起的病毒性肝炎
	戊型肝炎疫苗		即预防戊型病毒性肝炎的疫苗。戊型病毒性肝炎简称戊型肝炎、戊肝，是一种由戊型肝炎病毒（HEV）感染引起的病毒性肝炎

1964年布伦伯格（Blumberg）首次在大洋洲土著人血清中发了澳大利亚抗原，后确认是乙型肝炎表面抗原（HBsAg）。1970年，戴恩（Dane）发现了乙肝病毒，随着乙肝病毒的发现，对乙型肝炎的病因、病原、流行病学、预防、诊断和治疗都有了进一步的认识，并得到充分的发展。乙型肝炎疫苗是预防乙型肝炎的有效武器。因为乙肝病毒不能在离体的组织细胞中繁殖，因此制造疫苗不能用传统的方法进行。由于乙肝携带者通常带有大量的HbsAg，研究发现双阳性（HbsAg和HbeAg）携带者每毫升血清中有高达1013单位HbsAg颗粒，这为制备血源疫苗提供了条件。20世纪70年代末，Maups和希尔曼（Hilleman）研究开发亚单位血源疫苗，我国于1978年开始研究血源性疫苗。美国和法国于1982年相继批准乙型肝炎疫苗的生产。我国于1985年批准大量生产乙型肝炎疫苗。随着分子生物学的发展，开辟了采用基因工程方法制备乙型肝炎疫苗的途径，其基本原理是将乙肝表面抗原基因克隆到质粒中，然后转染酵母细胞或哺乳动物细胞，通过基因重组及细胞培养的方法来表达乙肝抗原。实践已经证明，采用基因工程方法制备的疫苗人群可得到与血源疫苗同样的免疫效果。

甲型肝炎病毒颗粒和澳大利亚抗原（即乙肝表面抗原）的发现及甲型肝炎和乙型肝炎血清学诊断方法的建立，拓宽了人类对肝炎的认识。

甲型肝炎是继乙型肝炎之后可通过接种疫苗进行预防和控制的传染性

肝病。1978 年希尔曼等制成了实验批灭活的甲肝病毒疫苗，疫苗液中富含 27Nm 的 HAV 颗粒。动物经多次皮下注射疫苗都表现了甲肝抗体的增高。将细胞培养技术成功用于 HAV 分离和培养繁殖，进一步带动了灭活疫苗的研制工作。默沙东公司（MERI）和史密丝克莱恩比彻姆公司（SMIK）两家公司的产品"Vaqta"和"Havrix"得到了广泛应用。

美国医生布鲁克·布伦伯格因为发现乙肝病毒表面抗原而在 1976 年获得了诺贝尔医学奖，这个伟大成果促成了乙型肝炎疫苗的诞生，美国也于 1981 年上市第一支商业化乙型肝炎疫苗。之后在 20 世纪 50 年代中期，美国医生萨尔·克鲁格曼以加州杨柳溪州立学院为研究基地，取得了包括区分甲肝病毒和乙肝病毒、制取乙型肝炎疫苗在内的丰硕成果。

全球范围内，至少有 2 亿的丙型肝炎病毒（HCV）感染者。HCV 传播的主要途径是血源性感染。HCV 是一种单链 RNA 病毒。HCV 的序列不是单一的，其变异存在于全部基因序列中。而且在同一个体内，HCV 也不具有同质性，而是以一紧密相关的准种群形式存在。这种在同一个体内存在的病毒种群多样性产生的机制尚不完全清楚，据研究与 RNA 病毒所具有的容错复制酶及 RNA 病毒缺少类似于 DNA 复制过程中纠错机制有关。E2 序列 5′ 末端是 HCV 基因组中变异性最大的区域，HCV 基因组中高变异区即在此区域内。此 E2 高变异区位于 aa384~414，似乎是整个 HCV 多肽前体中最容易发生变异的区域。到目前为止，每次分离得到的 HCV 病毒，此序列都不相同。HCV 准种群的存在与无法获得有效 HCV 疫苗有直接关系。超过 75% 的急性丙肝病毒携带者会变成慢性丙肝病毒携带者。10%~20% 的慢性丙肝患者会发展为肝硬化，导致肝功能丧失。1% 的慢性丙肝患者会发展成肝癌。因此临床上非常需要具有治疗和防治作用的丙肝疫苗。

戊型肝炎（HE）是目前在全世界蔓延的急性流行病毒性肝炎，其症状与甲型肝炎相似，但病死率更高，尤其对孕妇、老年人和慢性肝病患者危害更大。世界卫生组织 2012 年 7 月提供的数据显示，全世界每年约有 2000 万人感染戊型肝炎，但此前全世界并没有针对戊型肝炎感染的有效治疗手段。2012 年，由厦门大学国家传染病诊断试剂与疫苗工程技术研究中心研制的世界首支戊型肝炎疫苗正式上市。目前，HE 疫苗研究重点方向是基因工程疫苗的研发。研究主要集中在重组蛋白疫苗和 DNA 疫苗的研究。

*HEV ORF*2 基因含有诱发产生中和抗体的重要表位，疫苗研究的核心和焦点。国内外学者均有报道，可诱发产生有效中和抗体的 ORF2 肽段分别为 TrpE-C（221~660aa）、Burma62kD（112~636aa）和 Pakistan 55kD（112~607aa）。

1992—1995 年全国病毒性肝炎血清学流行病学调查资料显示，我国约 9.7 亿人已感染过甲型肝炎病毒，6.9 亿人已感染过或正在感染乙型肝炎病毒，3800 万人携带丙型肝炎病毒，至少 2.1 亿人已感染过戊型肝炎病毒。2009 年监测显示甲肝报告发病率 3.30/10 万，乙肝发病率 88.82/10 万，丙肝发病率 9.93/10 万，戊肝发病率 1.53/10 万。病毒性肝炎不仅严重危害人民健康，而且是高负担的重大传染病，是我国的重要公共卫生问题。研究病毒性肝炎疫苗对预防病毒性肝炎的感染和控制具有重大意义。

表 7.61 展示了戊型肝炎疫苗领域中的部分重点专利，主要通过结合同族专利数量、引文数量、专利维持期限、专利实施许可情况和研究成果的转化、政府支持等几个方面确定。

表 7.61　戊型肝炎疫苗的部分重点专利

序号	最早优先权号	最早申请日	发明名称	申请人	专利（公开）号	被引频次（次）	同族数量（件）
1	CN00130634A	2000.09.30	用于预防、诊断及治疗戊型肝炎病毒的多肽，及它们作为诊断试剂和疫苗	北京万泰生物药业股份有限公司；厦门大学	CN101367869A	12	26
2	US84031697A	1997.04.11	戊肝巴基斯坦毒株的重组蛋白及其在诊断方法和疫苗中的用途	美国政府健康及人类服务部	US6054567A	13	17
3	EP01972379A	2001.08.15	包含病毒唑的疫苗及其使用方法	特里帕普股份公司	EP1311289A2	26	47

（续表）

序号	最早优先权号	最早申请日	发明名称	申请人	专利（公开）号	被引频次（次）	同族数量（件）
4	CN02822218	2002.11.08	戊型肝炎病毒单克隆抗体或其结合活性片段及其用途	养生堂有限公司；厦门大学	CN1610697	8	30

其中，专利 CN101367869A 公开于 2009 年 2 月 18 日，共被引证 12 次，具有 26 件同族专利，如图 7.32 所示。由于其属于近期专利，被引证次数较少，但是专利所述发明在 2012 年批准上市，成为全球第一个上市的戊型肝炎疫苗益可宁（Hecolin）。它是一种包含大肠杆菌表达的戊型肝炎病毒 ORF2 的蛋白片段（aa368-606）的 VLP 疫苗，在三期临床试验中表现出良好的安全性和保护性。

早在 1998 年，厦门大学国家传染病诊断试剂与疫苗工程技术研究中心就启动了对戊型肝炎领域的研究。2000 年，课题组获得资助，开始研制具有完整自主知识产权的戊肝疫苗。2007 年，疫苗在江苏完成 III 期临床试验，2010 年 8 月，国际著名医学期刊《柳叶刀》刊发了这一临床试验结果，标志着我国在戊肝疫苗研制上的领先地位已赢得国际权威的认可。最终，这款名为益可宁的戊型肝炎疫苗于 2012 年 10 月在中国上市，是全球首个上市的戊型肝炎疫苗。超过 110000 受试者参与的三期临床试验结果显示，该疫苗全程接种后一年内保护率为 100%，且在全程接种 4.5 年内保护率为 93.3%。

日前，国际疫苗研究所已经启动了为全球供应首支戊型肝炎疫苗益可宁的合作项目，这预示着具有我国自主知识产权的戊型肝炎疫苗正在走向国际化。在可以预见的未来，专利申请 CN101367869A 也将成为研究人员重点关注的专利。

专利申请 US6054567A 最早申请于 1997 年，现在仍然维持有效，共被引 13 次，具有 17 件同族专利，如图 7.33 所示。该专利说描述的戊型肝炎重组抗原应该是益可宁之前最受关注的戊型肝炎疫苗抗原，因为其是益可宁之前唯一进行过二期临床试验的戊型肝炎抗原，同时试验受到美国政府

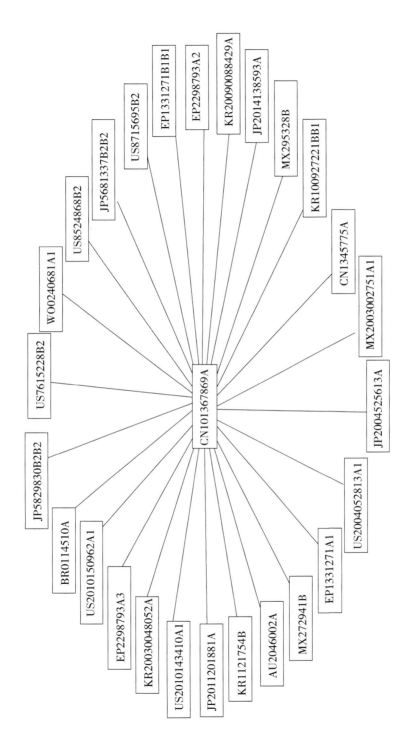

图 7.32　专利申请 CN101367869A 对应的同族专利

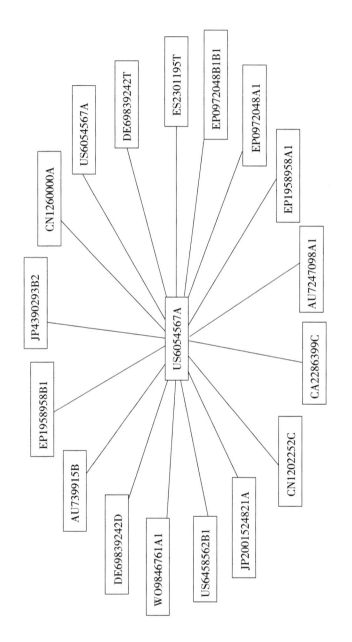

图 7.33　专利申请 US6054567A 对应的同族专利

和军方、葛兰素史克公司的支持。该专利是用昆虫细胞表达的 SAR-55 株 ORF2 片段的蛋白产物（56kD），在尼泊尔进行了一期临床试验证明，该抗原安全，有较好的免疫原性。随后进行的二期临床试验更是召集了 1794 个尼泊尔士兵，通过随机、双盲、安慰剂对照的方法进行疫苗试验，保护率达到 96%。但是该专利的后续研究没有任何报道，推测这也是专利被引数量较少的原因。

通过 CN101367869A 和 US6054567A 两件专利的对比来看，中国在戊型肝炎疫苗的研究上已经走在了世界的前面，拥有自主独立知识产权的全球第一个上市的戊型肝炎疫苗，并引起国际机构的关注。在大多数医药关键技术在被国外机构掌握的前提下，自主研发的戊型肝炎疫苗必然能为中国的医药事业带来信息，促进我国医药事业的发展。

（三）工业机器人领域核心专利

作为一门综合学科，工业机器人涉及机械、电子、控制、检测、计算机等技术。随着"中国制造 2025"的深入开展，工业机器人作为智能制造的先决条件，广泛应用于各行各业，已经成为衡量一个国家工业自动化水平的重要标志。

美国的乔治·德沃尔于 1954 年提出与工业机器人有关的技术方案，并于 1959 年和美国的约瑟夫·英格伯格制造出第一台工业机器人。至 19 世纪 70 年代，由于劳动力短缺，日本开始引进工业机器人，并使之实现了快速的发展，形成了一批代表性的企业，如安川、松下、发那科等。

我国在这一领域起步较晚，从初期的 20 世纪 70 年代开始发展，到现在已经形成了初步产业化规模，但和国外相比，技术上还有一定的差距。因此，进入"十三五"以来，随着制造业由劳动密集型向技术密集型的转变，对工业机器人的深入研发已经成为我国大力发展智能制造的前提。

未来，工业机器人的发展将更侧重于小型化、模块化、精密化、可重构化等方面，同时其应用的范围将更加广阔，国家也在各方面给予了积极的鼓励。

工业机器人以产业链为基础分为上游的操作机构分支及程序控制分支、下游的应用分支。其中，操作机构分支又分为机械臂、关节、末端执行器、驱动机构、部件间连接方式等分支，应用分支又分为焊接机器人、涂装机器人、搬运机器人、包装机器人、装配机器人等分支。具体分支的技术领域及其技术定义见表 7.62。

表 7.62　工业机器人领域的技术分解表

二级技术分支	三级技术分支	技术定义
操作机构	机械臂	工业机器人中用于支撑腕部和末端执行器、并带动腕部和手部运动的部件
	关节	工业机器人中用于连接臂部和手部、并起到支撑和改变手部姿态作用的部件
	末端执行器	安装于工业机器人手臂末端、并直接作用于工作对象的装置
	减速器	工业机器人中用于实现减速传动的装置
	驱动机构	工业机器人中用于驱使执行机构运动的装置
	部件间连接方式	工业机器人中用于实现部件间的多自由度连接的方式，包括并联、串联和混联结构
应用	焊接机器人	用于从事焊接作业的工业机器人
	涂装机器人	用于进行自动喷漆或喷涂其他涂料的工业机器人
	搬运机器人	用于进行自动搬运作业的工业机器人，包括搬运、码垛、机床上下料等操作
	包装机器人	用于进行自动包装作业的工业机器人
	装配机器人	用于完成生产线上的零部件的装配和拆卸工作的工业机器人
程序控制		工业机器人中按照输入的程序对驱动系统和执行机构发出指令信号、并进行相应控制的系统

基于以上的重要专利的评定标准，通过阅读，把从检索文献中筛选出的 30 项专利作为工业机器人减速器领域的重要专利，见表 7.63。其中，把工业机器人减速器分为谐波齿轮减速器、RV 减速器、滤波减速器。

表 7.63 工业机器人减速器重要专利列表

序号	最早优先权号	最早申请日	发明名称	申请人	引用频次（次）	同族专利数量（件）
1	US2906143	19550321	谐波齿轮	USM 公司	196	0
2	JP5386685A	19850318	工业机械臂的传动装置	帝人，MATSUMOTO K	36	9
3	JP141963/1985	19850627	无齿轮的差动减速器	加茂精工株式会社	51	8
4	US4715247	19850926	小摩擦力的谐波传动装置	哈默纳科，东芝	27	0
5	JP21569586A	19860912	传动控制	TAKAHASHI TAKASHI	41	6
6	US08/016506	19930211	啮合间隙为零的速度转换器	赛恩基涅蒂斯公司	19	8
7	JP10444194A	19940419	具有光滑齿廓的柔性齿轮传动装置	哈默纳科，石川昌一	22	9
8	JP33836494A	19941231	行星减速齿轮的控制装置	帝人	24	4
9	US24125799A	19990201	压力谐波传动机构	哈默纳科	16	6
10	JP2003-275355	20030716	减速装置	住友重工	8	6
11	JP219209/2004	20040727	内接啮合行星齿轮减速机及内接啮合行星齿轮减速装置	住友重工	18	3
12	JP2004234559A	20040811	附接到工业机器人的关节联接部分上的减速器	纳博特斯克	10	8
13	JP287451/2004	20040930	波动齿轮装置	纳博特斯克	3	7
14	JP095254/2005	20050329	工业机器人的摆动部分结构	纳博特斯克	2	8
15	CN1699793	20050616	滤波减速器	梁锡昌，王家序	5	0

（续表）

序号	最早优先权号	最早申请日	发明名称	申请人	引用频次（次）	同族专利数量（件）
16	JP232877/2005	20050811	减速装置	纳博特斯克	5	7
17	JP278527/05	20050926	减速器	纳博特斯克	14	8
18	JP2006-054323	20060301	谐波齿轮装置	本田技研工业株式会社	17	4
19	JP090112/2006	20060329	减速器	住友重工	7	6
20	JP126203/2006	20060428	减速装置及其制造方法	纳博特斯克	18	7
21	JP2007013219A	20070124	扁平型波动齿轮装置	哈默纳科	7	6
22	JP2007114453A	20070424	偏心摆动减速装置	住友重工	8	5
23	CN200820089409	20080307	一种平波型谐波齿轮减速器	哈尔滨工业大学	4	0
24	CN200810064201	20080917	基于谐波减速器的机器人关节	哈尔滨工程大学	28	0
25	JP2009063211A	20090316	减速装置	住友重工	2	6
26	CN101666366	20091012	工业机器人微回差摆线减速器	吴声震	35	0
27	CN201010104359A	20100201	滤波减速器	重庆大学	13	2
28	JP2010090695A	20100409	后反馈非线性弹性补偿系统	哈默纳科	3	4
29	CN102042365	20110128	单列交叉滚子轴承谐波减速器	青岛创想机器人制造有限公司	7	0
30	CN201110195088	20110712	一种短筒柔轮谐波传动减速器	潘永辉	4	0

谐波齿轮减速器的主要技术特点具有刚轮、柔轮和波发生器，其利用柔性零件产生弹性机械波来传递动力和运动。涉及的重要专利包括US2906143、US4715247、JP10444194A、US24125799A、JP2007013219A、JP2010090695A，均是依靠波发生器产生可控的弹性变形，进而通过柔轮与刚轮的啮合传递运动和动力，具有运动精度高、传动比大、体积和质量小、转动惯量小、能在密闭空间中使用等优点。

RV减速器由前级的行星齿轮减速机和后级的摆线针轮减速机组成，因此具有两种减速机的特点。其涉及的重要专利有JP5386685A、JP33836494A、JP2003-275355、JP278527/05、JP2009063211A等，可实现高效传动，且结构紧凑、承载能力大、回差精度稳定。

滤波减速器是该领域新兴的研究方向，其主要由偏心减速机构、滤波花键机构、三向止推轴承组成，且涉及的重要专利包括CN1699793、CN201010104359A，具有结构紧凑、体积小、传动比大的优点。

第五节 小 结

本章以"十二五"期间的专利数据为统计基础，介绍了战略性新兴产业专利数据库四个方面的应用。首先，战略性新兴产业专利数据库可以用于战略性新兴产业的宏观统计，通过统计战略性新兴产业的申请量及增长率、专利区域分布、申请人分布、国别分布等，形成科学、规范的统计指标，评估、监控战略性新兴产业产业发展状况，定量衡量战略性新兴产业的创新态势。其次，战略性新兴产业专利数据库可以通过与传统产业的横向对比来评价战略性新兴产业的创新能力，评价战略性新兴产业的专利增速是否达到预期，战略性新兴产业的专利申请质量是否有较大提升。再次，战略性新兴产业专利数据库可以用于特定技术领域的专利分析，为领域相关企业和科研机构提供专利数据资源服务和专利情报支持，围绕战略性新兴产业特定领域开展专利信息分析工作，直接反映特定领域的技术创新程度，方便全面了解特定区域、特定竞争对手的专利分布状况与发展趋势。最后，战略性新兴产业专利数据库可以用于核心专利的筛选，方便研究战略性新兴产业相关的核心专利技术，了解产业技术成果的发展状况，可以量化我国区域以及市场主体在关键核心技术方面的进展和表现。

结　　语

本书从战略性新兴产业的概念及政策解读、战略性新兴产业的范围及分类出发，通过对战略性新兴产业进行技术分组与技术范围界定，将战略性新兴产业技术组与国际专利分类的分类号进行对照，建立战略性新兴产业与国际专利分类对照表。基于对照表进行战略性新兴产业相关的专利文献的检索，并对检索出的专利文献进行深加工标引，从而构建了战略性新兴产业专利数据库。此外，在构建过程中通过系统的质量控制方法确保战略性新兴产业与国际专利分类对照关系的可靠性、数据库专利数据的准确性及完整性。

本书构建的战略性新兴产业专利数据库的应用具有重要意义，是实现产业专利数据的检索、分析和可视化的基础。首先，政府能够利用战略性新兴产业专利数据转化为专利指标来评估、监控产业发展状况，定量衡量战略性新兴产业的创新态势，建立科学、规范、可行的战略性新兴产业统计调查体系；其次，可以为企业和科研机构提供专利数据资源服务和专利情报支持，围绕战略性新兴产业特定领域开展知识产权信息检索和专利信息分析工作；最后，方便个人申请人查询战略性新兴产业相关的专利技术，了解产业技术成果的发展状况，学习、借鉴他人的专利技术。

本书除提供战略性新兴产业专利数据库外，更重要的是提供了产业专利数据库的构建方法，对如何借助国际专利分类在产业与专利技术之间建立有机的联系进行了详细研究。对于构建其他产业专利数据库具有非常好的借鉴意义。

鉴于检索条件、分析工具和撰写人员知识结构等的限制，本书尚有诸多不足之处，研究成果仅供战略性新兴产业研究者或专利信息工作者参考与交流，敬请读者批评指正。

参考文献

1. 李金华等. 中国战略性新兴产业论［M］. 北京：中国社会科学出版社，2017.

2. 中国工程科技发展战略研究院. 中国战略性新兴产业发展报告2018［M］. 北京：科学出版社，2018.

3. 朴京顺. 浅谈专利数据库及专利文献检索［J］. 中国发明与专利，2011（9）：63-65.

4. 郑洪洋，林楠，曲少丹. 国内专利专题数据库建设与发展的探讨［J］. 中国发明与专利，2016（5）：54-56.

5. 张春华，王磊，王向红，程序. 中外专利数据库服务平台简介及检索应用［J］. 中国发明与专利，2012（1）：61-63.

6. 田力普等. 发明专利审查基础教程检索分册［M］. 北京：知识产权出版社，2012.

7. 李宏芳，邹小筑. 中国专利数据库标引质量测评［J］. 现代情报，2010，30（12）：59-61.

8. 晋超，韩学岗. 国内专题专利数据库的现状特点及发展建议［J］. 山东化工，2010，39（9）：21-23.

9. 审查指南［M］. 北京：知识产权出版社，2010.

10. 田力普等. 发明专利审查基础教程［M］. 北京：知识产权出版社，2004.

11. 李建荣等. 专利文献与信息［M］. 北京：知识产权出版社，2002.

12. 马天旗. 专利分析—方法、图表解读与情报挖掘［M］. 北京：知识产权出版社，2015.

13. 审查业务管理部. 专利分析实务手册［M］. 北京：知识产权出版社，2012.

14. 甘绍宁. 战略性新兴产业发明专利授权统计报告［M］. 北京：知识产

权出版社，2015.

15. 梁正，罗猷韬，姚金伟.中国专利快速增长背后的结构性分析 – 基于专利申请统计数据.科技管理研究，2016 年第 17 期：158–165.

16. 董菲，朱东华等.基于专利地图的专利分析方法及其实证研究［J］.情报学报，2007，26（3）：422–429.

17. 张韵君，柳飞红等.基于专利分析的技术预测概念模型［J］.情报杂志，2014，33（3）：22–27.

18. 王鹏，王丽丽，王基伟.加快建立规模以上工业战略性新兴产业统计监测指标体系［J］.中国战略新兴产业，2017（29）：54–57.

19. 台新民.用知识产权战略推动新兴产业发展［J］.中国高校科技，2012（Z1）：107–110.

20. 韩志华.核心专利判别的综合指标体系研究［J］.中国外资，2010（2）：193–196.